Basiswissen Vergatterung

Hinweise und Aufgaben zur Ermittlung von Verschneidungslinien

Autor:

Peter Kübler

RM Rudolf Müller

Bibliografische Information der Deutschen Nationalbibliothek
Die Deutsche Nationalbibliothek verzeichnet diese Publikation in der Deutschen Nationalbibliografie;
detaillierte bibliografische Daten sind im Internet über http://dnb.dnb.de abrufbar.

© Bruderverlag Albert Bruder GmbH & Co. KG, Köln 2019
Eine Sammlung von erheblich überarbeiteten und erweiterten Beiträgen, erschienen in der Fachzeitschrift DER ZIMMERMANN.

Maßgebend für das Anwenden von Normen ist deren Fassung mit dem neuesten Ausgabedatum, die bei der Beuth Verlag GmbH, Burggrafenstraße 6, 10787 Berlin, erhältlich ist.
Maßgebend für das Anwenden von Regelwerken, Richtlinien, Merkblättern, Hinweisen, Verordnungen usw. ist deren Fassung mit dem neusten Ausgabedatum, die bei der jeweiligen herausgebenden Institution erhältlich ist.

Das vorliegende Werk wurde mit größter Sorgfalt erstellt. Verlag und Autor können dennoch für die inhaltliche und technische Fehlerfreiheit, Aktualität und Vollständigkeit des Werkes und seiner elektronischen Bestandteile (CD-ROM, DVD, Internetseiten) keine Haftung übernehmen.

Wir freuen uns, Ihre Meinung über dieses Fachbuch zu erfahren. Bitte teilen Sie uns Ihre Anregungen, Hinweise oder Fragen per E-Mail: bruderverlag@vuservice.de oder telefonisch unter: 06123 9238-258 mit.

Text, Satz und Grafik: Peter Kübler, Unterkirnach
Umschlaggestaltung: Satz + Layout Werkstatt Kluth GmbH, Erftstadt
Druck und Bindearbeiten: Westermann Druck Zwickau GmbH, Zwickau

ISBN: 978-3-481-87104-253-9

Vorwort

„Vergattern" ist ein Begriff, dessen holzbauspezifische Herkunft im Dunkeln liegt. Das älteste Zimmerer-Lehrwerk, in dem „Vergatterungen" aufzuspüren sind, ist die in den Zwanzigerjahren des vergangenen Jahrhunderts entstandene „Seeger-Mappe" (Robert Seeger: Schiftungen, Austragungen, Dachausmittlungen für Praxis und Schule) mit den für damalige Verhältnisse hochmodernen Schiftungen. Das Werk ist leider nur noch antiquarisch erhältlich.

„Vergattern" ist ein dehnbarer Begriff, der so ziemlich alles umschreibt, was Zimmerleute mit „krummen" Linien und Formen anstellen. Was nicht durch Geraden oder durch Zirkelschläge zeichnerisch dargestellt werden kann, wird mit diesen nirgends genau beschriebenen Näherungsverfahren erledigt.
Eine Publikation, in der die Vergatterungen des Holzbauers übersichtlich zusammenfasst und erklärt sind, hat bisher gefehlt. Die Beschäftigung mit Büchern zur schulmäßigen Darstellenden Geometrie ist – vor allem wegen der verwendeten Begriffe – für Zimmerleute sehr mühsam.
In der Fachzeitschrift „DER ZIMMERMANN" wurde jedoch das Thema über Jahre hinweg immer wieder in Serien und Beiträgen anhand von Beispielmodellen vertieft. Diese Inhalte bilden die Grundlage zu diesem Buch.

Die moderne Architektur entwirft zunehmend Dachlandschaften, die sich aus gekrümmten Dachkörpern zusammensetzen. Die Ausführung der damit zusammenhängenden Tragwerkskonstruktionen ist durch die Entwicklung und Anwendung von Computerprogrammen und CNC-Maschinentechnik mit vertretbarem Aufwand möglich geworden.
Das Wissen um die Vorgänge beim Verziehen oder Verschneiden nicht ebener Formen hilft – auch bei EDV-Planung – „Probleme" zu erkennen und vermeidet unwirtschaftliche Konstruktionswege und nicht auskömmlich kalkulierte Angebote.

Die Aufgaben in diesem Buch sind in sich abgeschlossen. Vor dem Einstieg in das Thema ist das Studium der Begriffs- und Zeichenerklärung im Anhang von Vorteil. Mit den Modellen der Aufgaben wird deutlich, dass auch komplizierte Bauteile im Verschneidungsbereich ungleich gekrümmter Dachflächen nicht nur mit leistungsfähiger 3D-Software, sondern auch mit relativ einfachen geometrischen Verfahren von jedem sorgfältig arbeitenden Zimmermann mit der Zeichenplatte oder dem 2D-CAD-Programm zur Ausführung gebracht werden können. Der Aufwand ist mitunter hoch, doch das Ergebnis macht stolz und lässt jeden Betrachter staunen.

Die Herstellung der Grafiken und erklärenden Darstellungen in diesem Buch wäre ohne die Hilfe der 3D-CAD/CAM-Software von cadwork® nicht möglich gewesen. Einige der Modelle in den Aufgaben hat der Zimmermeister, Buchautor und Arbeitsvorbereiter Manfred Euchner mit cadwork® konstruiert. Für Durchsicht und Korrektur sorgte Zimmermeister und Bautechniker Horst Widy.

Peter Kübler

Inhaltsverzeichnis

Einführung: Der Begriff „Vergatterung"

„Vergatterung" ist ein holzbauspezifischer Begriff. Zimmerleute verstehen darunter die Verfahren, mit denen sie „gebogene" oder „gekrümmte" Linien und Körper in unterschiedlichen Ansichten und zu unterschiedlichen Zwecken darstellen.
Zimmerleute bedienen sich dieser Verfahren schon sehr lange (**Bild 1**) und nutzen sie überall dort, wo geometrische Gebilde auftreten, die nicht durch gerade Linien begrenzt sind.

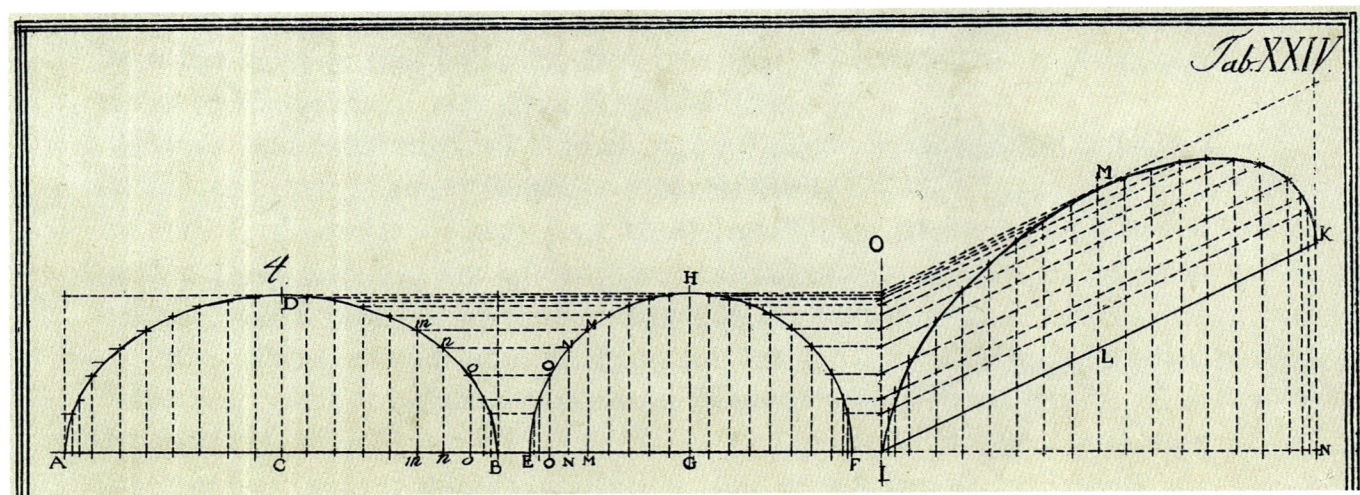

Bild 1: *Verstreckung und Verziehung eines Kreisbogens. Ausriss aus dem Werk „Anweisung zur Zimmermannskunst..." von Christian Gottlob Reuß, Leipzig 1764*

Der Begriff

Die Herkunft des Begriffes *Vergatterung* ist für seine spezielle Anwendung im Holzbau nicht eindeutig festzustellen.
Etymologisch nachgewiesen ist der indogermanische Wortstamm *ghad-* = „vereinigen, eng verbunden sein, zusammenpassen".
Der spätmittelhochdeutsche Begriff *vergatern* heißt „sich vereinigen, versammeln". Das Gatter (Gitter) geht auf das althochdeutsche *gataro* mit der Bedeutung „zusammengefügtes Stabwerk" zurück.
Der Zusammenhang des Begriffes mit dem gitterhaften Erscheinungsbild der fertig aufgerissenen Geometrie mit den Vergatterungslinien ist naheliegend.

Herkunft der Verfahren

Ohne dass dies den meisten Zimmerleuten bei der Anwendung bewusst ist, haben die bei der Vergatterung angewendeten Verfahren ihren Ursprung in der schulmäßigen *Darstellenden Geometrie.*

Dort dienen sie als Hilfskonstruktionen und werden beispielsweise bezeichnet als:

- **Hilfsebenenverfahren**
- **Parallelschnittverfahren**
- **Hilfsschnittverfahren**
- **Flächenverfahren**
- **Seitenrissverfahren**
- **Mantellinienverfahren.**

In der Praxis nutzt der Zimmermann in aller Regel eine Kombination mehrerer der genannten Verfahren.

Sie sollen deshalb hier nicht weiter im Einzelnen und im Detail erklärt, sondern anhand von Beispielen praxisbezogen angewandt werden.

Die verwendeten Begriffe sind dabei auf den Sprachgebrauch der Zimmerinnen und Zimmerer abgestimmt. Sie orientieren sich demgemäß nicht an den Begriffen der schulmäßigen Darstellenden Geometrie.

Anwendungsfälle

Wie schon erwähnt, werden Vergatterungen dort ausgeführt, wo nicht gerade beziehungsweise ebene Formen „im Spiel" sind. In der Zimmerei können dies sein:

1. Die Verziehung und Verzerrung ebener, unregelmäßig begrenzter Flächen (**Bild 2**).
2. Die Austragung der Verschneidungslinie gleichmäßig geschweifter Körper (**Bild 3**).
3. Die Abwicklung (Abmantelung) der unregelmäßig begrenzten Oberflächen von einachsig gleichmäßig gekrümmten Körpern (**Bild 4**).
4. Die Verschneidung (Durchdringung) ebenflächig begrenzter Körper (Prismen, Pyramiden) mit gleichmäßig gekrümmten Körpern (Zylindern, Kegeln) (**Bild 5**).
5. Die Verschneidung (Durchdringung) ebenflächig begrenzter Körper (Prismen, Pyramide) mit nicht gleichmäßig gekrümmten Körpern (**Bild 6**).
6. Die Verschneidung gleichmäßig gekrümmter Körper (Zylinder, Kegel) (**Bild 7**).
7. Die Verschneidung nicht gleichmäßig gekrümmter Körper und Freiformen (**Bild 8**).

In der Beschreibung mit den geometrischen Begriffen erscheinen die aufgezeigten Fälle zunächst sehr theoretisch. Die dazugehörigen Bilder verdeutlichen jedoch, dass sie durchaus im Holzbau auftreten können.

Die gezeigten Beispiele sind sicherlich nicht „täglich Brot" der meisten Zimmereien und Holzbaubetriebe. Viele derartige Projekte werden zudem mit Hilfe moderner Software ausgeführt werden.

Steigender Parabelbogen

Verzogene Geländerfüllbretter

Bild 2: Einfachste Vergatterungen findet man bei der Konstruktion von steigenden Bögen (hier: Parabelbögen) und beim Verziehen von Profilierungen (hier: Geländerfüllbretter). Die Verziehung findet in einer Ebene statt.

Zwiebelförmiger Turmhelm

Tonnendach mit Querbauten

Bild 3: Bei der Austragung der Verschneidungslinien von Körpern mit gleich krummlinigen Oberflächen und schneidenden Achsen kommt ein Hilfsschnittverfahren zur Anwendung. Die Verschneidungslinie (violett) liegt in einer Ebene.

Kegelschnitt

Abwicklung (Abmantelung) der Mantelfläche

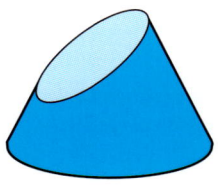
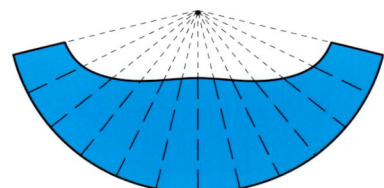

Bild 4: Die Abwicklung der Mantelflächen krummlinig begrenzter Körper kann mit dem Mantellinienverfahren durchgeführt werden.

Satteldachgaube in Tonnendach

Tonnendachgaube in Pultdach

Bild 5: Bei dem Verschneiden (Durchdringen) ebenflächig begrenzter Körper (Prismen, Pyramiden) mit gleichmäßig gekrümmten Körpern (Zylindern, Kegeln) werden Höhenschnitte verwendet. Die Verschneidungslinie (violett) liegt in einer Ebene.

Fledermausgaube in Pultdach

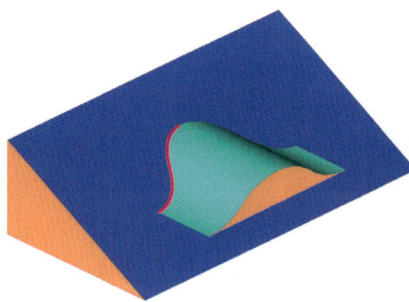

Bild 6: Bei der Verschneidung ebenflächig begrenzter Körper mit nicht gleichmäßig krummflächigen Körpern (hier mit der Form einer Fledermausgaube) werden ebenfalls Höhenschnitte angewandt. Die Verschneidungslinie (violett) liegt in einer Ebene.

Tonnendach in Tonnendach

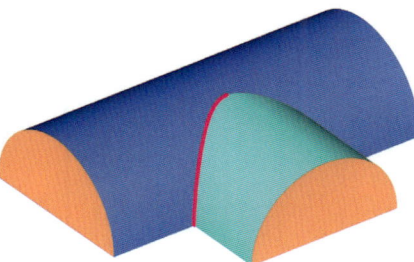

Bild 7: Bei der Verschneidung krummflächiger Körper mit krummflächigen Körpern – hier Teile zylindrischer Körper – entstehen dreidimensional gekrümmte Verschneidungslinien (violett). Diese liegen nicht in einer Ebene.

Krummflächige Körper

Bild 8: Hier sind krummflächige Teile von Kugeln miteinander verschnitten. Auch hier entstehen dreidimensional gekrümmte Verschneidungslinien (violett). Zu ihrer Darstellung sind mehrere Verfahren möglich. Insbesondere die Ermittlung der wahren Länge ist aufwendig.

Wichtigster Bereich: Dachausmittlung

Für den Zimmerer dürfte der wichtigste Anwendungsbereich für Vergatterungen die *Dachausmittlung* sein.

Die Dachausmittlung ist auch bei nicht ebenen oder gemischten Dachformen Voraussetzung für die Ermittlung der Lage der Dachkonstruktionshölzer, in diesem Fall der Grat- und Kehlsparren beziehungsweise der Kehlbohlen.

Ist eine Fläche eben oder gekrümmt?

Insbesondere bei unregelmäßigen Dachkörpergrundrissen ist die Frage zu stellen, ob die in der Dachausmittlung ermittelten Flächen eben sind oder nicht.

Bei dem in **Bild 9** gezeigten Modelldachkörper über viereckigem Grundriss könnte man vermuten, dass eine ebene Dachfläche vorliegt.
In **Bild 9 oben** ist die Dachkörpergrundfläche durch die Diagonale D_1 zwischen den Eckpunkten *2* und *4* und in **Bild 9 unten** durch die Diagonale D_2 zwischen den Eckpunkten *1* und *3* aufgeteilt.
In beiden Fällen entstehen jeweils zwei mit Sicherheit ebene Dreiecksflächen.
Diese Dreiecksflächen sind auch im Raum (in der jeweiligen Dachfläche) ebene Flächen.

Geht man nun davon aus, dass die viereckige Gesamtfläche eben ist, so müssten alle vier durch die Diagonalen entstandenen ebenen Dreiecksflächen genau in dieser Ebene liegen.

Die Draufsicht **unten rechts** in **Bild 10** verdeutlicht die Situation an der Überlagerung der Flächen *I* und *IV*.
Die logische Folgerung daraus heißt:
1. dass die beiden Diagonalen D_1 und D_2 in einer Ebene liegen müssen und deshalb
2. ihr Kreuzungspunkt *S* in allen Abbildungsebenen identisch sein muss.

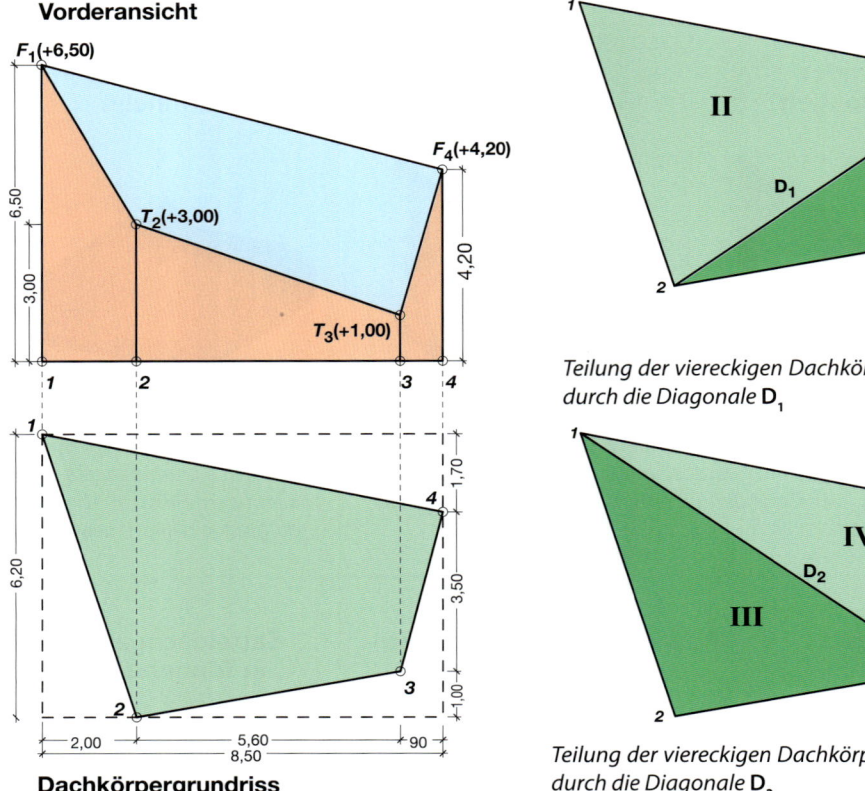

Teilung der viereckigen Dachkörpergrundfläche durch die Diagonale D_1

Teilung der viereckigen Dachkörpergrundfläche durch die Diagonale D_2

Bild 9: Hier ist die Dachausmittlung einer viereckigen Dachkörpergrundfläche in die möglichen Dreiecksflächen dargestellt. Die dreieckigen Dachflächen sind jeweils eben. Folgerung: Wenn die viereckige Dachfläche eben sein soll, müssen alle Dreiecksflächen in einer Ebene liegen.

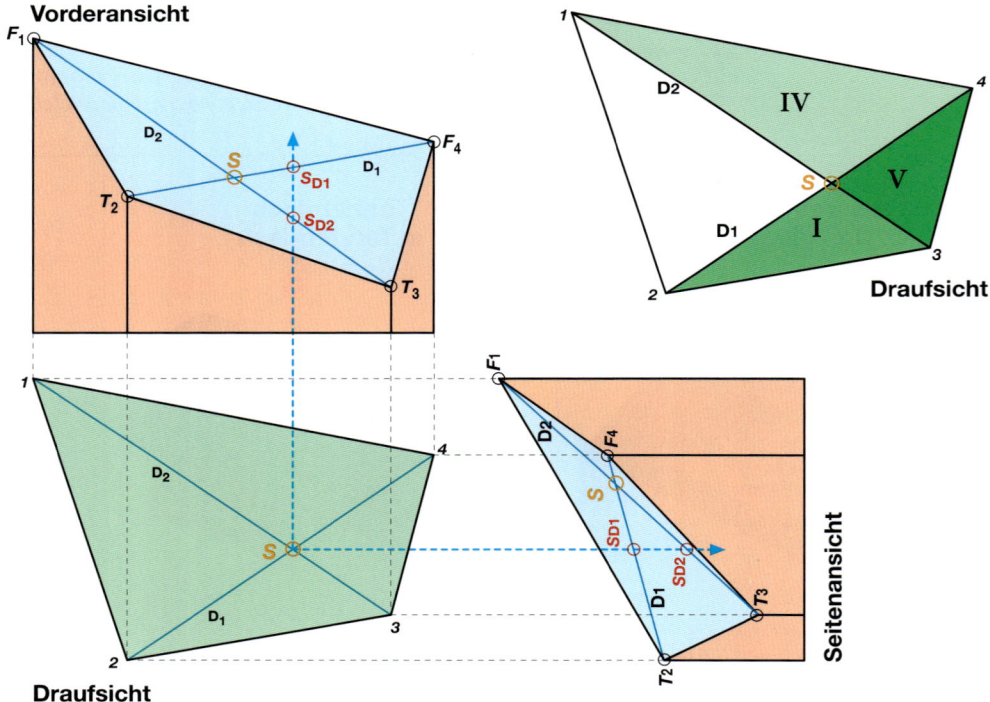

Bild 10: Wenn die viereckige Fläche eben ist, ist der Kreuzungspunkt *S* der Diagonalen D_1 und D_2 in allen Abbildungsebenen ein identischer Punkt. Dies ist hier nicht der Fall. Deshalb ist die viereckige Dachfläche gekrümmt (windschief).
Die viereckige Dachfläche ist dann eben, wenn die Dachfläche *I* und die Dachfläche *IV* und damit auch die gemeinsame Dachfläche *V* in einer Ebene liegen. Nur dann kreuzen sich die Diagonalen D_1 und D_2 in Punkt *S*.

Punkt *S* ist demnach aus einer Abbildungsebene in die beiden anderen zu projizieren und zu überprüfen, ob die Projektion von *S* auf der Diagonalen liegt.

Bild 10 zeigt den Vorgang. Ausgangspunkt ist der Diagonalenschnittpunkt *S* im Grundriss. Weder in der Vorderansicht noch in der Seitenansicht verlaufen die blauen Projektionslinien durch *S*, sondern sie schneiden die Diagonalen an weit entfernten Punkten S_{D1} und S_{D1} (bezeichnet durch rote Kreise).

Die Seitenansicht **unten rechts** in **Bild 10** verdeutlicht, dass zwischen den Punkten ein markanter Höhenunterschied besteht. Und deshalb die viereckige Dachfläche nicht eben ist!

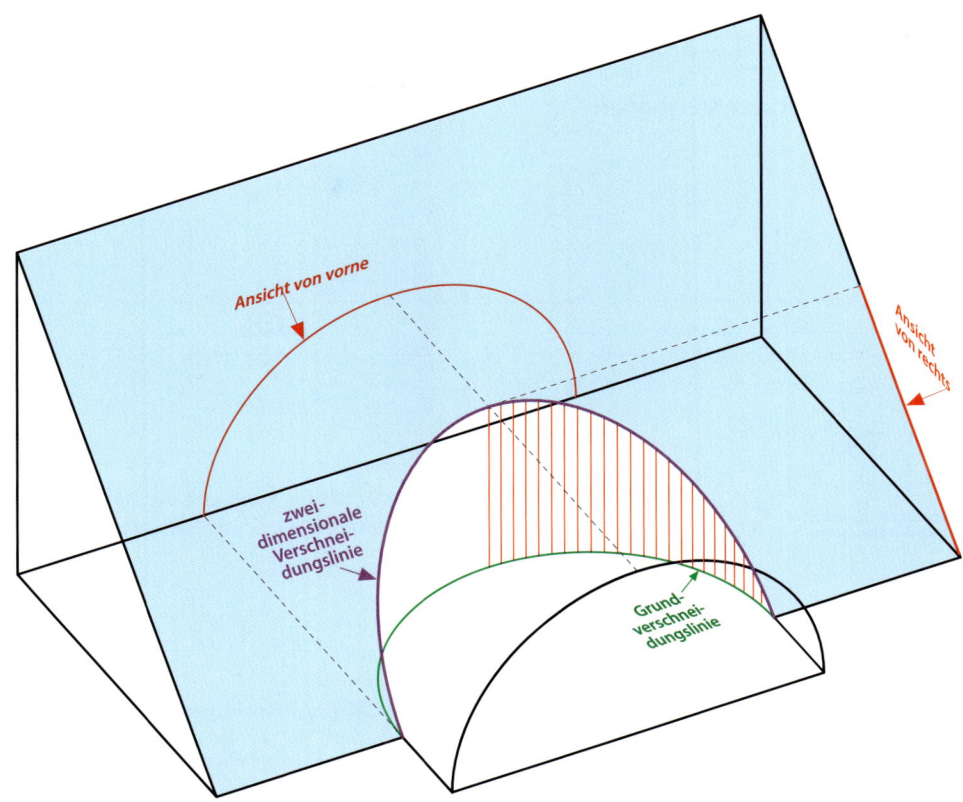

Bild 11: *Die Pultdachfläche ist eben. Deshalb liegt die Verschneidungslinie in dieser Ebene und ist dort in ihrer wahren Größe darstellbar.*

Ist die Verschneidungslinie gebogen oder gekrümmt?

Bei einer Vergatterung in einer Dachausmittlung ist besonders darauf zu achten, ob die Verschneidungslinie der miteinander verschnittenen Dachflächen in einer Ebene liegt oder ob sie dreidimensional (im Raum) „verzogen" ist.

Liegt die Verschneidungslinie in einer Ebene, so ist sie „nur" *gebogen* und in ihrer wahren Größe darstellbar.

Liegt sie nicht in einer Ebene, so ist sie *gekrümmt* und in ihrer wahren Größe in einer der gewohnten Abbildungsebenen (Ansicht/Profil, Grundriss) nicht darzustellen.

Mit ein wenig Erfahrung kann der Zimmermann dies bereits an den Formen der beteiligten Dachflächen erkennen.
Eine „kleine Systematik" hierzu lässt die **Bildreihe** auf **Seite 7** erkennen.

Die **Bilder 11** und **12** verdeutlichen, dass bei Vergatterungen mit mehreren Darstellungsebenen immer die Frage gestellt werden muss „Was sehe ich?". Dabei ist es

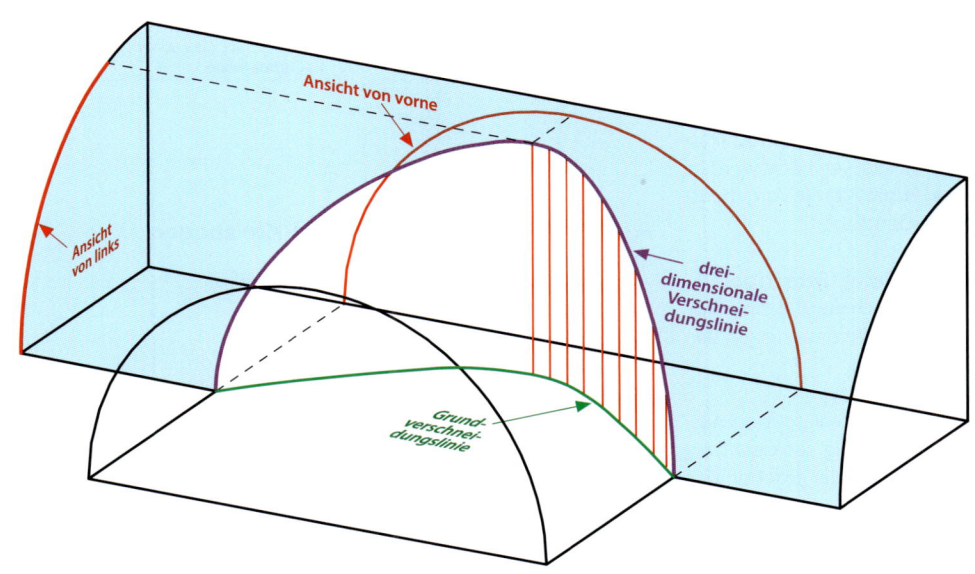

Bild 12: *Keine der beiden Dachflächen ist eben. Deshalb muss die Verschneidungslinie eine dreidimensionale Krümmung aufweisen. Sie liegt in keiner der Darstellungsebenen in ihrer wahren Größe vor.*

hilfreich, konsequent eindeutige Bezeichnungen zu verwenden.

Eine zweidimensional gekrümmte *Verschneidungslinie* zeigt die wahre Größe. Ihre *Verschneidungsgrundlinie* und ihre **Ansichten** zeigt die wahre Größe jedoch nicht (**Bild 11**).

Bei einer dreidimensional gekrümmten *Verschneidungslinie* (**Bild 12**) ist die Darstellung in einer Ebene nicht möglich, es ist eine *Abwicklung* (Abmantelung) erforderlich.

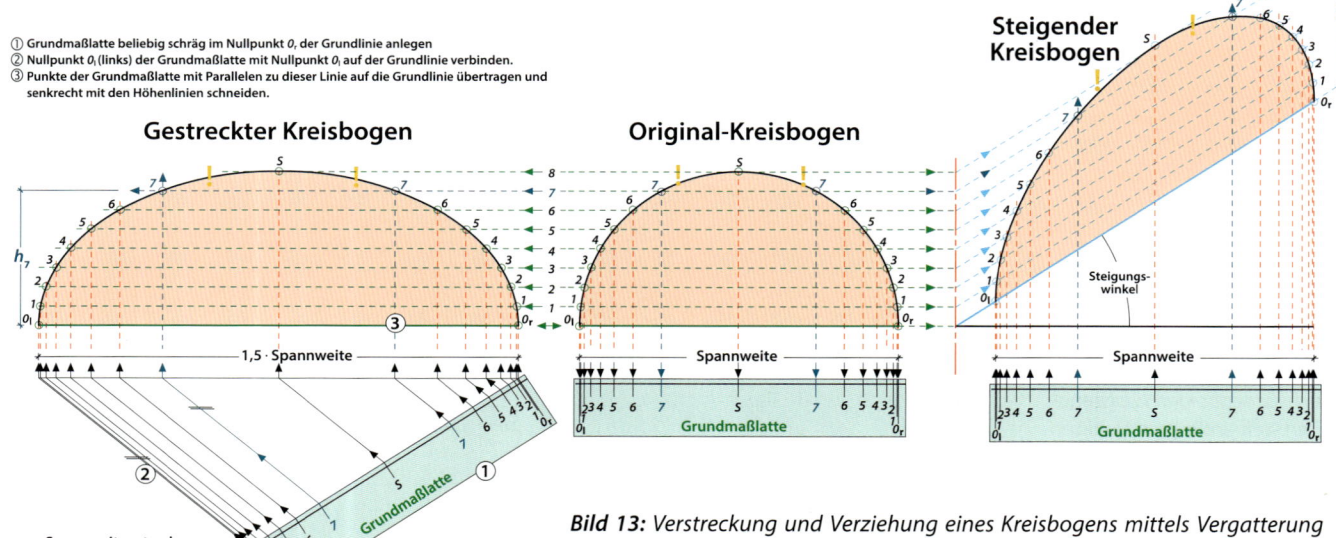

① Grundmaßlatte beliebig schräg im Nullpunkt 0_l der Grundlinie anlegen
② Nullpunkt 0_l (links) der Grundmaßlatte mit Nullpunkt 0_l auf der Grundlinie verbinden.
③ Punkte der Grundmaßlatte mit Parallelen zu dieser Linie auf die Grundlinie übertragen und senkrecht mit den Höhenlinien schneiden.

Gestreckter Kreisbogen

Original-Kreisbogen

Steigender Kreisbogen

Bild 13: *Verstreckung und Verziehung eines Kreisbogens mittels Vergatterung durch parallel zur Grundlinie verlaufende Höhenlinien*

Platzierung von Vergatterungslinien

Die Bedeutung der Platzierung von Vergatterungslinien soll anhand einer Verstreckung beziehungsweise Verziehung eines Kreisbogens gezeigt werden.

In **Bild 13** werden auf dem Kreisbogen mit Scheitelpunkt **S** durch waagerechte parallele Schnittlinien (Höhenlinien) Bogenpunkte **1** bis **7** erzeugt, die rechts mit einem bestimmten Steigungswinkel verzogen und links mit einem bestimmten Vergrößerungsfaktor der Spannweite verstreckt werden. Anhand Punkt **7** ist die Vorgehensweise verdeutlicht.

Der obere „flache" Bereich der Kurve (!) wird durch die gleichmäßige Einteilung der Vergatterungslinien schlecht erfasst.

In **Bild 14** sind die Vergatterungslinien gleichmäßig senkrecht angeordnet. Auch hier ergeben sich Bereiche (!), in denen die Kurve nicht ausreichend durch Punkte beschrieben ist.

In **Bild 15** sind die Vergatterungslinien ohne besondere Einteilung „freihändig" den Kurvengegebenheiten und dem gewünschten Ergebnis entsprechend angeordnet.

Die Kurve lässt sich deshalb auch in der Verziehung gut nachzeichnen.

Bild 14: *Hier sind – ungünstig – senkrechte Vergatterungslinien gleichmäßig eingeteilt vorgegeben.*
Es werden nicht alle Bereiche (!) des Bogens ausreichend durch Punkte erfasst.

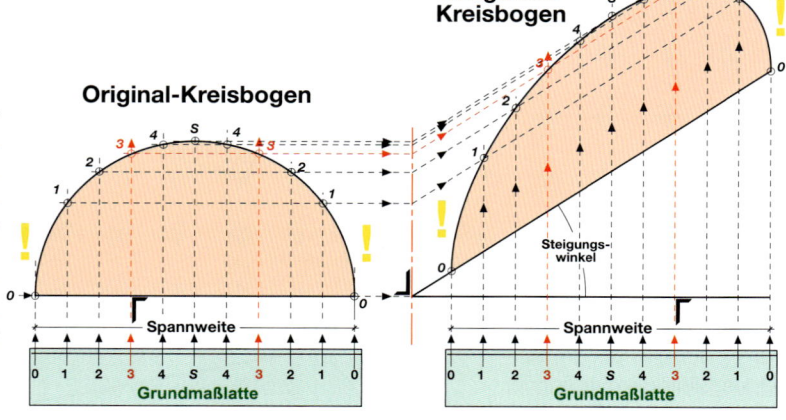

Original-Kreisbogen

Steigender Kreisbogen

Bild 15: *Hier sind in den besonders steilen und den besonders flachen Kurvenbereichen die Vergatterungslinien dichter angeordnet.*
Die Kurve wird so recht gleichmäßig durch Punkte beschrieben.

Original-Kreisbogen

Steigender Kreisbogen

Die Beispiele zeigen, dass die optimale Anordnung von Vergatterungslinien für ein genaues Ergebnis sehr wichtig ist. **Bild 16** zeigt mit der Verziehung eines Geländerfüllbrettes eine praktische Anwendung.

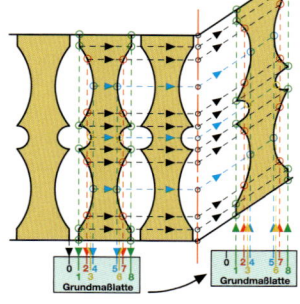

Bild 16:
Verziehung eines Geländerfüllbretts

Zeichnerische Kurvenkonstruktion

Kurven sollen möglichst „glatt" bestimmt werden. Dies kann geschehen:

1. durch das Aneinanderreihen von geometrisch bestimmten *Teilkurven* und/oder
2. durch möglichst viele und vor allem an den Wendepunkten und an anderen markanten Stellen (zum Beispiel Spitzen) möglichst genau ermittelte *Punkte*.

Oft geht es darum, Kurven mittels zeichnerischer Hilfskonstruktionen darzustellen.

Beispiele sind für den *Kreisbogen* in den **Bildern 17** und **18**, für die *Ellipse* in **Bild 19** und für die *Parabel* in **Bild 20** gezeigt.

Hilfskonstruktionen zu Ellipsen, Parabeln, Hyperbeln und Ähnlichem sind in guten Tabellen- oder

Fachgeometriebüchern zu finden und sollen deshalb hier nicht genauer erläutert werden.

Die in **Bild 19** und **Bild 20** gezeigten Konstruktionen gehören zur „Familie" der Vergatterungen. Sie sind gut durchschaubar, weil für ihre Ausführung nur eine Darstellungsebene erforderlich ist. Trotzdem verdeutlichen sie besonders anschaulich, dass die

Kurvenbestimmung mit zunehmender Anzahl der Hilfslinien („Vergatterungslinien") und der damit größer werdenden Zahl von Kurvenpunkten an Genauigkeit zunimmt.

Dabei kommt es neben der Anzahl der Teilungslinien entscheidend auf deren Platzierung an.

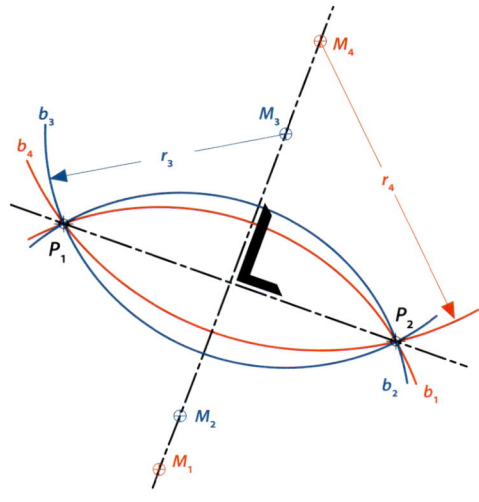

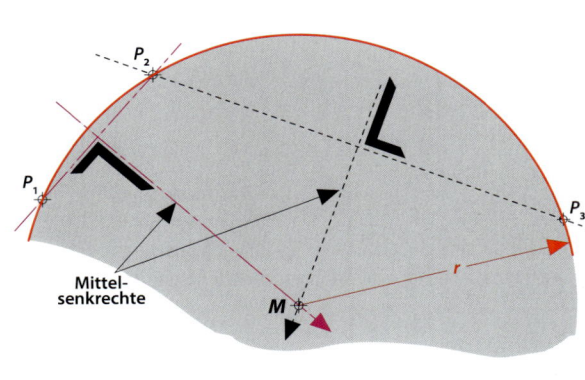

Bild 17: Kreisbogenkonstruktion mit zwei bekannten Punkten P₁ und P₂: Es gibt unendlich viele Ergebnisse

Bild 18: Kreisbogenkonstruktion oben mit drei bekannten Punkten P₁, P₂ und P₃: Es gibt nur ein Ergebnis.

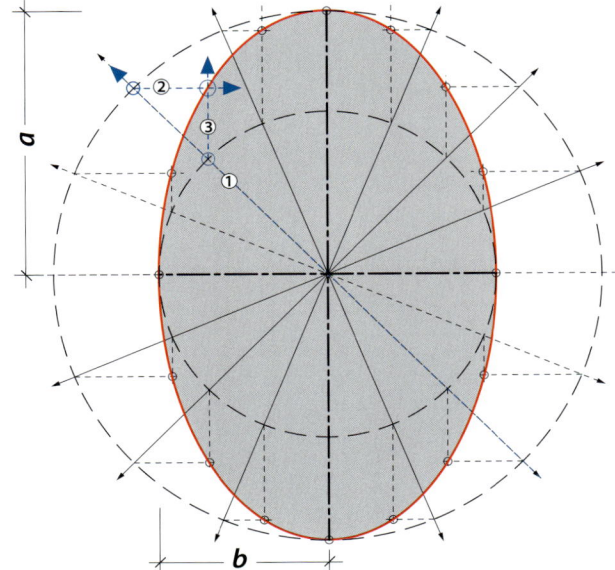

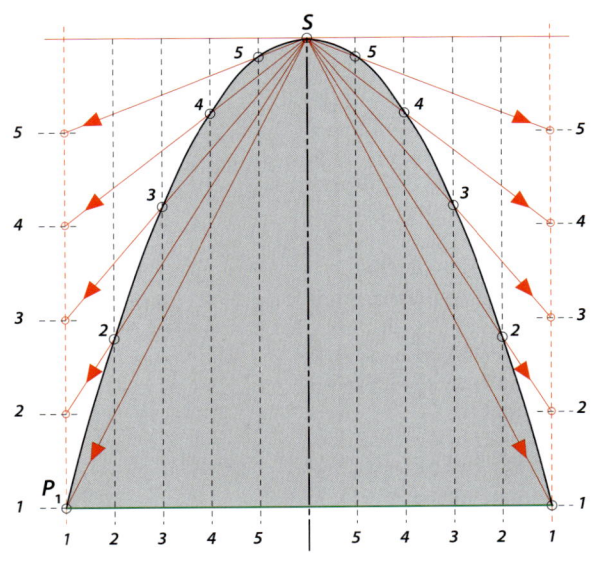

*Bild 19: Darstellung der Ellipsenkurve mit der Scheitelkreiskonstruktion. Die Halbachsen **a** und **b** müssen bekannt sein. Je mehr Strahlen angelegt werden, um so mehr Punkte der Ellipsenkurve werden erzeugt und um so genauer ist die Kurvendarstellung.*

*Bild 20: Darstellung der Parabelkurve mit der Strahlenkonstruktion bei bekannten Punkten **S** und **P₁**. Horizontal und vertikal muss die Teilung mit der gleichen Anzahl der Teilungen erfolgen. Die Genauigkeit der Kurvendarstellung steigt mit Zunahme der Anzahl der Teilungen.*

Verschneidung gekrümmter Dachkörper

Dachausmittlung bei gekrümmten Dachflächen

Bild 21: *Heute fast alltäglich: Mit gekrümmten Dachkörpern – hier aus Nagelplattenbindern gebaut – werden ansprechende Dachlandschaften erzeugt.*

Besonders bei repräsentativen Bauwerken entwerfen Architekten zunehmend Dachlandschaften, die sich aus gekrümmten Dachkörpern zusammensetzen (**Bild 21**).

Hier werden anhand eines Modells Verfahren aufgezeigt, mit denen die Grundverschneidungslinien (die Dachausmittlung) und die Verschneidungslinien im Raum ermittelt werden können.

Alle Verfahren, ebene Dachkörper mit gekrümmten Dachkörpern oder gekrümmte Dachkörper mit gekrümmten Dachkörpern zu verschneiden, sind Näherungsverfahren.

In der zeichnerischen Geometrie redet der Zimmermann von einer *Vergatterung*.

In der EDV werden Verschneidungen mit Hilfe der analytischen Geometrie und mit sogenannten Boole'schen Operationen erzeugt.

Es soll zunächst das Beispielmodell vorgestellt werden.

Anschließend werden anhand des Modells schematisch mögliche Vorgehensweisen aufgezeigt, die 3D-CAD-Programme bieten.

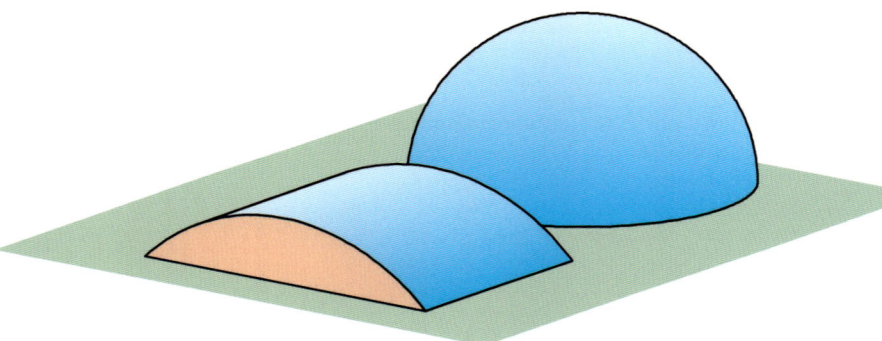

Bild 22: *Hier sind zwei gekrümmten Teildachkörper als unabhängige Objekte dargestellt. Die Kuppel ist geometrisch eine Halbkugel, das Tonnendach ein seitlicher Abschnitt eines Zylinders.*

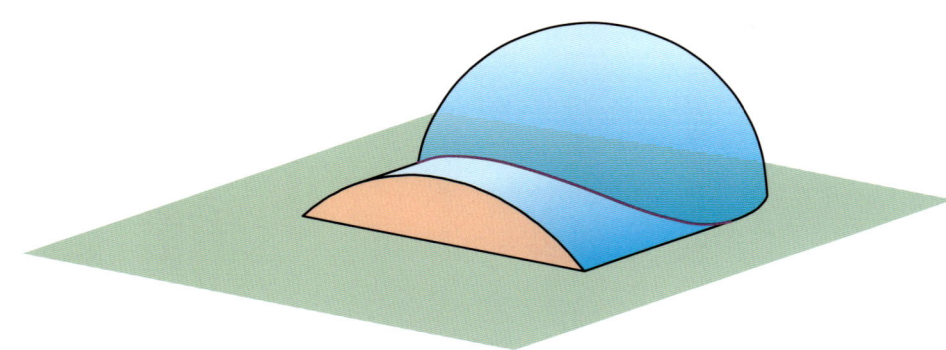

Bild 23: *Sind die beiden Teildachkörper ineinander geschoben und miteinander verschnitten, zeigt sich die Verschneidungslinie.*

Anschließend wird dargestellt, wie die Dachausmittlung mittels 2D-Programm (oder Zeichenplatte) ermittelt werden kann.

Das Modell

Das Modell besteht aus einem Tonnendachkörper und einem Kuppeldachkörper (**Bild 22**). Geometrisch gesehen handelt es sich bei den Dachkörpern um Teile eines Zylinders beziehungsweise einer Kugel.

„Ineinander geschoben" entsteht ein zusammengesetzter Dachkörper. Die Verschneidungslinie zwischen beiden Teildachkörpern ist ein gemeinsames Element beider Körper (**Bild 23**).

In **Bild 24** sind vier Ansichten eines Modelldachs mit einem halbkugelförmigen Teildachkörper und einem anschließenden Teildachkörper mit Tonnendach dargestellt. Die Maßangaben sind in cm ausgeführt. Das Modell lässt sich mit Bauteilen aus Holzresten ausführen. Hier sind zunächst nur die Teildachkörper vor der Verschneidung dargestellt.

Seitenansicht

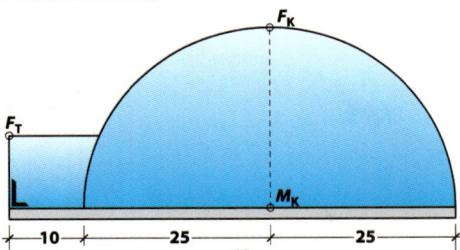

Vorderansicht mit Tonnendachkonstruktion

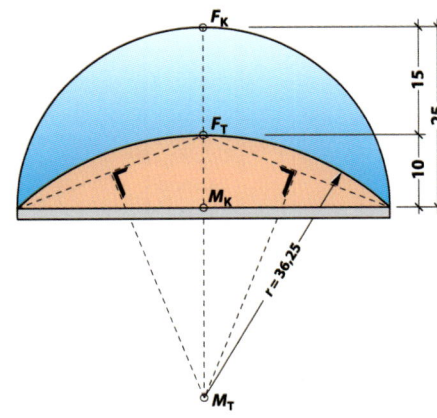

Schrägansicht (Verschneidungslinie rot angedeutet)

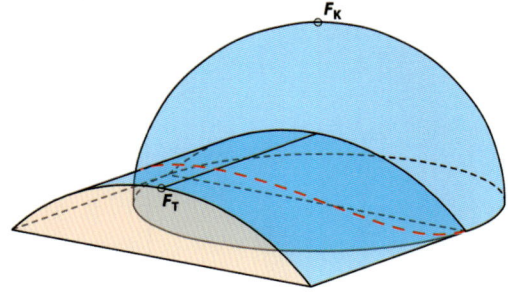

Draufsicht (Dachausmittlung rot angedeutet)

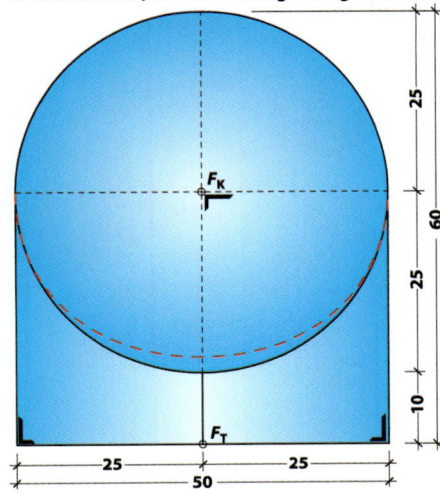

Bild 24: Seitenansicht, Vorderansicht und Draufsicht vermitteln die Höhen- und Grundmaße des Modells. Die Konstruktion des Tonnendachs lässt sich über Grundmaß 50 cm und Höhe 10 cm zeichnerisch oder rechnerisch ausführen.

Bearbeitung mit 3D-Programm

Es gibt eine ganze Reihe von CAD- und Konstruktionsprogrammen, mit denen im dreidimensionalen Raum konstruiert werden kann. Hierzu zählen auch „Abbundprogramme", die eine „freie" Bearbeitung in 3D zulassen. Die Programme unterscheiden sich untereinander in Handhabung, Funktionalität und dem Umfang der Ansteuerung der unterschiedlichen CNC-Maschinen. Es kann hier deshalb nur auf Grundfunktionen hingewiesen werden.

Bei der Konstruktion von gekrümmten Bauteilen kann von Volumen (oder Hilfsvolumen) ausgegangen werden, aus denen in weiteren Arbeitsgängen die Bauteile, beispielsweise eines hölzernen Tragwerks, entwickelt werden.

Der Teildachkörper „Tonnendach" in **Bild 24** wurde als freies Volumen aus seiner Kontur im Profil hergestellt.

Bild 25: Hier sind die beiden Teildachkörper als räumliche Körper (Volumen oder Hilfsvolumen) innerhalb eines 3D-CAD-Programms ineinander geschoben. Eine Verschneidung hat noch nicht stattgefunden. Die Verschneidungslinie ist als dünne Linie bereits erkennbar.

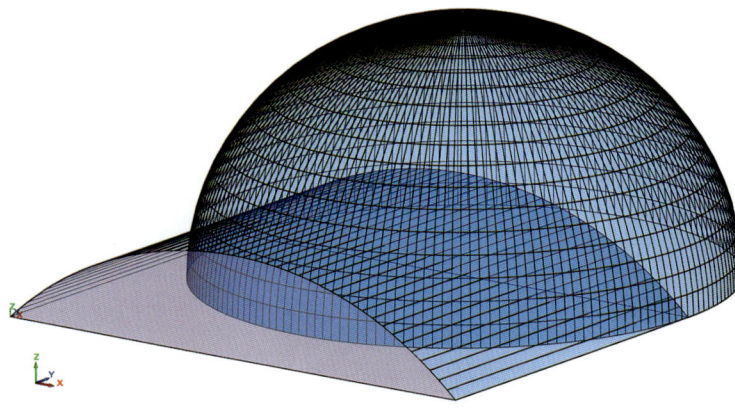

Bild 26: So sieht das Modell nach der Hart/Weichverschneidung aus. Der Kuppeldachkörper war hier vor dem Verschneidungsvorgang als „hart" und der Tonnendachkörper als „weich" definiert. Der „harte" Körper hat den betroffenen Teil des „weichen" Körpers verdrängt. Nun zeigt sich die Verschneidungslinie deutlich. In der Draufsicht ist jetzt die Dachausmittlung erkennbar.

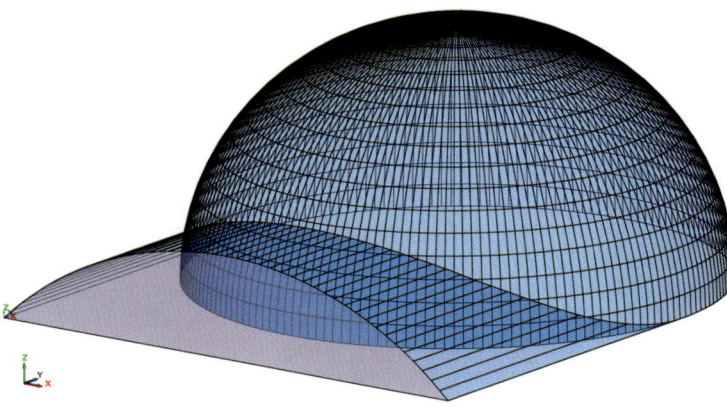

Basiswissen Vergatterung

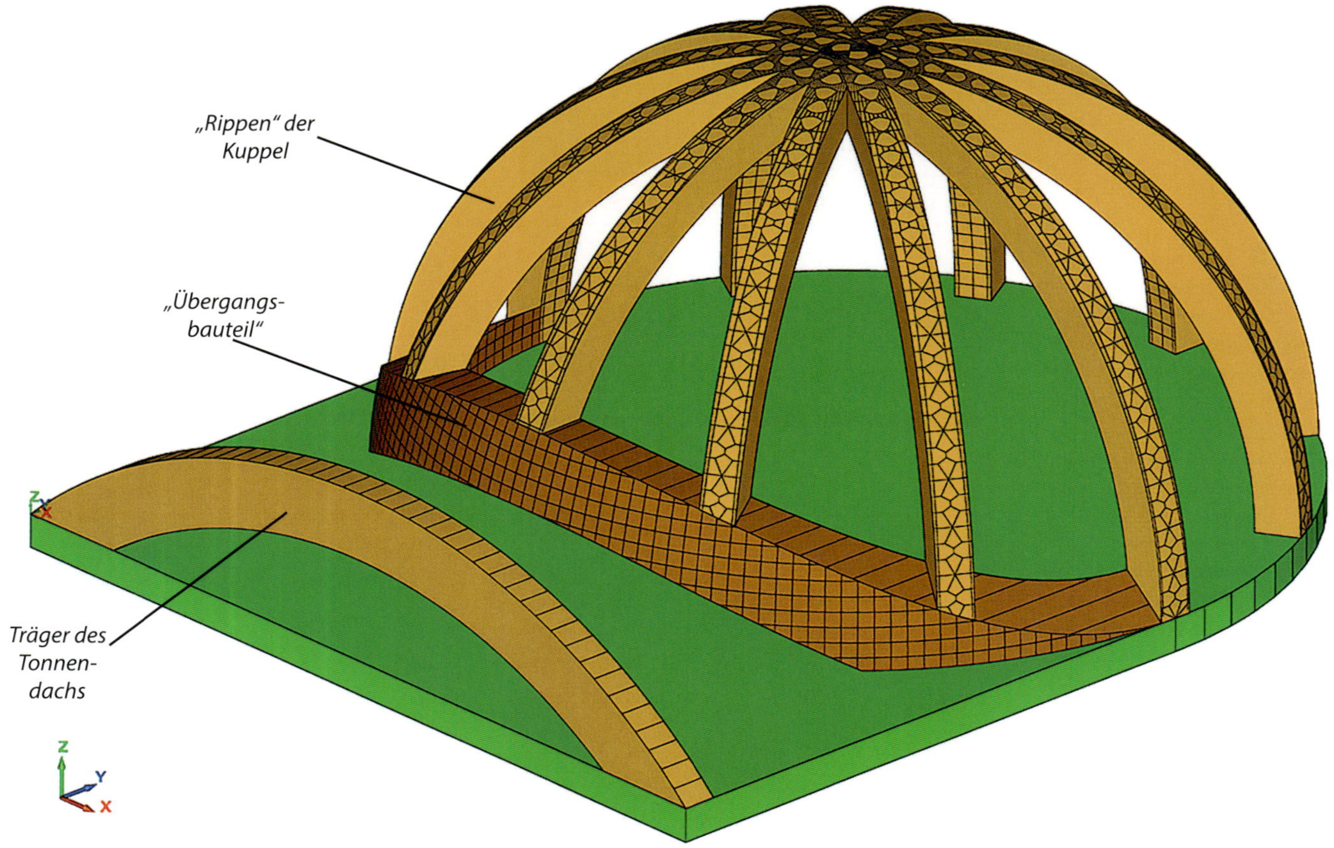

"Rippen" der
Kuppel

"Übergangs-
bauteil"

Träger des
Tonnen-
dachs

Bild 27: Mit 3D-Programm modell- und beispielhaft ausgeführte Bauteile eines Tragwerks. Die gebogenen Träger des Tonnendachs und die „Rippen" der Kuppel sind aus den vorher erzeugten Volumen „herausgeschnitten" und lassen sich baupraktisch als BS-Holz-Bauteile herstellen. das „Übergangsbauteil" an der Verschneidungslinie ist der Teil einer Kugelschale. Vorausgesetzt, das 3D-Programm kann die Maschine ansteuern, ist seine maschinelle Ausführung – beispielsweise aus gekrümmtem Brettsperrholz – durchaus möglich. In der Praxis können hierfür wirtschaftlich Industrieroboter eingesetzt werden.

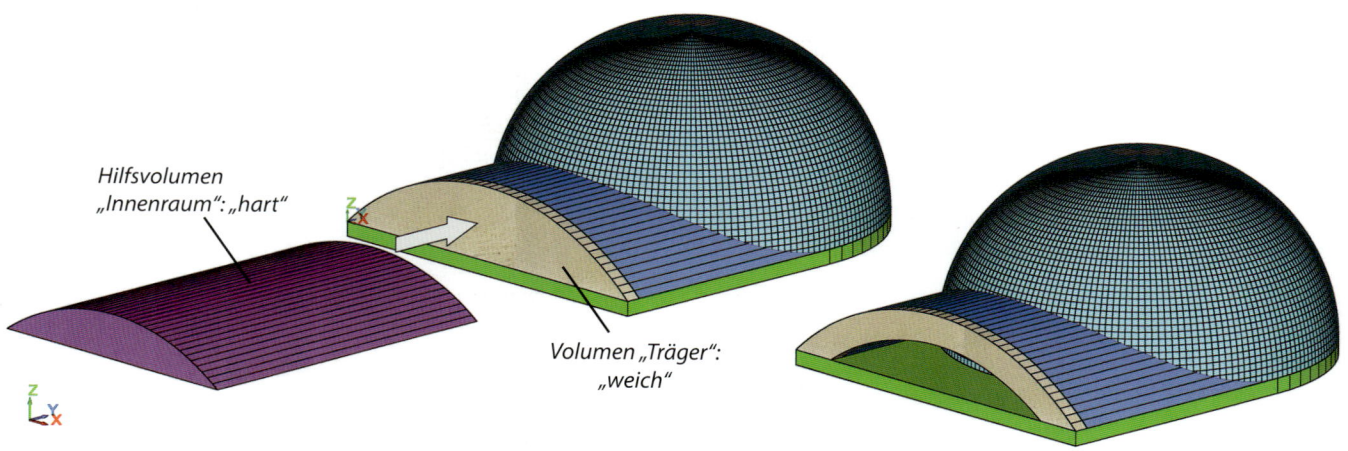

Hilfsvolumen
„Innenraum": „hart"

Volumen „Träger":
„weich"

Bild 28: Erzeugung der Träger-Unterkante beim Tonnendach durch Hart-/Weichverschneidung. Das Hilfsvolumen „Innenraum" wird vor dem Schneidevorgang als „hart", der Träger als „weich" definiert.

Das Volumen des Teildachkörpers „Kuppel" ist als „Rotationselement" aus dem Viertelprofil einen Kugel mit Radius = 25 cm entstanden. Dabei ist die Genauigkeit (die Segmentierung) festzulegen, in der die Krümmungen ausgeführt werden. Je genauer (kleiner) die Segmentierung bestimmt wird, umso größer ist die erforderliche Rechen- und Speicherleistung des Computers.

Gleichzeitig ist zu beachten, dass kleine Segmentierung bei den Bauteilen, die auf der CNC-Maschine bearbeitet werden sollen, zu sehr vielen und möglicherweise sehr zeitraubenden Bearbeitungsschritten der einzelnen Maschinenaggregate führt.

Eine der Grundfunktionen von 3D-Programmen ist das **„Hart/ Weich-Verschneiden."** Dabei werden zwei sich überlappende Körper in ihren Eigenschaften derart festgelegt, dass der eine Körper als „hart" – also „verdrängend" –

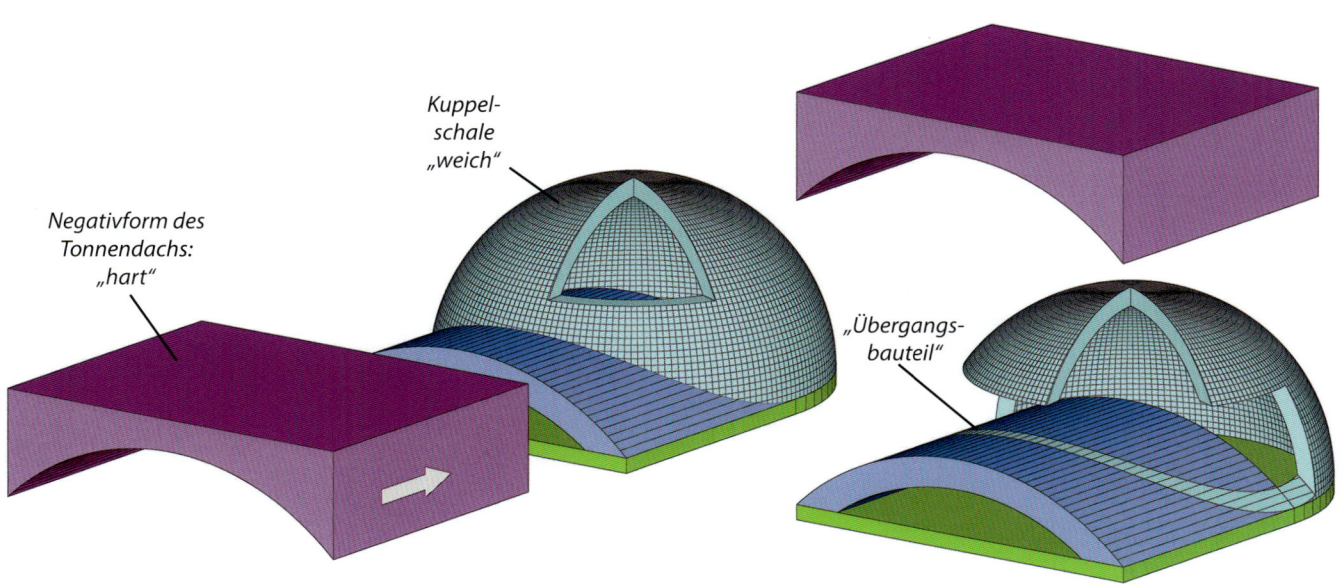

Bild 29: Zuerst wird eine Kuppelschale mit dem Maß der „Rippen" modelliert. Das „Übergangsbauteil" ist ein Element (ein Teilvolumen) dieser „Kuppelschale" (wie auch die „Rippen" selbst, siehe Bild 10). Die obere Begrenzungsfläche des „Übergangsbauteils" kann durch ein „hartes" Volumen in Negativform des Tonnendachs erzeugt werden.

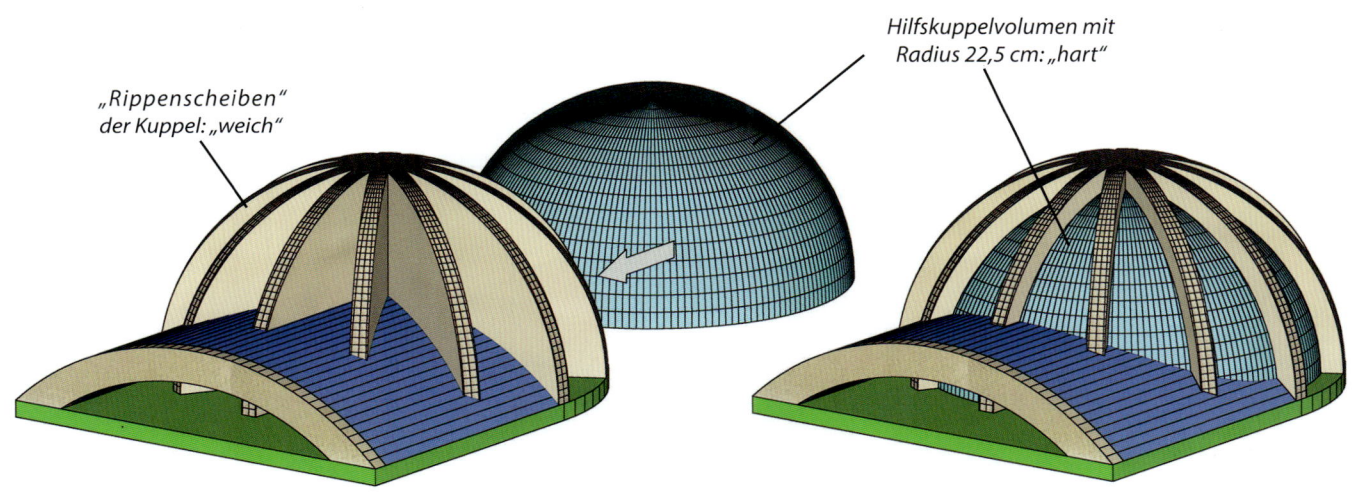

Bild 30: Aus dem Vollvolumen der Kuppel (Bild 5) kann eine „Rippenscheibe" herausgeschnitten und um die Firstsenkelachse 5 × rotiert und kopiert werden. Die Formung der Unterkante der „Rippen" der Kuppel kann mittels halbkugelförmigem Hilfsvolumen mit Radius 22,5 cm geschehen. Das Hilfsvolumen wird als „hart", die Rippen als „weich" definiert.

und der andere als „weich" – also „nachgebend" – bestimmt sind.
Bild 25 zeigt das Modell vor dem Hart-/Weich-Schneidevorgang. Die Teildachkörper sind noch vollständig vorhanden, aber überlappen sich teilweise.
In **Bild 26** ist der Schneidevorgang mit „hartem" Kuppelvolumen und „weichem" Tonnendachvolumen ausgeführt. Nun ist auch die Kante (die Verschneidungslinie)

zwischen den beiden Körpern festgelegt. Diese Linie setzt sich aus Punkten zusammen, die Teile (Elemente) beider Körper sind.

3D-Programme bieten eine Vielzahl von Möglichkeiten, Konstruktionen zu erzeugen, wie sie in **Bild 27** gezeigt sind. Hier wurden die Träger von Tonnendach und Kuppel aus den vorher erzeugten Volumen durch senkrecht geführ-

te Schnitte herausmodelliert. Die Innenkanten können durch weitere Hart-/Weichverschneidungen erzeugt werden.
Das geschah hier beim Tonnendach durch ein Hilfsvolumen, das in der Größe des Raumes unterhalb von Unterkante-Träger erzeugt wurde (**Bild 28**). Mit diesem Volumen kann auch am Übergangsbauteil die gleiche untere Begrenzungsfläche mo-

delliert werden. Die obere Begrenzungsfläche erzeugt ein „hartes" Volumen mit der Negativform der Tonnendach-Oberfläche (**Bild 29**).

Bild 30 zeigt schließlich die Formung der Unterkanten bei den „Rippen" der Kuppel durch ein halbkugelförmiges Rotationselement (Hilfsvolumen) mit Radius Innenkante-Rippe (hier beispielsweise 22,5 cm).

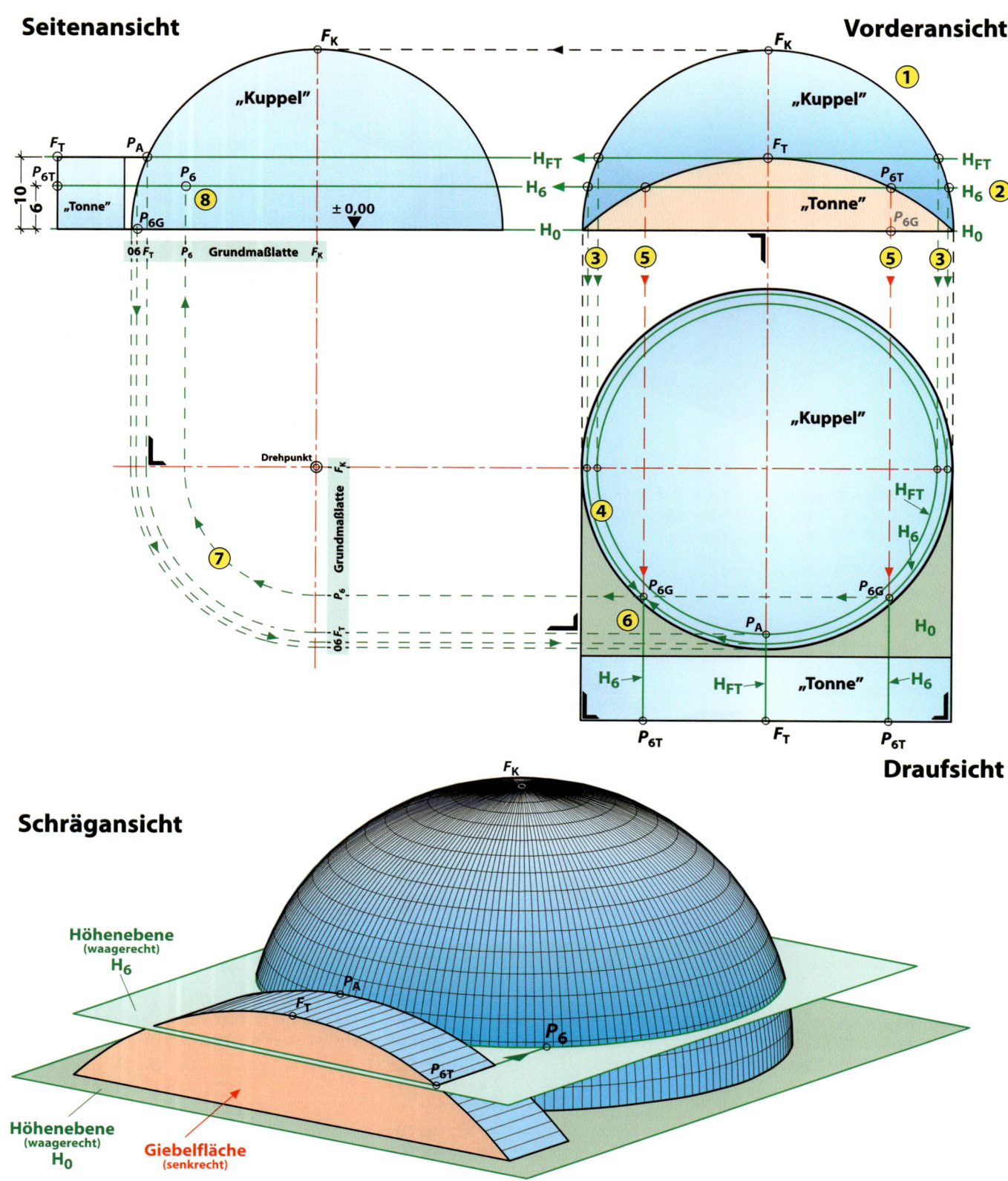

Bild 31: *Mögliche Vorgehensweise bei der Ermittlung eines gemeinsamen Punktes von „Kuppel" und „Tonne" in einer bestimmten waagerechten Höhenebene:* ① *Vorderansicht „Kuppel" und „Tonne" reißen (siehe auch* **Bild 24**). ② *Waagerechte Höhenlinien H_0, H_6 und H_{FT} reißen.* ③ *Schnittpunkte Höhenlinien/Kuppel-Profillinie in den Grundriss übertragen. Dies erfolgt auf beiden Seiten der Kuppel in gleicher Weise.* ④ *Im Grundriss Höhenlinien H_6 und H_{FT} als Kreisbögen um F_K reißen.* ⑤ *Senkrechte aus dem Schnittpunkt P_{6T} (Höhenlinie H_6 mit Profillinie „Tonne" geschnitten) in den Grundriss ziehen.* ⑥ *Es entsteht im Grundriss Punkt $P_{6G'}$ in die Seitenansicht* ⑦ *ist er als Punkt P_6 eingezeichnet* ⑧. *P_6 ist sowohl ein Element der „Kuppel" als auch der „Tonne" (wenn diese in die Kuppel hinein verlängert wird).*

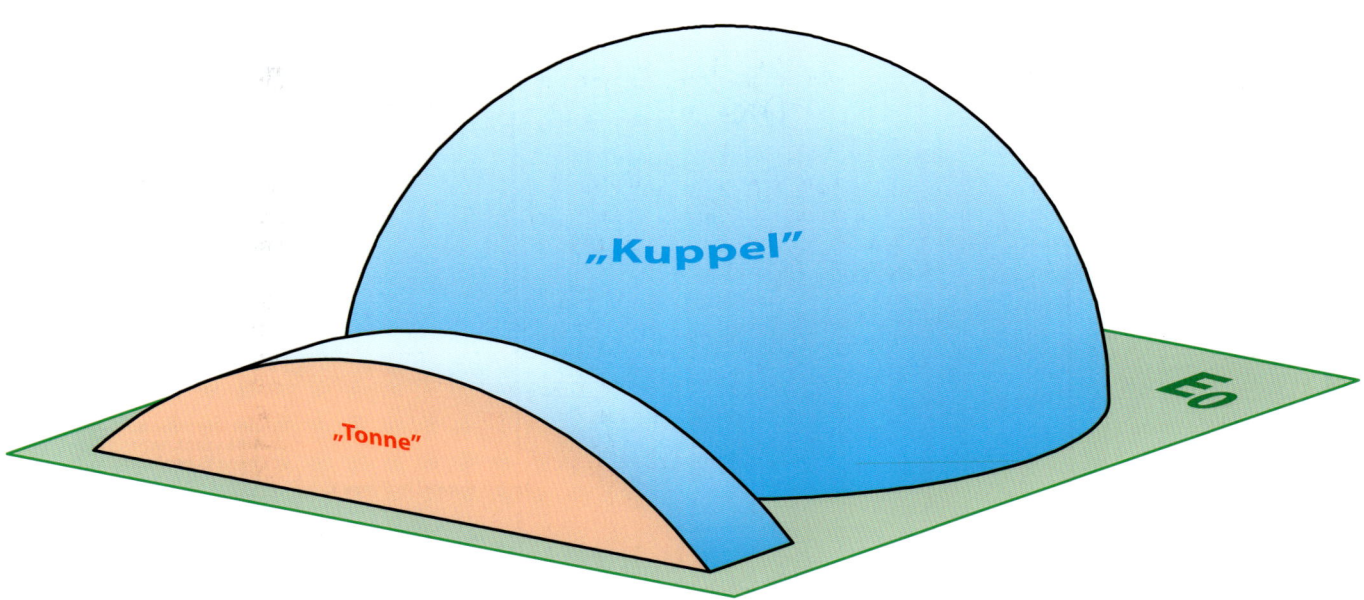

Bild 32: *Schrägansicht der Ausgangssituation für das Anlegen einer Schnittebene. Die „Tonne" ist so verkürzt, dass die Vorgänge besser sichtbar werden. Beide Dachkörper stehen „unverletzt" auf der Ebene E_0 (± 0,000).*

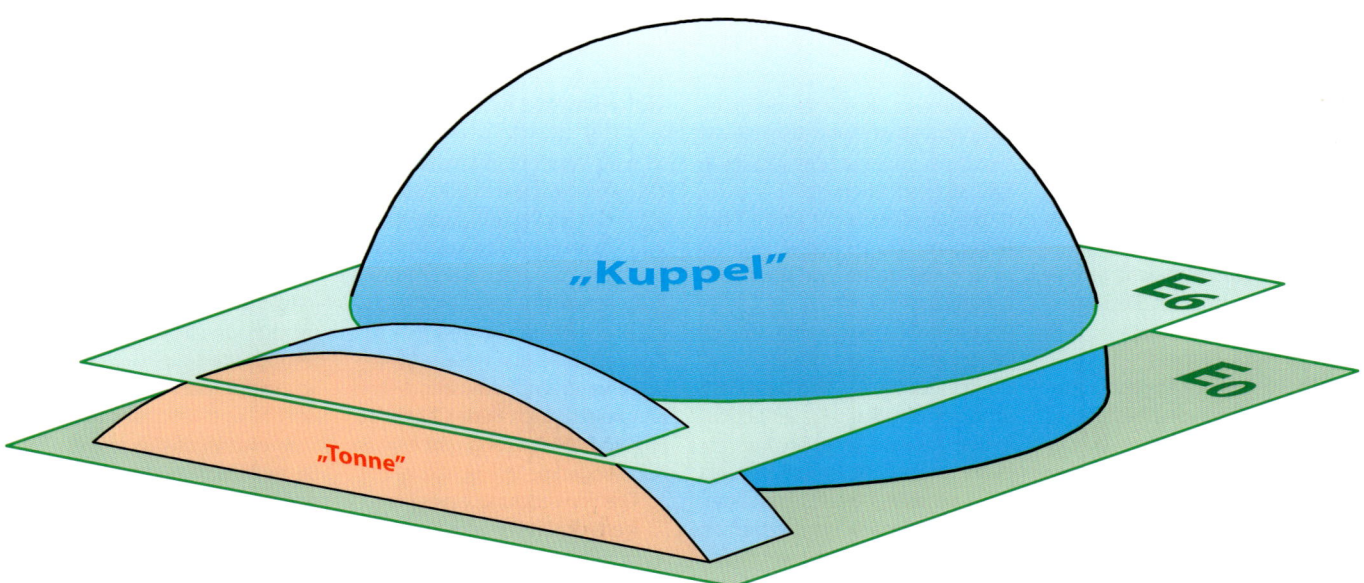

Bild 33: *Die Ebene E_6 (+ 6) ist angelegt. Sie schneidet „Tonne" und „Kuppel" waagerecht durch. In dem Bild sind alle grünen Linien waagerecht verlaufend. Als Schnittbild der „Tonne" ist – wie der Umriss in der Ebene E_0 – ein Rechteck zu vermuten. Die Schnittebene der „Kuppel" sollte kreisförmig sein.*

Ohne Nutzung eines 3D-Programms ist die Ermittlung der Dachausmittlung und der Abbundmaße von Tragwerksbauteilen etwas aufwendiger. Mit dem 2D-Programm („der elektronischen Zeichenplatte") und entsprechender Systematik geht das jedoch ganz gut.

Wie bereits erwähnt, ist die Dachausmittlung bei der Verschneidung gekrümmter Dachkörper mit gekrümmten Dachkörpern nur mit einem Näherungsver-

fahren auszuführen. Eines dieser Näherungsverfahren nennt der Zimmermann „Vergatterung".

Wird eine Vergatterung bei gekrümmten Bauteilen ausgeführt, ist der zeichnerische Aufwand verhältnismäßig groß. Wird sie in herkömmlicher Weise auf Papier ausgeführt, sammeln sich derart viele Linien an, dass ohne sehr dünne Zeichenstifte und Benutzung von Farben der Überblick schnell verloren geht. Beim Auf-

reißen im CAD-Programm sollten zur „Entzerrung" der vielen Linien Layer benutzt werden, die ein- und ausgeblendet werden können. Grundsätzlich ist ein systematisches und <u>vorher</u> durchdachtes Vorgehen erforderlich, um zu „sauberen" Ergebnissen zu gelangen. Der Zimmermann führt die Konstruktion von Vergatterungen in der Regel in der Dreitafelprojektion (Grundriss – Vorderansicht – Seitenansicht) durch. Das Modell, anhand dessen die Vergatterung

erklärt werden soll, ist in **Bild 24** dargestellt.

Auf den Punkt bringen

Die gesuchte Verschneidungslinie wird durch Punkte beschrieben, die in der Vergatterung erzeugt werden. Der Übersichtlichkeit wegen ist in den **Bildern 31** bis **34** die „Tonne" so verkürzt eingezeichnet, dass sie nicht in die „Kuppel" ragt. In **Bild 31** ist verdeutlicht, wie

Schrägansicht

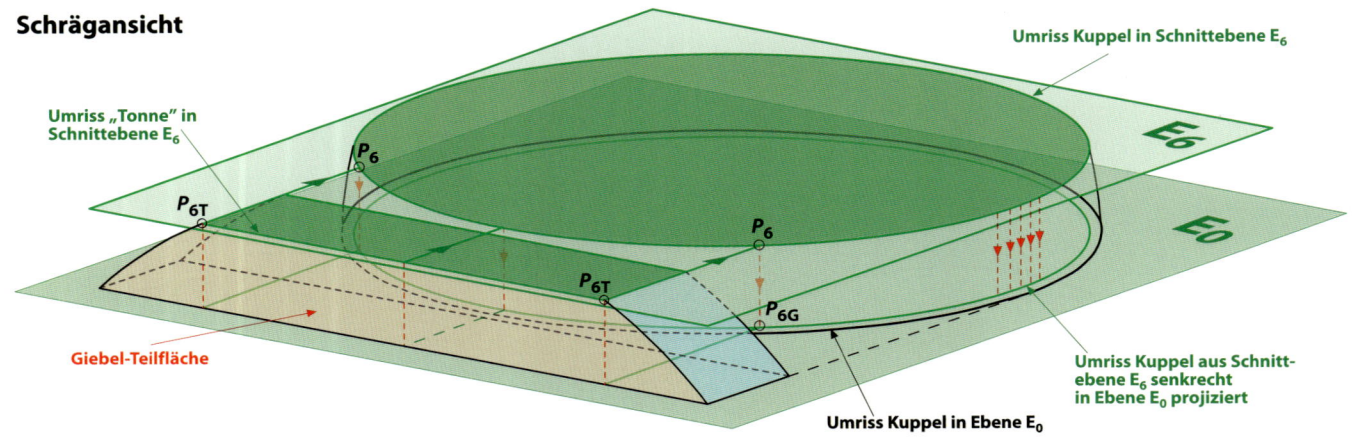

Umriss „Tonne" in Schnittebene E_6

P_6

P_{6T}

Giebel-Teilfläche

P_{6T}

P_6

P_{6G}

Umriss Kuppel in Schnittebene E_6

E_6

E_0

Umriss Kuppel aus Schnittebene E_6 senkrecht in Ebene E_0 projiziert

Umriss Kuppel in Ebene E_0

Bild 34: *Die abgeschnittenen oberen Teile von „Tonne" und „Kuppel" sind entfernt. Der Blick auf die Schnittebene bestätigt die vermuteten Schnittbilder (rechteckig bei der „Tonne" und kreisförmig bei der „Kuppel"). Eine Höhenlinie in der Ebene E_6 durch Punkt P_{6T} entlang der Schnittlinie trifft in Punkt P_6 auf die Höhenlinie der „Kuppel". Punkt P_6 ist ein Element (ein Teil) der Verschneidungslinie zwischen Tonnendachfläche und Kuppeldachfläche. Er liegt demnach sowohl in der Kuppeldachfläche als auch in der Tonnendachfläche. Wird P_6 senkrecht nach unten in die Ebene E_0 übertragen, entsteht dort P_{6G}. Dieser Punkt ist ein Element der <u>Grund</u>verschneidungslinie zwischen den Dachkörpern.*

eine Schnittebene durch beide Dachkörper gelegt wird. **Bild 32** zeigt die Ausgangslage in einer Schrägansicht.

Die Höheneben E_6, die in Höhe +6 cm im Modellprofil beziehungsweise der Vorderansicht eingezeichnet ist, schneidet die „Tonne" und die „Kuppel" waagerecht in gleicher Höhe (**Bild 33**).

In **Bild 34** sind die abgeschnittenen oberen Teile von „Tonne" und „Kuppel" entfernt. Nun wird der Blick frei auf die Schnittflächen und auf die Lage der Punkte im Raum. Punkt P_6 liegt in der Kuppeldachfläche. Wird die „Tonne" komplett mit der „Kuppel" verschnitten, liegt P_6 auch in der Tonnendachfläche, womit bewiesen ist, dass P_6 ein Punkt der Verschneidungslinie ist.

Die „wahre" Verschneidungslinie, also die im Raum und gleichzeitig in Tonnendachfläche und Kuppeldachfläche liegende, wird nun durch eine ausreichende Zahl von Punkten bestimmt, die wie Punkt P_6 konstruiert werden.

Je mehr Schnittebenen angelegt werden und je mehr Verschneidungspunkte damit erzeugt werden, umso leichter fällt schließlich das Konstruieren der Kurve und umso genauer wird sie.

Wie viele Schnittebenen angelegt werden müssen, hängt von den Formen der zu verschneidenden Dachkörpern ab. Nur in seltenen

Fällen ist eine gleichmäßige Einteilung von Höhenlinien sinnvoll, wie dies beim vorliegenden Modell in **Bild 35** geschehen ist.

In der Vorderansicht und in der Seitenansicht macht die Vergatterung einen guten und übersichtlichen Eindruck.

Im Grundriss zeigt sich jedoch zwischen dem Grundverschneidungspunkten P_{8G} und dem Firstanfallsgrundpunkt F_{AG} ein „Loch", in dem für eine genauere Kurvenbestimmung ein Zwischenpunkt sinnvoll wäre. Die Höhenebenen sollten demnach immer den zu vergatternden Krümmungen angepasst werden. Je flacher die Krümmung, umso mehr Höhenebenen sind zu konstruieren.

Die ermittelten Grundverschneidungspunkte werden nun so miteinander verbunden, dass eine „glatte" Kurve entsteht. Im CAD-Programm wird in der Regel hierfür die Funktion "Spline" verwendet, zeichnet man von Hand, hilft ein Kurvenlineal oder eine biegsame Leiste. Im CAD-Programm kann bei symmetrischen Geometrien rational auch nur eine Hälfte der Grundverschneidungslinie konstruiert und die andere Hälfte daraus gespiegelt werden. Die fertige Dachausmittlung zeigt **Bild 36**.

Gekrümmte Bauteile

Ist eine Verschneidungslinie derart gekrümmt wie in **Bild 35**, wird auch das im Verlauf dieser Kurve angeordnete „Übergangsbauteil" eine mehrfache Krümmung aufweisen müssen. In **Bild 37** ist ein solches Bauteil aus der Kuppelschale durch Hart-/Weichverschneidung herausmodelliert (vergleiche auch **Bilder 27** bis **30**). Für die Ausarbeitung gibt es zwei nahe liegende Möglichkeiten:

1. Die Verwendung eines vorgefertigten Teils der Kuppelschale und
2. die Verwendung eines prismatischen Holzkörpers wie beispielsweise eines Vollholzblocks (**Bild 37**).

In beiden Fällen wird ein annehmbar genaues Anreißen der Rohlinge mit handzeichnerischen Mitteln eine außergewöhnlich aufwendige Sache. Sie dürfte deshalb bei einem gewölbten Bauteil aus wirtschaftlichen Erwägungen nicht infrage kommen.

Mit einer entsprechend ausgeführten und ausgerüsteten CNC-Maschine und leistungsfähiger Software ist das Herausarbeiten des Bauteils weniger eine technische als eine Zeitfrage, weil – je nach Rohling und ausgeführter Genauigkeit – eine Vielzahl kleiner Flächen bearbeitet werden muss. Die tragwerksplanerische

Bemessung eines solchen Bauteils dürfte auch keine alltägliche Sache sein. Um diesen Problemen zumindest teilweise aus dem Weg zu gehen, sollten bei „Übergangsbauteilen" andere Lösungen gesucht werden.

In **Bild 38** ist ein Bauteil mit senkrechten (und trotzdem gekrümmten) Flächen aus der Grundverschneidungslinie entwickelt. Rechts und links der Grundverschneidungslinie wurde eine Bauteilbreite angelegt und aus der dadurch entstandenen Grundfläche ein Stab generiert. Dieser wiederum wurde durch Hart-/Weichverschneidung mit Hilfsvolumen (**Bilder 28** bis **30**) an Ober- und Unterseite modelliert.

Konstruktionen wie die hier gezeigten sind sicherlich nicht das tägliche Brot des Zimmerers. Die „Machbarkeit" von gekrümmten Bauteilen wird jedoch oft falsch eingeschätzt (und entsprechend „gebastelt" sehen dann die Ergebnisse aus).

Mit den Grundlagen der Vergatterung kann ein gekrümmtes Bauteil besser verstanden werden. Auf diese Weise lassen sich Alternativen aufgrund klarer Daten erarbeiten, Architekten und Planer argumentativ beraten und so Überraschungen (und hohe Kosten) vermeiden.

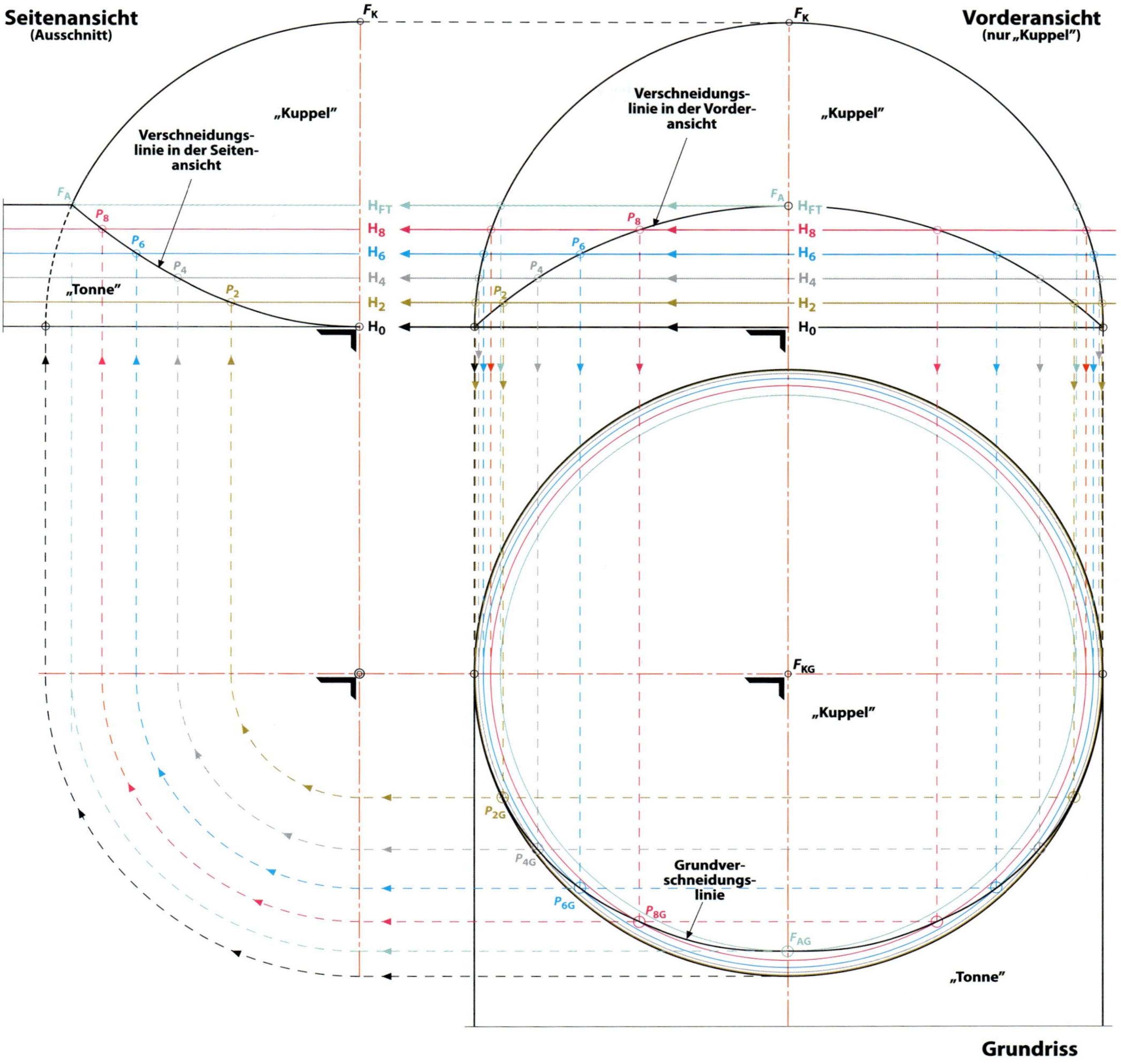

Seitenansicht (Ausschnitt)

Vorderansicht (nur „Kuppel")

Bild 35: *Die Entstehung der Verschneidungspunkte in Vorderansicht, Grundriss und Seitenansicht. Die Ebenen und die jeweils zugehörigen Linien und Bezeichnungen sind mit unterschiedlichen Farben angelegt.*

Dachausmittlung M 1:10

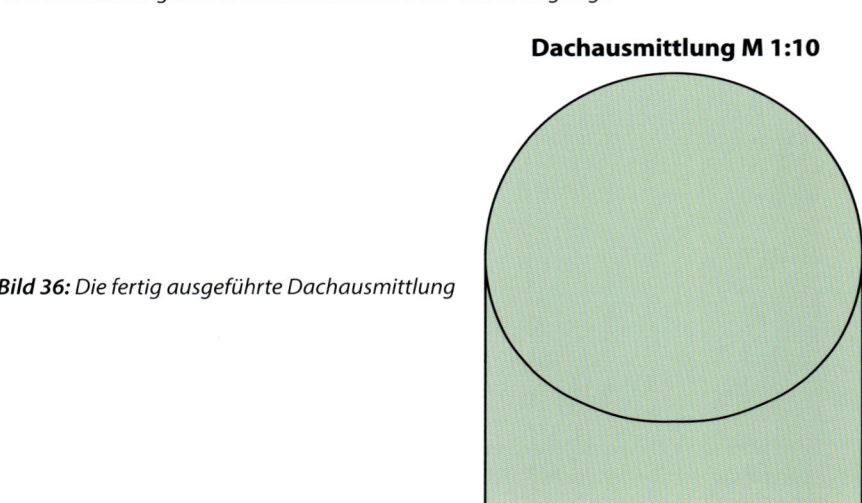

Bild 36: *Die fertig ausgeführte Dachausmittlung*

Schrägansicht

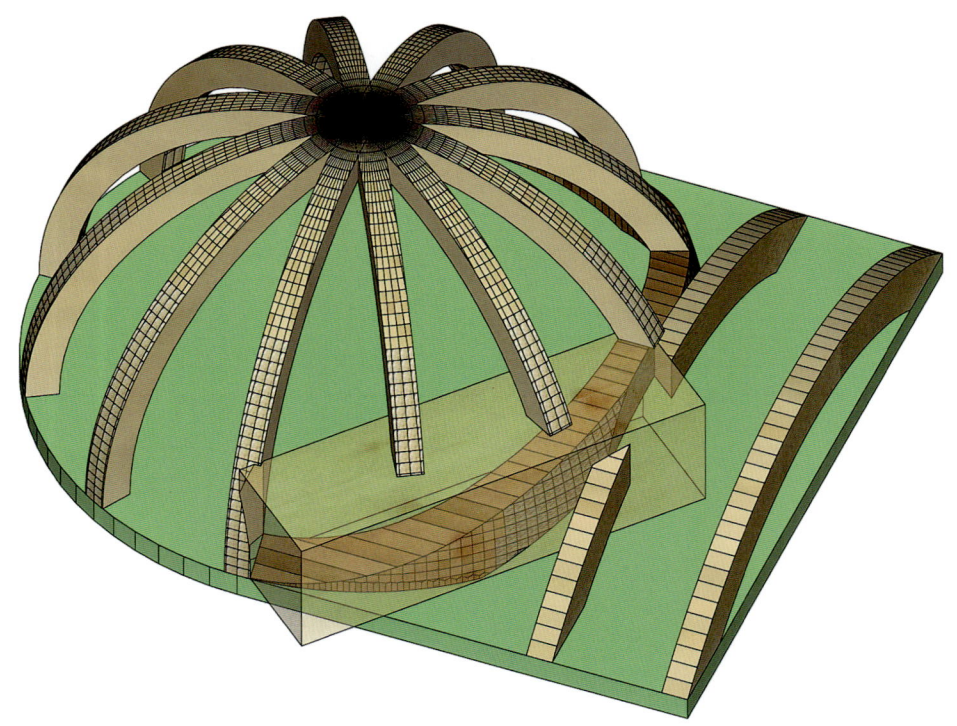

Bild 37: *Hier ist das „Übergangsbauteil" aus einer „Kuppelschale" herausmodelliert. Der Umriss des einschließenden „Vollholzblocks" verdeutlicht die dreidimensionale Ausdehnung.*

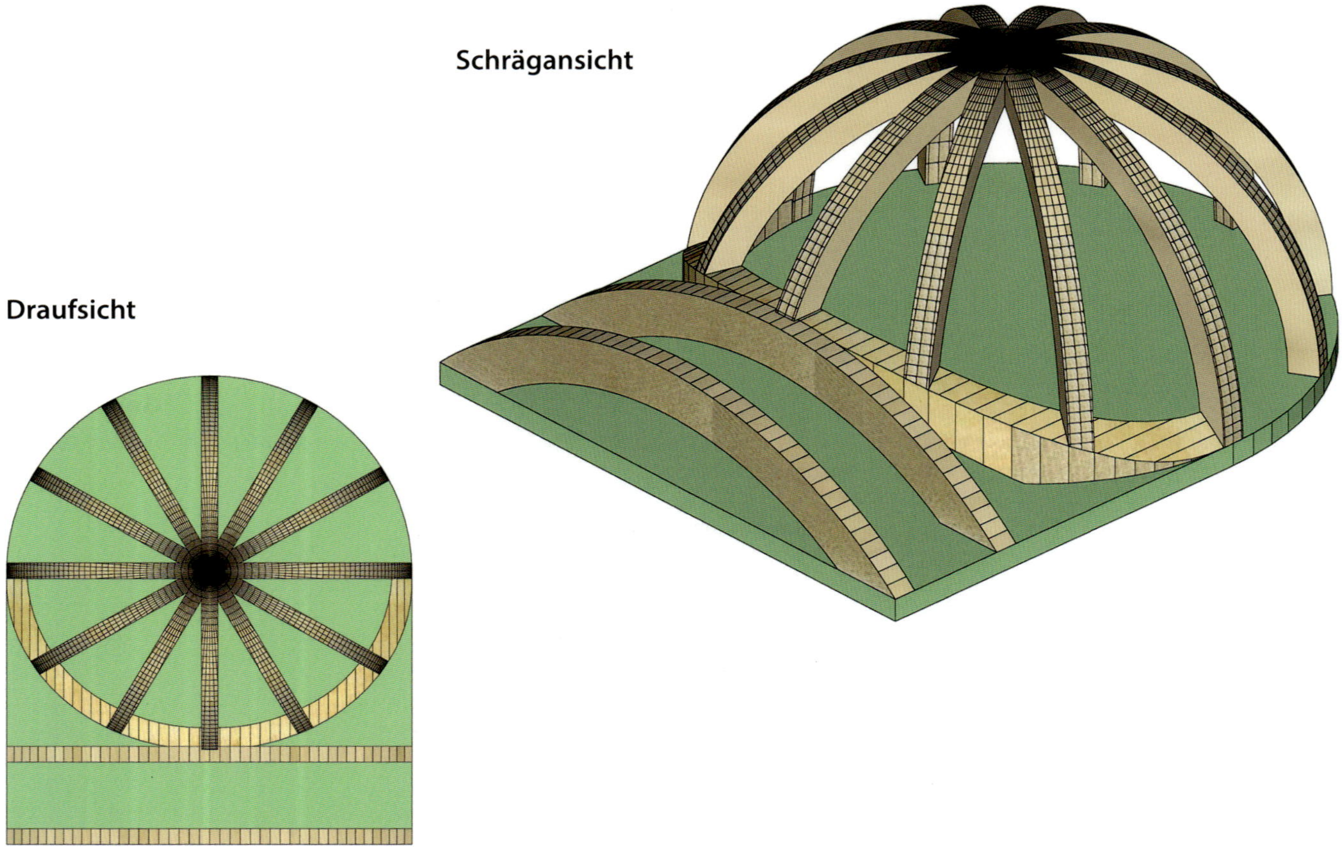

Schrägansicht

Draufsicht

Bild 38: *Hier ist das „Übergangsbauteil" als senkrechter Stab konstruiert. Die Form im Grundriss orientiert sich an der Grundverschneidungslinie, die Breite entspricht den Auflagerflächen der Rippen der Kuppel auf der Tonnendachfläche. Dieses Bauteil weist keine Wölbungen auf und wird deshalb erheblich wirtschaftlicher herzustellen sein als das in **Bild 37** gezeigte.*

Aufgabe 1: Zwiebelförmiger Turmhelm

Zwiebelförmige Turmhelme findet man in den unterschiedlichsten Formen und Variationen vor allem an Kirchen des Barock. Die „Zwiebel" über quadratischem Grundriss ist die einfachste Form.

Bild 1 zeigt das Modell eines Turmhelmes. In **Bild 2** ist das Normalprofil (rechts mit angedeuteter Elementstruktur) und der Grundriss des Modells mit Maßen und Konstruktionshinweisen dargestellt. In **Bild 3** sind die Hölzer aufgelistet, die benötigt werden, wenn die Grat- und Schifterelemente zusammengesetzt werden. Die Bauteile können auch aus Plattenmaterial herausgeschnitten werden. Die Schifterelemente sind 2 cm, die Gratelemente 3 cm breit.

Bild 1: Modell „Zwiebelförmiger Turmhelm"

Pos.	Bezeichnung	Anzahl	b [cm]	h [cm]	l [cm]
1	Gratelement	4	3,0	12,0	36,6
2	Gratelement	4	3,0	12,0	71,8
3	Pfosten	1	4,0	4,0	52,5
4	Grundplatte	1	60,0	2,0	60,0
5	Schwelle	4	4,0	4,0	38,8
6	Schifterelement	8	2,0	12,3	28,2
7	Schifterelement	4	2,0	12,3	28,7
8	Schifterelement	8	2,0	12,3	29,5
9	Schifterelement	4	2,0	12,3	54,5

Bild 3: Mögliche Holzliste bei zusammengesetzten Schifter- und Gratelementen (Genaue Werte, Verschnitt zugeben!)

Zusammenhänge

Die „Zwiebel" setzt sich aus mehreren konkaven (nach innen gekrümmten) und konvexen (nach außen gekrümmten) Formen zusammen. Hierzu lohnen sich einige Überlegungen.
Zunächst sollen die Zusammenhänge zwischen Normalprofil und Gratprofil am oberen Teil des Turmhelmes dargestellt werden. **Bild 4** zeigt diesen Teil in einer Schrägansicht. Die *Normalprofillinie* ist **rot** und die *Dachflächenverschneidungslinie* (die Gratlinie) ist **violett** dargestellt. Zudem wurde eine *Höhenlinie* mit **grüner** Farbe eingezeichnet.

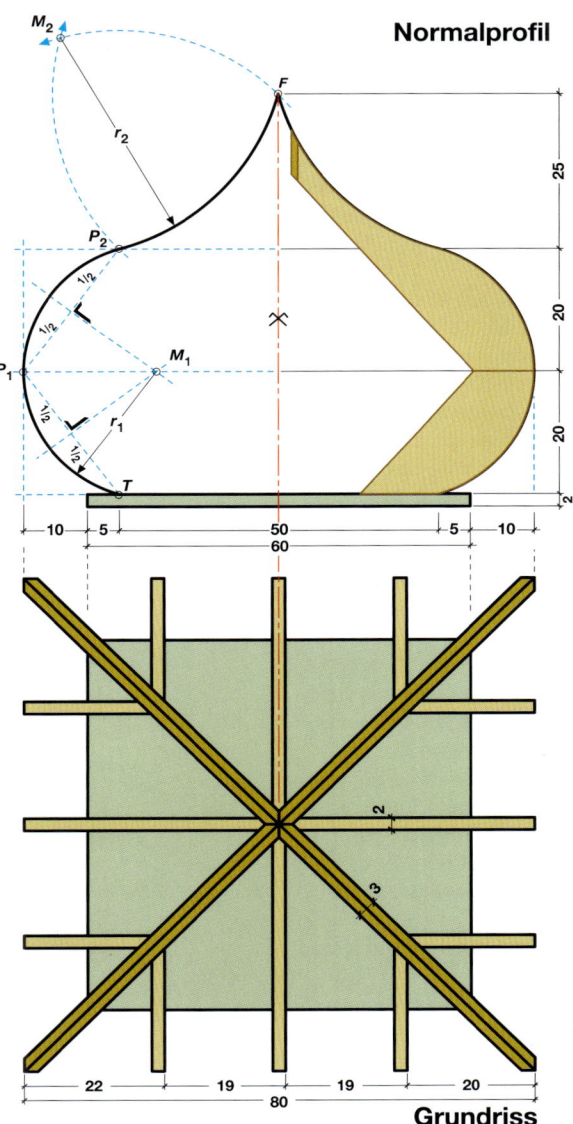

Normalprofil

Grundriss

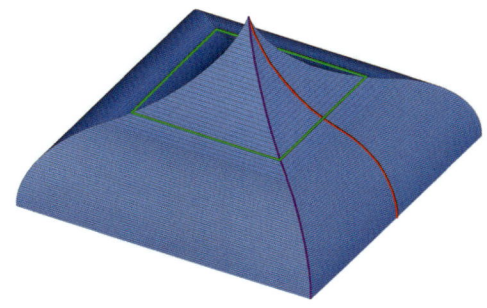

Bild 4: Oberer Teil des Turmhelmes mit eingezeichneter *Höhenlinie* (**grün**) *Normalprofillinie* (**rot**) und *Dachflächenverschneidungslinie* (Gratlinie, **violett**)

Bild 2: Normalprofil (rechts mit angedeutetem Schifter) und Grundriss (ohne Schwellen) des Modells „Zwiebelförmiger Turmhelm" mit Maßen und Konstruktionshinweisen (alle Maße in cm).

Die Dachausmittlung

Für die Vergatterung der Gratlinie wird grundsätzlich die Gratgrundlinie, also die Dachausmittlung benötigt. Die Dachausmittlung bei gekrümmten Dachflächen ist in einigen Fällen nur durch eine eigene Vergatterung zu ermitteln. Dies wird in den weiteren Aufgaben jedoch noch genauer gezeigt.

Die Dachausmittlung bei der Verschneidung *exakt gleich gekrümmter Dachflächen* gestaltet sich vergleichsweise einfach.
Es geschieht dabei prinzipiell das Gleiche wie bei der Verschneidung von ebenen Dachflächen gleicher Neigung.
Bild 5 verdeutlicht dies am Beispiel des oberen Teil des Turmhelms aus **Bild 4**. Die Höhengrundlinien aus beiden gekrümmten Normalprofilen schneiden sich im Grundriss auf der Winkelhalbierenden zwischen den Höhengrundlinien (beziehungsweise Traufgrundlinien).

Wie bereits auf Seite 10 in den **Bilder 13** bis **15** angemerkt, ist die Anordnung der Höhenlinien sehr wichtig für das Erzielen eines genauen Zeichenergebnisses bei der Vergatterung.
„Flach" gekrümmte Bereiche (hier zwischen Höhenlinie 3 und 6) erfordern eine dichtere Anordnung der Höhenlinien als „steil" gekrümmte Bereiche (hier zwischen Höhenlinie 1 und 3 beziehungsweise 6 und T).
Zur besseren Übersicht sind die Höhen- und Übertragungslinien (Vergatterungslinien) schwarz und gestrichelt gezeichnet.
Die Höhenlinie *5* ist hervorgehoben und in **grüner** Farbe gezeichnet. Sie wird in der Folge noch öfters zur deutlichen Vermittlung der Vorgänge herangezogen.

Die Vorgehensweise kann so aussehen (**Bild 5**):
① Anlegen der Höhenlinien im Normalprofil und der *Höhenmaßlatte*
② Übertragen der Lage der Höhenlinien-Schnittpunkte *1* bis *7* mit Vergatterungslinien in den Grundriss
③ Wiederholung der Vorgänge ① und ② für das zweite Normalprofil

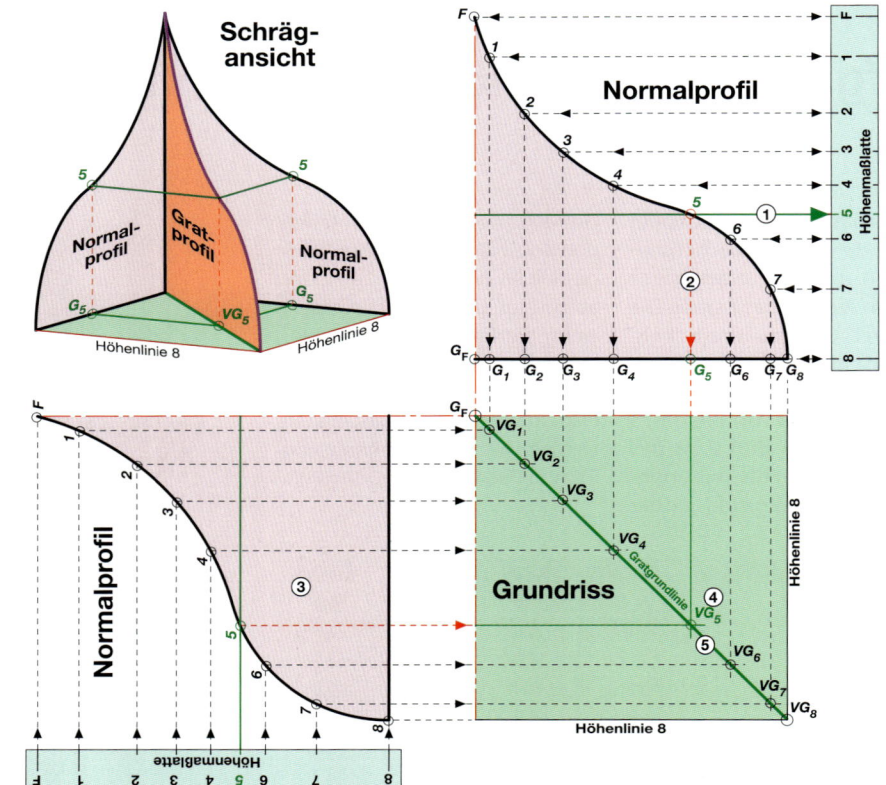

Bild 5: Bei der Verschneidung exakt gleich gekrümmter Flächen liegt die Verschneidungsgrundlinie auf der Winkelhalbierenden zwischen den Trauflinien.
Zum farbigen Anlegen der Ebenen/Flächen: Normalprofile sind violett, sonstige senkrechte Ebenen (hier die Gratprofilebene) sind rot, waagerechte Ebenen sind grün angelegt.

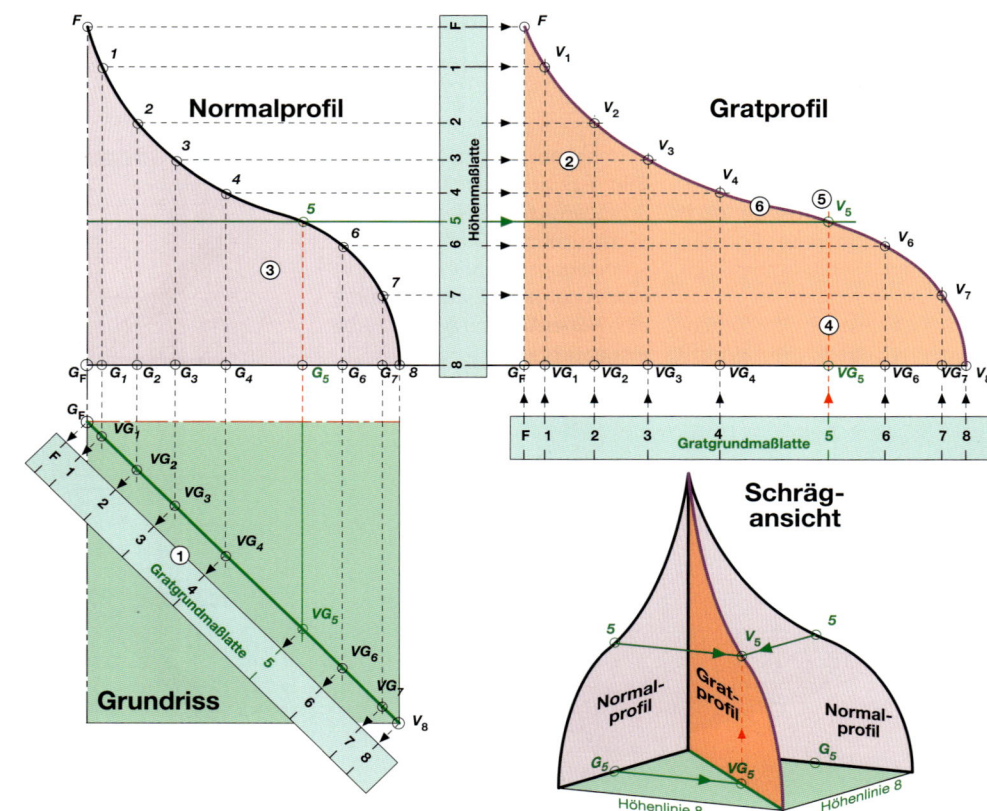

Bild 6: Vergattern der Gratlinie mit Hilfe der Gratgrundmaßlatte. Den Zusammenhang verdeutlichen die grün und rot gezeichnete Höhen- und Vergatterungslinien des Normalprofilpunktes 5.
Da die Gratgrundlinie eine Gerade ist, liegt die Verschneidungslinie in einer Ebene: in der Gratprofilebene!

④ Verschneiden der Vergatterungslinien in den Grundverschneidungspunkten GV_1 bis GV_7
⑤ Verbinden der Verschneidungsgrundpunkte zur Verschneidungsgrundlinie.

Vergatterung der Gratlinie

Nach der Ermittlung der Grundverschneidungslinie (hier der Gratgrundlinie) kann die Gratlinie vergattert werden. Der Vorgang der Vergatterung entspricht prinzipiell der Austragung der Gratlinie, wie sie vom Gratsparren her bekannt ist. Hier eine mögliche Vorgehensweise (**Bild 6**):

① Übertragen der Verschneidungsgrundpunkte VG_1 bis VG_7 und V_8 auf die *Gratgrundmaßlatte*
② Anlegen des Gratprofilbereiches waagerecht neben dem Normalprofil und Verlängern der Höhenlinien aus dem Normalprofil
③ Anlegen der Gratgrundmaßlatte im Gratprofil
④ Reißen der senkrechten Vergatterungslinien der Grundverschneidungspunkte VG_1 bis VG_7 in das Gratprofil
⑤ Verschneiden der Vergatterungslinien in den Punkten V_1 bis V_7.
⑥ Verbinden der Verschneidungspunkte F, V_1 bis V_7 und V_8 zur Gratlinie.

Bisher wurde lediglich der obere Teil des Turmhelmes betrachtet. Für den unteren Teil, der sich „unter" den oberen Teil wölbt, empfiehlt es sich sehr, hinsichtlich der Höhenlinien einen Zusammenhang nach oben herzustellen (**Bild 7**).

Werden für den unteren Teil eigene Höhenlinien eingezeichnet, bieten die vielen und dann eng beieinander liegenden Vergatterungslinien ein unübersichtliches und verwirrendes Bild. Besser ist es, diese Höhenlinien in die Schnittpunkte der Profillinie mit den bereits bestehenden senkrechten Vergatterungslinien, hier in die Punkte *9*, *10* und *11*, zu legen.

Basiswissen Vergatterung

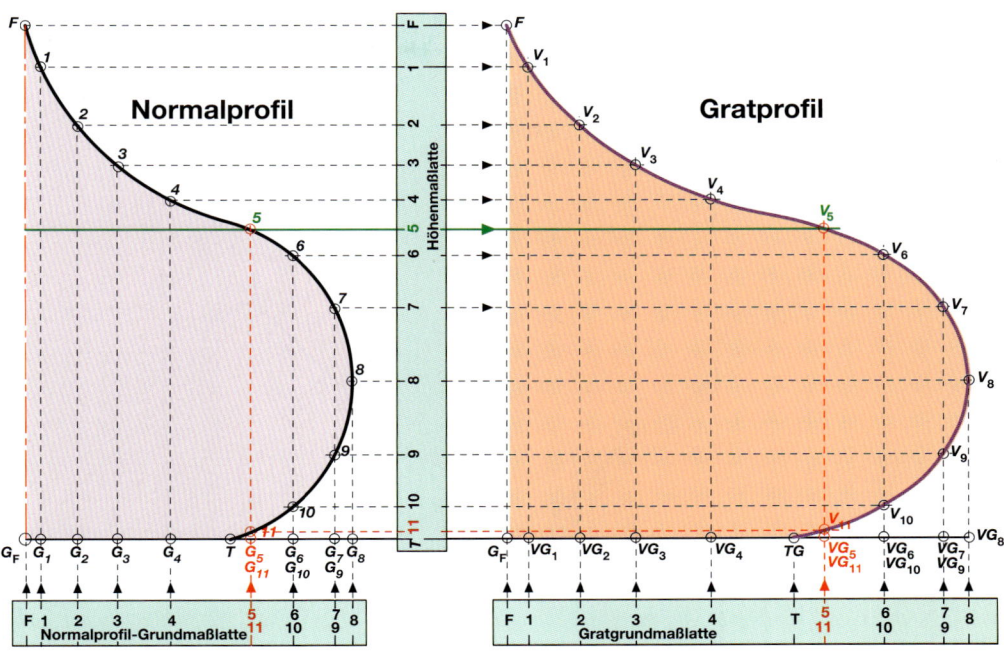

Bild 7: *Eine übersichtliche Vergatterung ergibt sich, wenn bereits bestehende senkrechte Vergatterungslinien (5, 6 und 7) zum Anlegen der Höhenlinien (9, 10 und 11) im unteren Teil der „Zwiebel" herangezogen werden.*

In **Bild 8** wird der gesamte Vorgang der Vergatterung der Gratlinie auf eine weitere und sehr ausführliche Art und Weise dargestellt. Die Maßlatten sind hierbei nur zur Orientierung angegeben. Sie werden nicht benötigt, da alle erforderlichen Punkte in den Profilen und im Grundriss zusammenhängend dargestellt sind. Die Vergatterungslinien zu Punkt *5* sind rot dargestellt und erleichtern das Nachvollziehen der Zusammenhänge.
Die Bezeichnung der Punkte scheint möglicherweise übertrieben. Um die Übersicht zu gewährleisten, sollte sie jedoch sorgfältig erfolgen und eine Unterscheidung der Lage der Punkte – zum Beispiel in Profil oder Grundriss – zulassen. Die mögliche Vorgehensweise (**Bild 8**):

① Reißen des Normalprofils
② Reißen des Grundrisses
③ Reißen der Gratprofil-Grundlinie parallel zur Gratgrundlinie im Grundriss und Verlängerung der Grundrissdiagonale als Firstsenkelriss

④ Anlegen der Höhenlinien und Übertragen der Schnittpunkte *1* bis *11* mit Vergatterungslinien in den Grundriss
⑤ Übertragen der Höhenlinien mit Zirkelschlag um Drehpunkt G_F in das Gratprofil
⑥ Verschneiden der Vergatterungslinien aus dem Grundriss und der übertragenen Höhenlinien; es entstehen die Verschneidungspunkte V_1 bis V_{11}
⑦ Verbinden der Verschneidungspunkte zur Gratlinie.

Ermittlung der Abgratungslinie

Voraussetzung für die Ermittlung der Abgratungslinie ist das Einzeichnen des Gratelementes in den Grundriss.

Bei dem vorliegenden Modell sollen die Elemente (Positionen 1 und 2 in der Holzliste in **Bild 3**) eine Breite (Dicke) $b = 3$ cm aufweisen.

Demnach wird auf beiden Seiten der Gratgrundlinie das Maß $b/2 =$

1,5 cm abgetragen (**Bild 9**). Die senkrechten Vergatterungslinien aus dem Normalprofil schneiden nun nicht nur die Gratgrundlinie, sondern auch die Außenkante des Gratelementes. Diese Kante stellt im Grundriss die Abgratungs-Grundlinie dar.

In **Bild 9** ist der Vorgang der Vergatterung der Abgratungslinie sehr ausführlich dargestellt. Ziel ist es wieder, die Zusammenhänge zu klären. Anhand der Höhenlinie *5* und der zugehörigen Vergatterungslinien ist der Vorgang gut nachzuvollziehen (**Bild 9**):

① Verschneiden der senkrechten Vergatterungslinien mit der Außenkante des Gratelementes im Grundriss
② Übertragen der Verschneidungspunkte auf die Gratgrundmaßlatte
③ Übertragen der Gratgrundmaße mittels Maßlatte oder durch Zirkelschlag in das Gratprofil. Dabei ist auf das Detail in **Bild 9** zu achten:

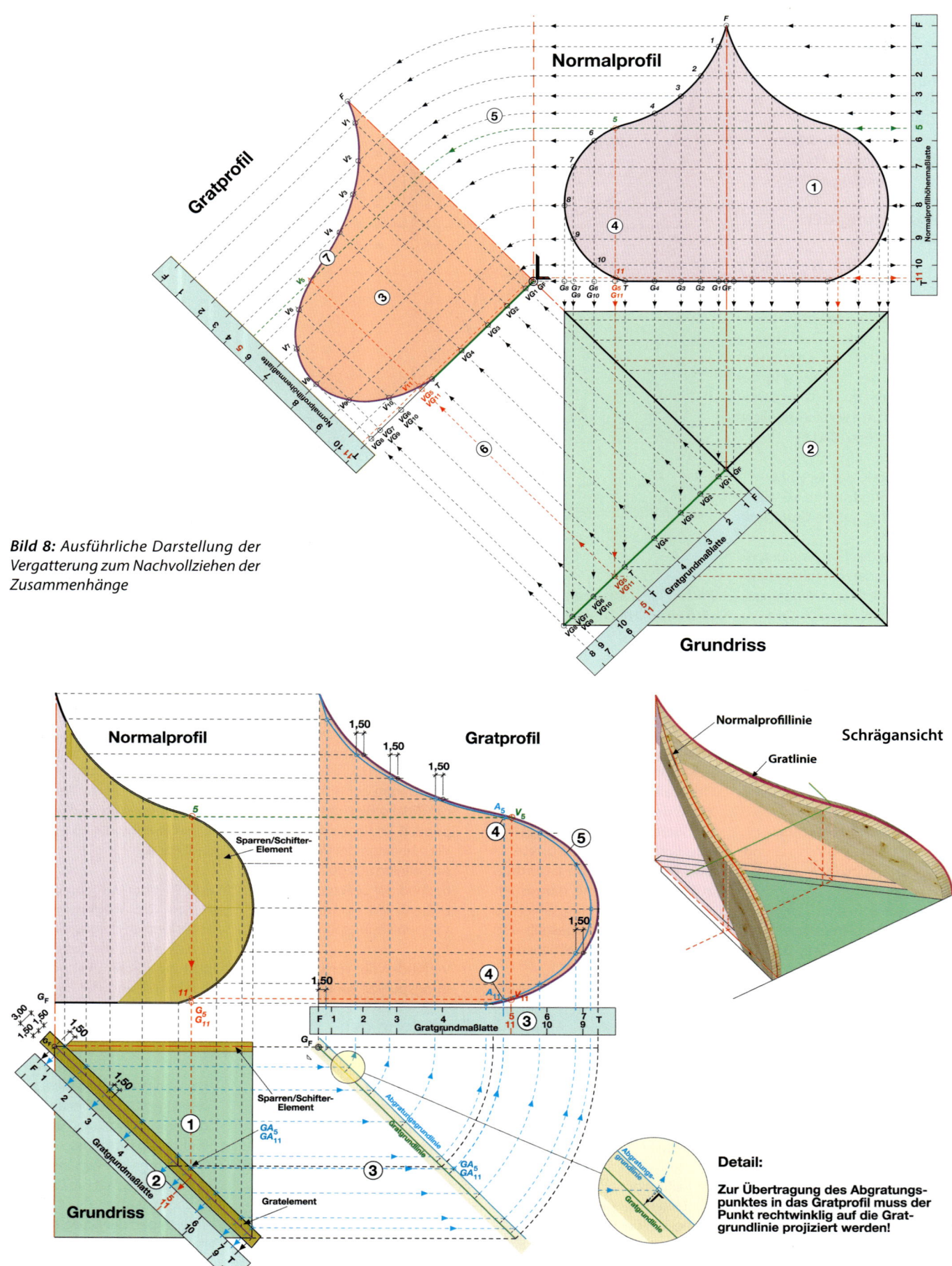

Bild 8: *Ausführliche Darstellung der Vergatterung zum Nachvollziehen der Zusammenhänge*

Bild 9: *Ausführliche Darstellung der Ermittlung der Abgratungslinie.*

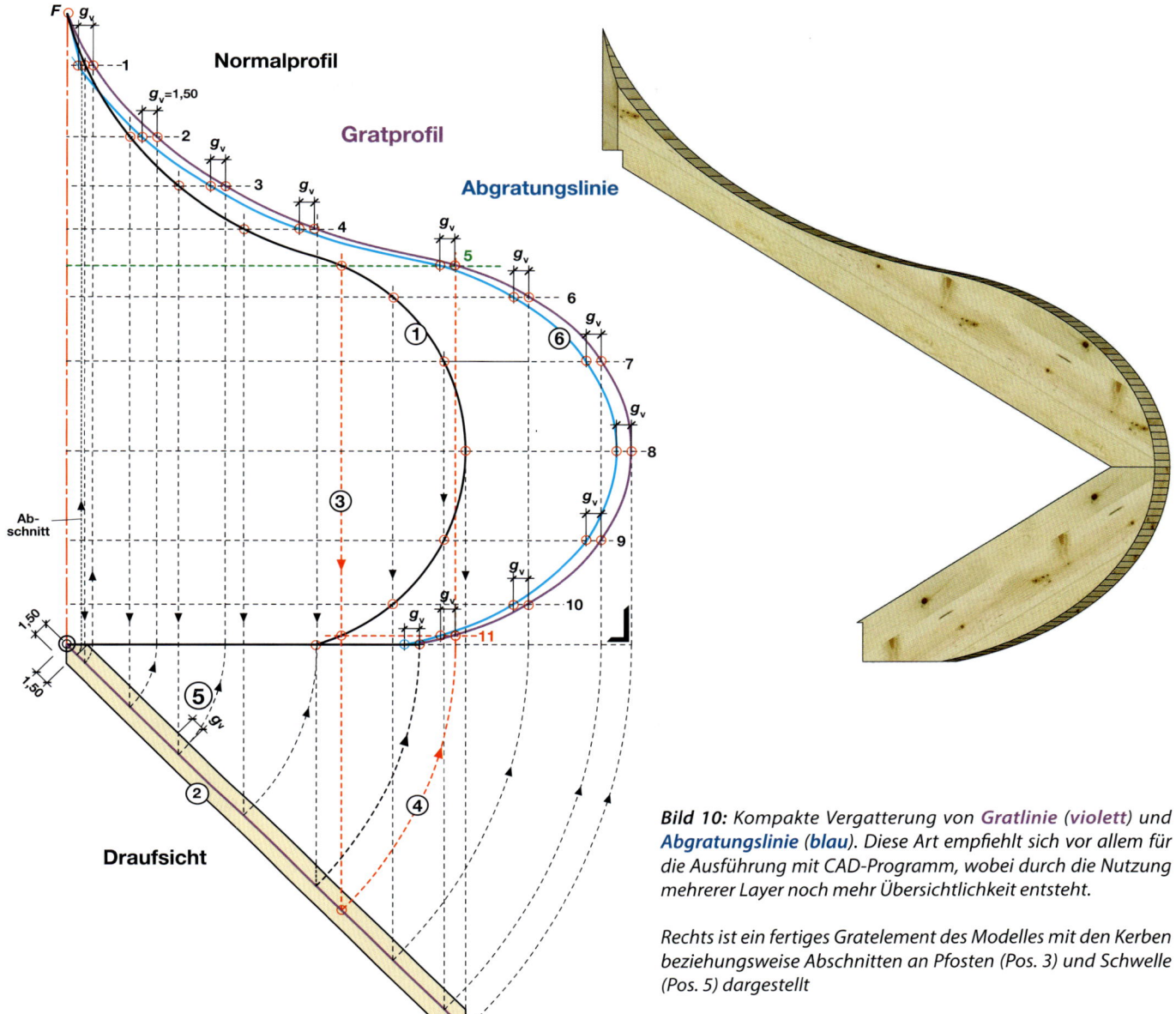

Bild 10: *Kompakte Vergatterung von Gratlinie (violett) und Abgratungslinie (blau). Diese Art empfiehlt sich vor allem für die Ausführung mit CAD-Programm, wobei durch die Nutzung mehrerer Layer noch mehr Übersichtlichkeit entsteht.*

Rechts ist ein fertiges Gratelement des Modelles mit den Kerben beziehungsweise Abschnitten an Pfosten (Pos. 3) und Schwelle (Pos. 5) dargestellt

Die Punkte <u>auf der Außenkante</u> des Elementes können nicht mit Radius um Drehpunkt G_F übertragen werden, sie müssen vorher auf die Gratgrundlinie gewinkelt werden!

④ Anlegen der senkrechten Vergatterungslinien und Verschneiden mit den Höhenlinien aus dem Normalprofil

⑤ Verbinden der Abgratungspunkte zur Abgratungslinie.

Dieses Verfahren ist sehr aufwendig, lässt aber erkennen, dass das (waagerechte) Grundverstichmaß g_v (hier 1,50 cm) zur schnellen Ermittlung der Abgratungslinie an jedem Punkt der Gratlinie angelegt werden kann.

Kompakte Darstellung

Diese Erkenntnis führt zu einer zeichnerischen Darstellung, die vor allem für das „Aufreißen" mit dem CAD-Programm gut geeignet ist (**Bild 10**). Hierfür genügt ein kostengünstiges (oder kostenloses) 2D-CAD-Programm. Hier eine mögliche Vorgehensweise:

① Das Normalprofil wird aufgerissen, die Höhenlinien angelegt und die Normalprofilpunkte **1** bis **11** bezeichnet

② Das Gratelement wird im Grundriss in seiner wahren Breite (Dicke) gerissen

③ Aus den Normalprofilpunkten werden senkrechte Vergatterungslinien gerissen und mit dem Gratelement zum Schnitt gebracht. Es entstehen Grundverschneidungspunkte an der Gratgrundlinie und an der Abgratungsgrundlinie

④ Die Punkte auf der Gratgrundlinie werden mittels Kreisbögen zur Profilgrundlinie zurück übertragen und als senkrechte Vergatterungslinien in das Profil verlängert. Dort kann nun die Gratlinie (das **Gratprofil**, violett) gerissen werden.

⑤ Im Grundriss wird das (waagerechte) Abgratungs-Grundverstichmaß g_v (hier 1,50 cm) ein Mal ermittelt und vom Gratprofil auf den Höhenlinien waagerecht nach innen abgetragen.

⑥ Nun lässt sich die **Abgratungslinie** (hier blau) als Verbindungslinie reißen.

Da Gratlinie und Abgratungslinie kongruent sind, lässt sich im CAD-Programm oder mit einer Schablone die Abgratungslinie auch sehr einfach mit dem waagerechten Abstand g_v kopieren.

Anreißen des Gratelementes

Das Anreißen des Gratelementes kann beim Modell am einfachsten mittels Schablone erfolgen: das Gratprofil wird auf das Holz aufgelegt, Grat- und Abgratungslinie mit einer Nadel markiert und die Einstichlöcher mit einem Stift nachgezogen.

Bei größeren Bauteilen ist es von Vorteil, wenn der Aufriss mit CAD-Programm erfolgt ist, weil darin jede Zeichnung beliebig bemaßt werden kann.
Bild 11 zeigt eine Möglichkeit, die Grat- beziehungsweise Abgratungslinie mittels Stichmaßen festzulegen.

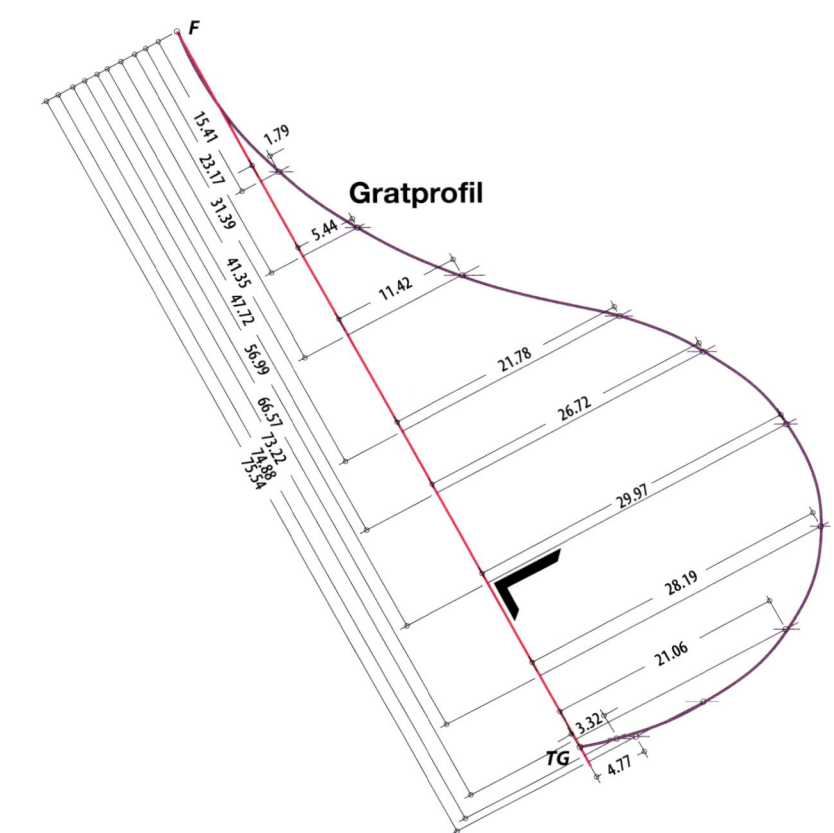

Bild 11: Anreißen des Gratsparrenholzes mit Koordinatenmaßen. Grundlinie ist hier die Verbindungslinie zwischen dem Firstpunkt **F** und dem Traufpunkt **TG**. Die Abgratung lässt sich anschließend mit dem waagerechten Verstichmaß g_v anreißen.

Bei nicht zu großen zwiebelförmigen Turmhelmen kann auch ein Aufriss 1:1 wirtschaftlich sein. In diesem Fall kann das anzureißende Holzbauteil auf den Aufriss gelegt und dort angerissen werden (**Bild 12**). Dies ist jedoch nur dann einfach möglich, wenn die senkrechten und waagerechten Vergatterungslinien weit genug gerissen und am Ende bezeichnet sind.

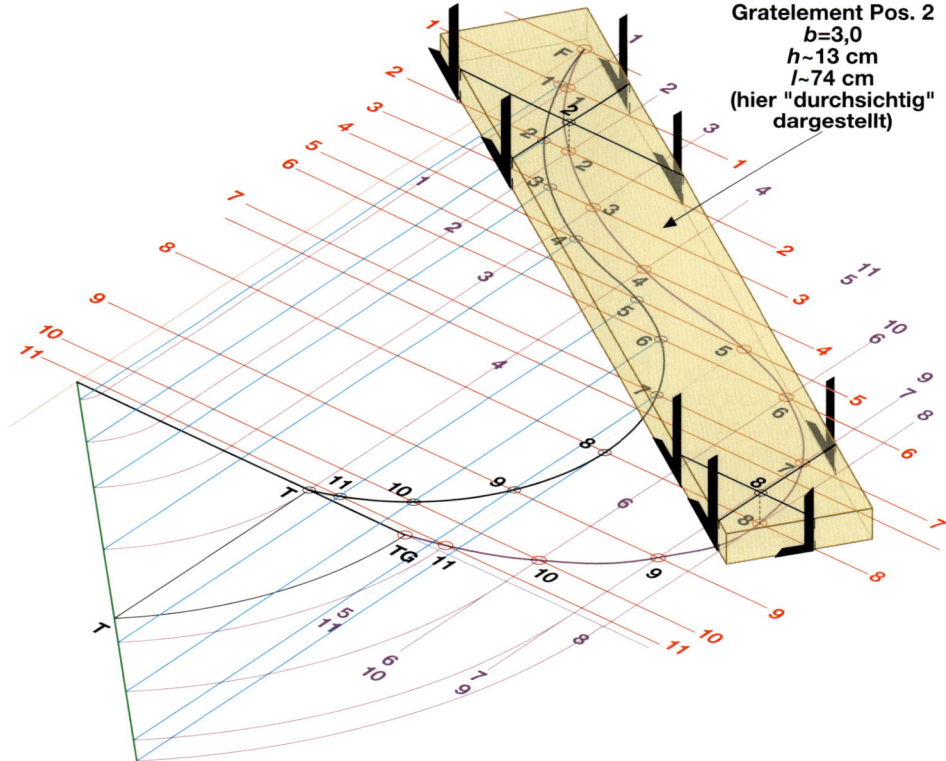

Bild 12: Anreißen des Gratsparrenholzes durch Auflegen auf den Aufriss. Die zusammen gehörenden waagerechten und senkrechten Vergatterungslinien werden auf die Oberseite des Holzes gewinkelt und dort praktisch parallel zum Aufriss auf das Holz gerissen (Auf diese Weise lässt sich natürlich auch das Normalprofil anreißen!). Voraussetzung hierfür ist, dass die Vergatterungslinien weit genug gezogen und eindeutig (vorzugsweise farbig) bezeichnet sind.

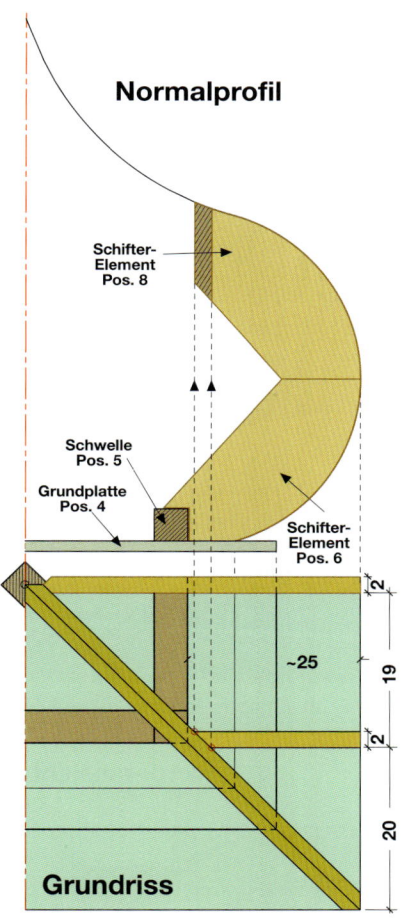

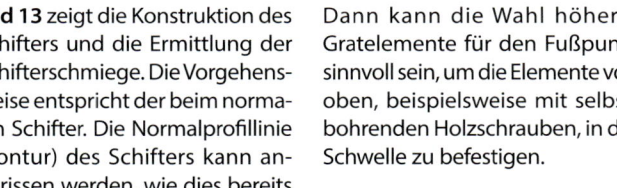

Bild 13: *Konstruktion eines Schifters mit Ermittlung der Schifterschmiege*

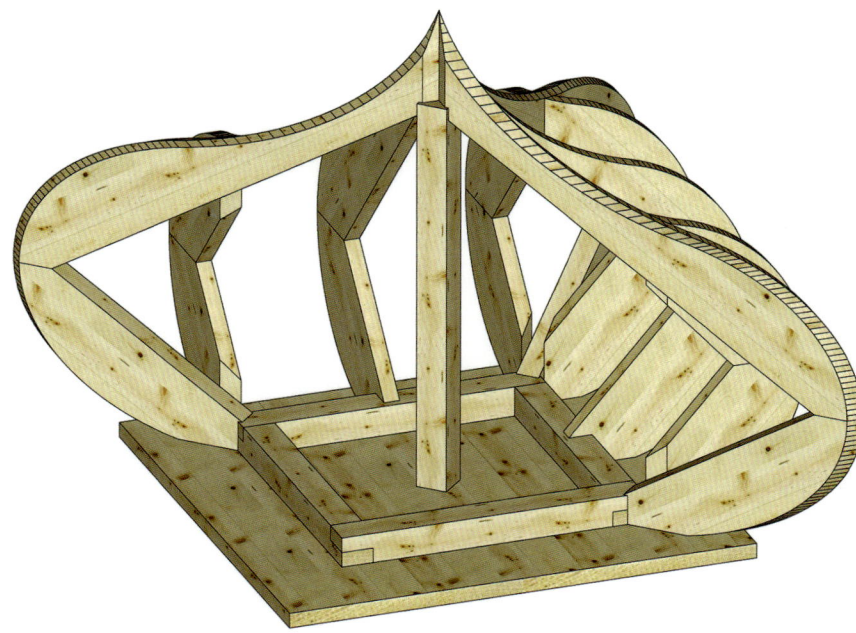

Bild 14: *Das teilweise aufgerichtete Modell mit dem Schwellenkranz und dem Mittelpfosten. Die unteren Grat- und Schifterelemente können auch ohne Klauen ausgeführt werden.*

Bild 15: *Detail am Fußpunkt eines Gratelementes mit Schifter. Für das Anschrauben des Gratelementes von oben an die Schwelle reicht die Elementhöhe nicht aus.*

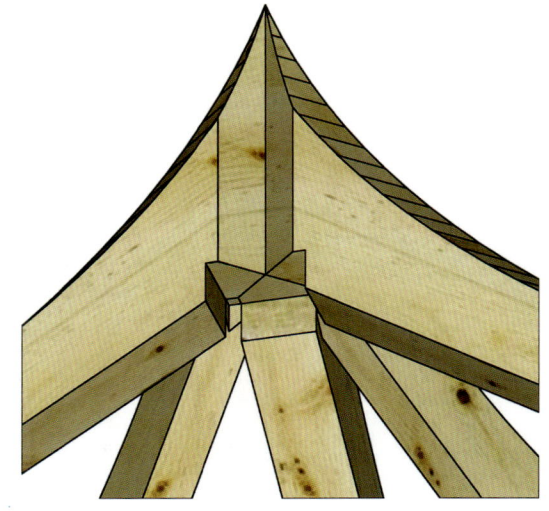

Bild 16: *Firstdetail des Modells mit zusammenlaufenden Grat- und Schifterelementen und den Kerben für den Mittelpfosten*

Bild 13 zeigt die Konstruktion des Schifters und die Ermittlung der Schifterschmiege. Die Vorgehensweise entspricht der beim normalen Schifter. Die Normalprofillinie (Kontur) des Schifters kann angerissen werden, wie dies bereits für die Gratelemente dargestellt wurde (**Bild 11** und **Bild 12**).

Details

Bild 14 gibt einen Einblick in das zur Hälfte fertig montierte Modell. Dabei werden einige Details erkennbar, die unterschiedlich ausgeführt werden können.

In der Praxis wird die Konstruktion in der Regel nicht sichtbar bleiben. Kunstvoll auszuschneidende Kerben und Klauen verursachen dann nur unnötige Kosten. In diesem Fall wird die Konstruktion hinsichtlich der einfachen und trotzdem sicheren Befestigung der Elemente an den Schwellen zu beurteilen und auszuführen sein.

Dann kann die Wahl höherer Gratelemente für den Fußpunkt sinnvoll sein, um die Elemente von oben, beispielsweise mit selbstbohrenden Holzschrauben, in der Schwelle zu befestigen.

Bild 15 zeigt das Detail mit der für das Modell gewählten und hierfür nicht ausreichenden Höhe von 12 cm. Die Mittelschifter können auch ohne Klaue – beispielsweise von innen durch die Schwelle – angeschraubt werden.

Die Elementteile können beim Modell mittels Feder („Lamello") verbunden werden. Bei größeren Objekten sind beidseitig außen angebrachte und vernagelte oder verschraubte Laschen aus Holzwerkstoffen geeignet.

Bild 16 zeigt das Firstdetail. Hier wäre auch ein durchlaufender und entsprechend angepasster Pfosten denkbar. Das Anreißen der Klauen ist unproblematisch, weil die Unterkanten der Elemente gerade sind.

Aufgabe 2: Tonnendach mit Tonnendach-Anbau

In dieser Aufgabe wird gezeigt, wie bei der Vergatterung von Kehllinien zwischen gleich gekrümmten Dachflächen vorgegangen werden kann.

Eine praktische Anwendung zeigt **Bild 1**: Eine Halle mit Tonnendach hat ein hohes, mit gleicher Wölbung überdachtes Fenster erhalten.

Das Modell

Bild 2 zeigt das Modell, das als Grundlage für die folgenden Erklärungen dient, in Grundriss, Vorderansicht, Seitenansicht von rechts und in einer Schrägansicht. Es kann aus Holz- beziehungsweise Plattenresten gebaut werden.

Da das Modell nur aus sehr wenigen und übersichtlichen Teilen besteht und die bogenförmigen Teile auf unterschiedlichste Art zusammengesetzt werden können, wird hier auf eine Holzliste verzichtet. In **Bild 3** sind zum besseren Verständnis und zur Schulung der räumlichen Vorstellungskraft weitere Schrägansichten dargestellt.

Bild 1: Hallenbau mit Tonnendach und mit gleichem Radius tonnenförmig überdachtes Fenster

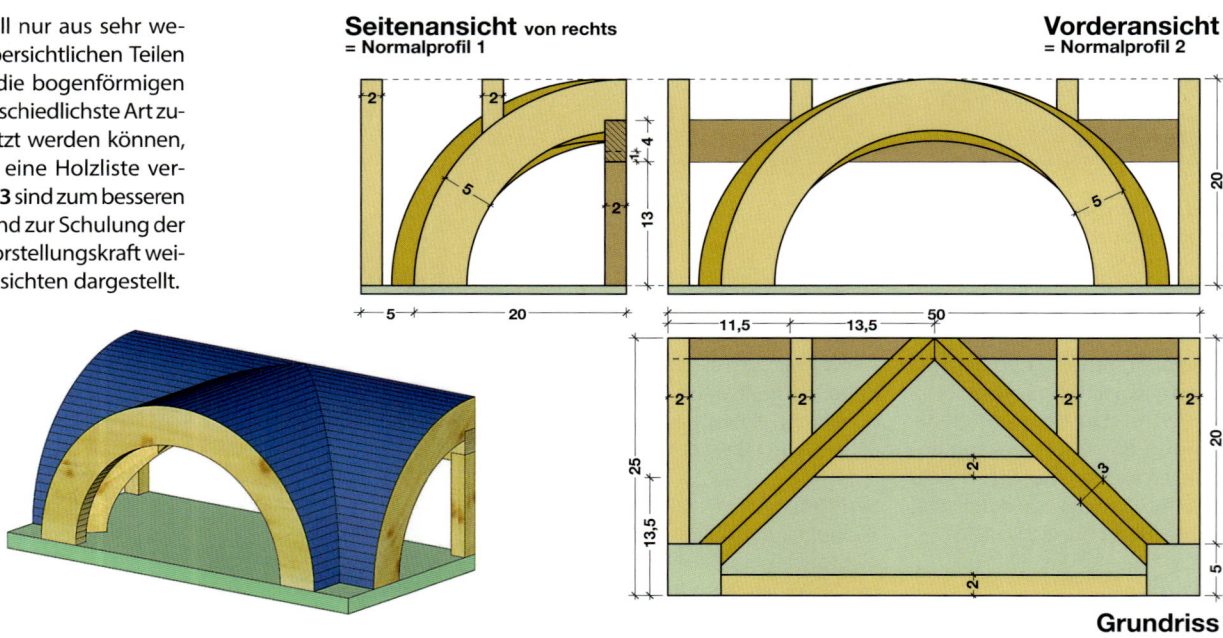

Bild 2: Beschreibung des Modelles mit Maßen in Grundriss, Vorderansicht und Seitenansicht. Die Schrägansicht zeigt das Modell mit Dachhaut.

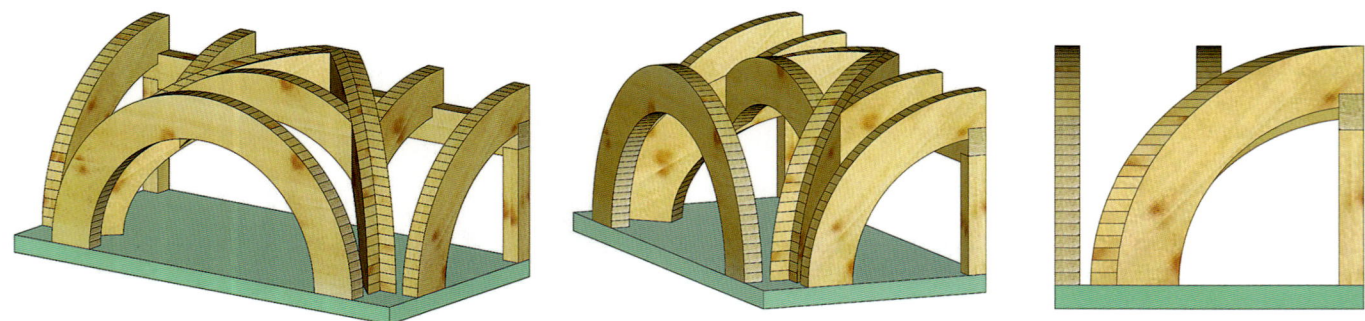

Bild 3: Schrägansichten und Seitensicht des Modelles mit halbtonnenförmigem Hauptdach und gleich geformtem Anbau

Die Dachausmittlung

Um Überraschungen vorzubeugen, sollte grundsätzlich die Dachausmittlung am Beginn der Aufrissarbeiten stehen. Sie ist in **Bild 4** detailliert ausgeführt.

Da es sich um *exakt gleich gekrümmte Dachflächen* handelt, die miteinander verschnitten werden, schneiden sich die Höhengrundlinien aus beiden gekrümmten Normalprofilen im Grundriss auf der Winkelhalbierenden.

Dabei soll noch einmal angemerkt werden, dass die Anordnung der Höhenlinien sehr wichtig für das Erzielen eines genauen Zeichenergebnisses bei der Vergatterung ist (dichtere Anordnung in „flach" gekrümmten, weniger dicht in „steil" gekrümmten Bereichen).

Die mögliche Vorgehensweise entspricht der bereits bei der „Zwiebel" benutzten (**Bild 4**):

① Anlegen der Höhenlinien im Normalprofil,
② Übertragen der Lage der Höhenlinien-Schnittpunkte mit Vergatterungslinien in den Grundriss,
③ Verschneiden der Vergatterungslinien in den Grundverschneidungspunkten **VG**,
④ Verbinden der Verschneidungsgrundpunkte zur Verschneidungsgrundlinie.

Vergatterung der Kehllinie

Die mögliche Vorgehensweise zeigt **Bild 5**:

① Übertragen der Verschneidungsgrundpunkte **VG** auf die *Kehlgrundmaßlatte*
② Anlegen des Kehlprofilbereiches waagerecht neben dem Normalprofil und Verlängern der Höhenlinien aus dem Normalprofil
③ Anlegen der Kehlgrundmaßlatte im Kehlprofil
④ Reißen der senkrechten Vergatterungslinien der Grundverschneidungspunkte **VG** in das Kehlprofil
⑤ Verschneiden der Vergatterungslinien
⑥ Verbinden der Verschneidungspunkte zur Kehllinie.

Basiswissen Vergatterung

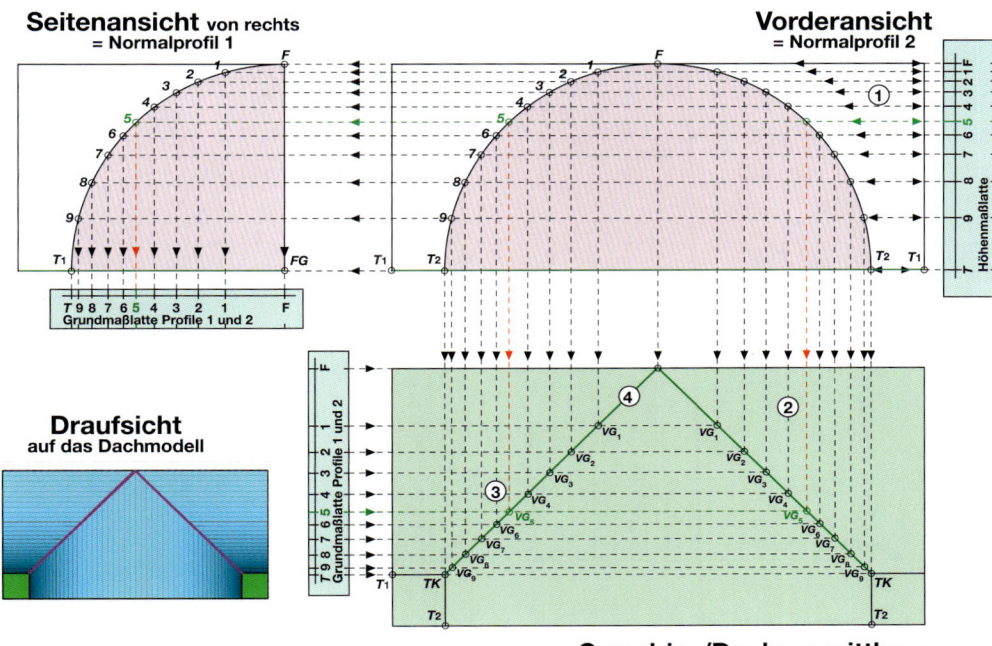

Bild 4: *Die Durchführung der Dachausmittlung erübrigt sich für Geübte, wenn sicher feststeht, dass die miteinander zu verschneidenden Dachkörper absolut gleich gekrümmt sind: Dann ist die Verschneidungsgrundlinie – hier die Kehllinie – eine Gerade. Die Farben:* **violette Fläche = Normalprofile**, **grüne Flächen = waagerechte Flächen**, **blaue Flächen = geneigte/gekrümmte Flächen**, **grüne Linien = Verschneidungsgrundlinien**.
Links unten ist die Draufsicht auf das Modell mit blau angelegten Dachflächen und **violett** *gezeichneten Verschneidungslinien abgebildet.*

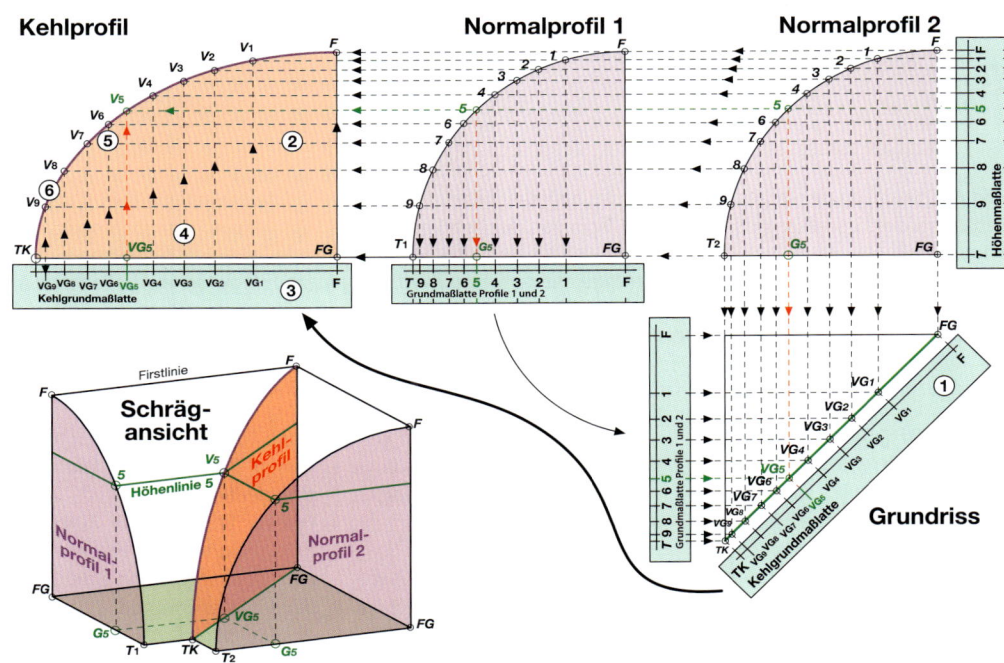

Bild 5: *Vergatterung der Kehllinie. Die grün gezeichnete* **Höhenlinie 5** *erleichtert die Orientierung. Eine Nummerierung der Vergatterungslinien und Punkte ist immer sinnvoll. Erklärung der Farben:* **violette Fläche = Normalprofile**, *hier Normalprofile 1 und 2;* **rot = senkrechte Fläche** *(hier Kehlprofil)* **grün = waagerechte Grundfläche**, **violette Linie = Verschneidungslinie** *(in Schrägbild und Kehlprofil) beziehungsweise* **Verschneidungsgrundlinie** *(im Grundriss).*

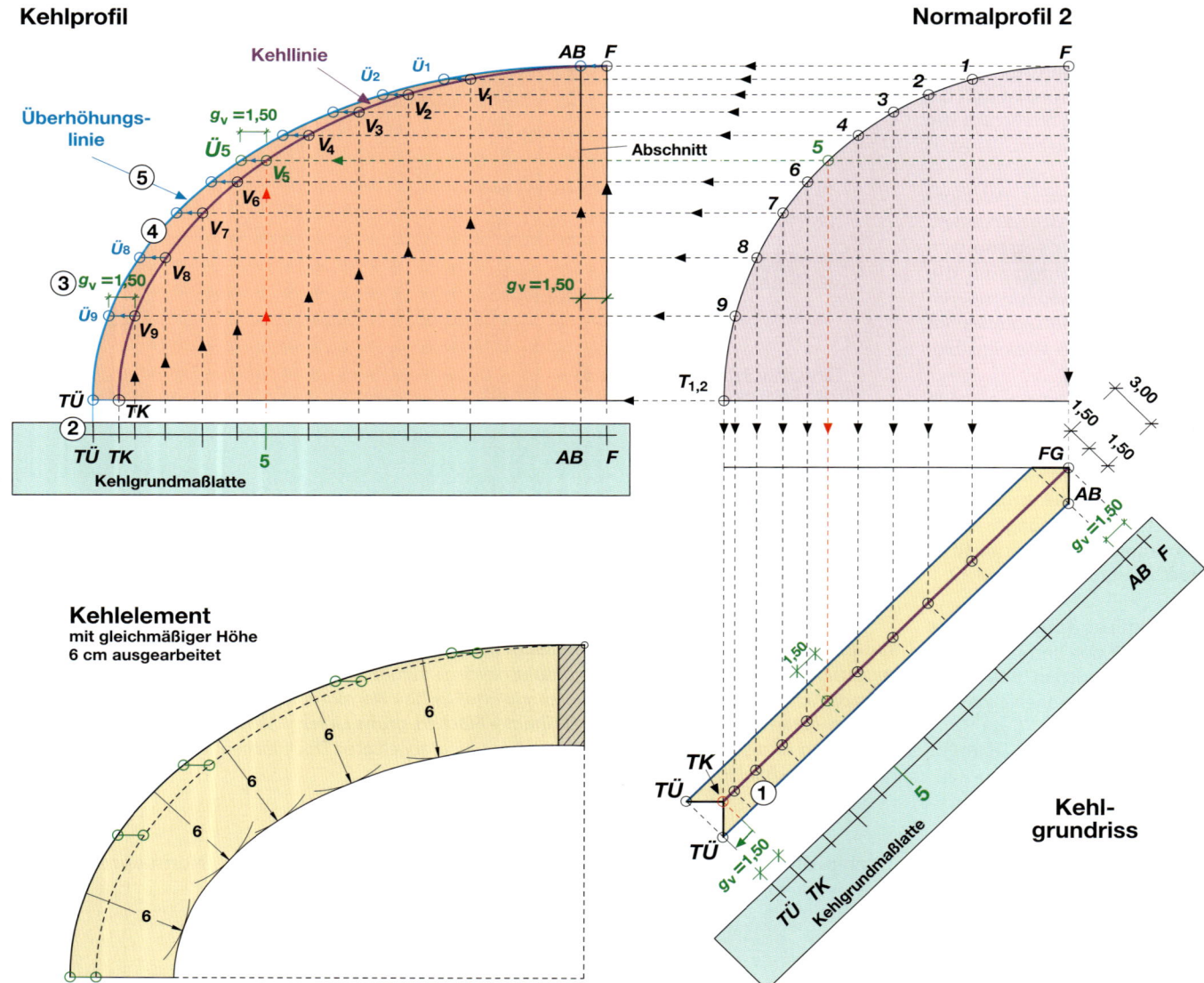

Bild 6: Ermittlung der Überhöhungslinie des Kehlelementes. Punkte der *Überhöhungslinie (blau)* lassen sich sehr einfach erzeugen, indem im *Kehlprofil* das Grundverstichmaß $g_v = 1,50$ cm von der *Kehllinie (violett)* aus waagerecht nach außen (in Richtung Traufpunkt-Kehle *TK*) abgetragen wird.
Das Kehlelement hat hier durch Zirkelschläge mit dem Maß 6 cm eine gleichmäßige Höhe erhalten und ist an seiner Unterseite nicht abgegratet (siehe **Bild 3**, Mitte). Soll bei derartigen Bauteilen im Zuge des Innenausbaus eine durchgehende Bekleidung aufgebracht werden, ist eine Ausbildung in der Flucht der „Innen"-Kanten der Normalprofile erforderlich (siehe **Bild 7**).

Ermittlung der Überhöhungslinie

Voraussetzung für die Ermittlung der Überhöhungslinie ist das Einzeichnen des Kehlelementes in den Grundriss (**Bild 6**, rechts unten).

① Ermitteln des Grundverstichmaßes g_v
② Übertragen des Grundverstichmaßes g_v in das Kehlprofil
③ Antragen von g_v waagerecht von beliebigen Punkten der *Kehllinie* aus nach außen (in

Richtung Kehltraufpunkt *TK*)
⑤ Verbinden der Überhöhungspunkte *Ü* zur *Überhöhungslinie*.

Die Abmessungen des Kehlelementes werden im Kehlprofil bestimmt. Das Beispiel in **Bild 6** **links unten** zeigt die Ausführung mit einer gleichmäßigen Höhe von **6 cm**.

Soll bei derartigen Bauteilen im Zuge des Innenausbaus eine „sauber" abschließende Bekleidung montiert werden, ist eine

Ausbildung in der Flucht der „Innen"-Kanten der Normalprofile erforderlich.
Wie zur Erzielung der durchgängigen Krümmung vorgegangen werden kann, zeigt **Bild 7**. Die dabei auszuführenden Tätigkeiten sind prinzipiell die gleichen wie bei der Ermittlung der Überhöhungslinie.

Anreißen des Kehlelementes

Das Anreißen des Kehlelementes geschieht, wie dies in **Aufgabe 1** (dort **Bilder 11** und **12**) gezeigt wurde. Die Schifter lassen sich in den Normalprofilen in wahrer Größe abbilden, wie dies in **Bild 8** für Profil 2 und in **Bild 9** für Profil 1 verdeutlicht ist.
In den dreidimensionalen Ansichten sind jeweils Kehlelement und Schifter und das Abbild des Schifters im zugehörigen Normal-Element dargestellt.

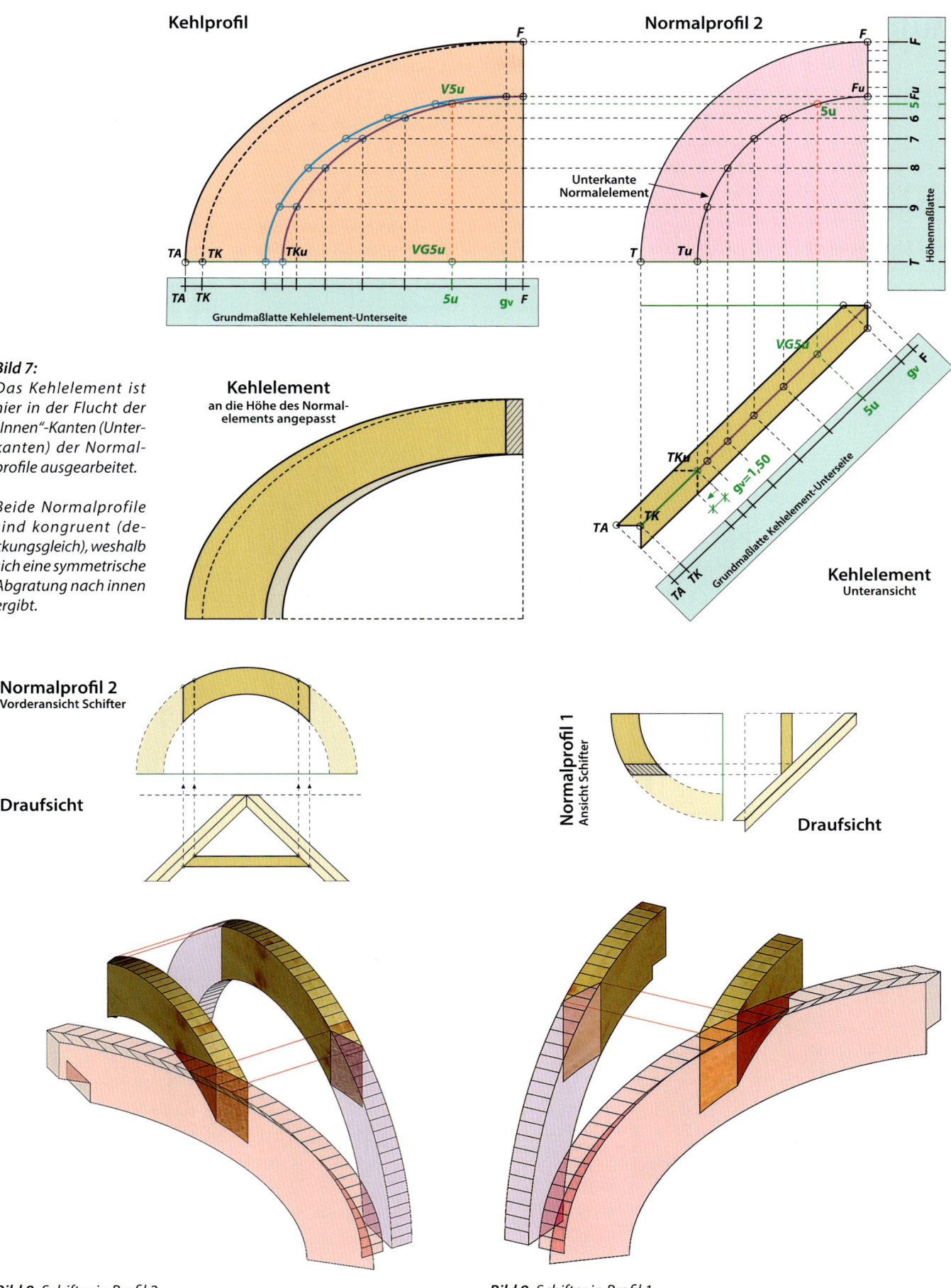

Kehlprofil

Normalprofil 2

Bild 7:
Das Kehlelement ist hier in der Flucht der „Innen"-Kanten (Unterkanten) der Normalprofile ausgearbeitet.

Beide Normalprofile sind kongruent (deckungsgleich), weshalb sich eine symmetrische Abgratung nach innen ergibt.

Kehlelement
an die Höhe des Normalelements angepasst

Kehlelement
Unteransicht

Normalprofil 2
Vorderansicht Schifter

Draufsicht

Normalprofil 1
Ansicht Schifter

Draufsicht

Bild 8: *Schifter in Profil 2*

Bild 9: *Schifter in Profil 1*

Basiswissen Vergatterung

Aufgabe 3: Pultdach mit aufgesetztem Kegeldach

Das Modell

Bild 1 zeigt das Modell, das zum Verständnis der folgenden Ausführungen dienen soll. Weitere Schrägansichten zeigt **Bild 2**.

Die Dachausmittlung

Die Dachausmittlung ist bei der Verschneidung von Pultdach und Kegeldach nicht so „einfach" zu bewerkstelligen, wie dies bei den bereits gezeigten Modellen der Fall war.

Für die Ermittlung der Verschneidungslinien in den unterschiedlichen Darstellungsebenen (darunter auch die Verschneidungs*grund*linien für die Dachausmittlung) gibt es mehrere

Möglichkeiten, von denen hier das *Mantellinienverfahren* dargestellt werden soll.

Mantellinienverfahren

Für die Verschneidung einer Ebene mit einem geraden Kreiskegel bietet sich das *Mantellinienverfahren* an. Das Prinzip ist in **Bild 3** dargestellt.

Als *Mantellinien* bezeichnet man Geraden zwischen dem Grundkreis des Kreiskegels und seiner Spitze. Sie sind in **Bild 3** in allen Aufrissebenen als rote Volllinien dargestellt. Mit dem Mantellinienverfahren lassen sich in allen Aufrissebenen Punkte darstellen, die gleichzeitig Elemente der Schnittebene und des Kegelmantels – und damit Verschneidungs-

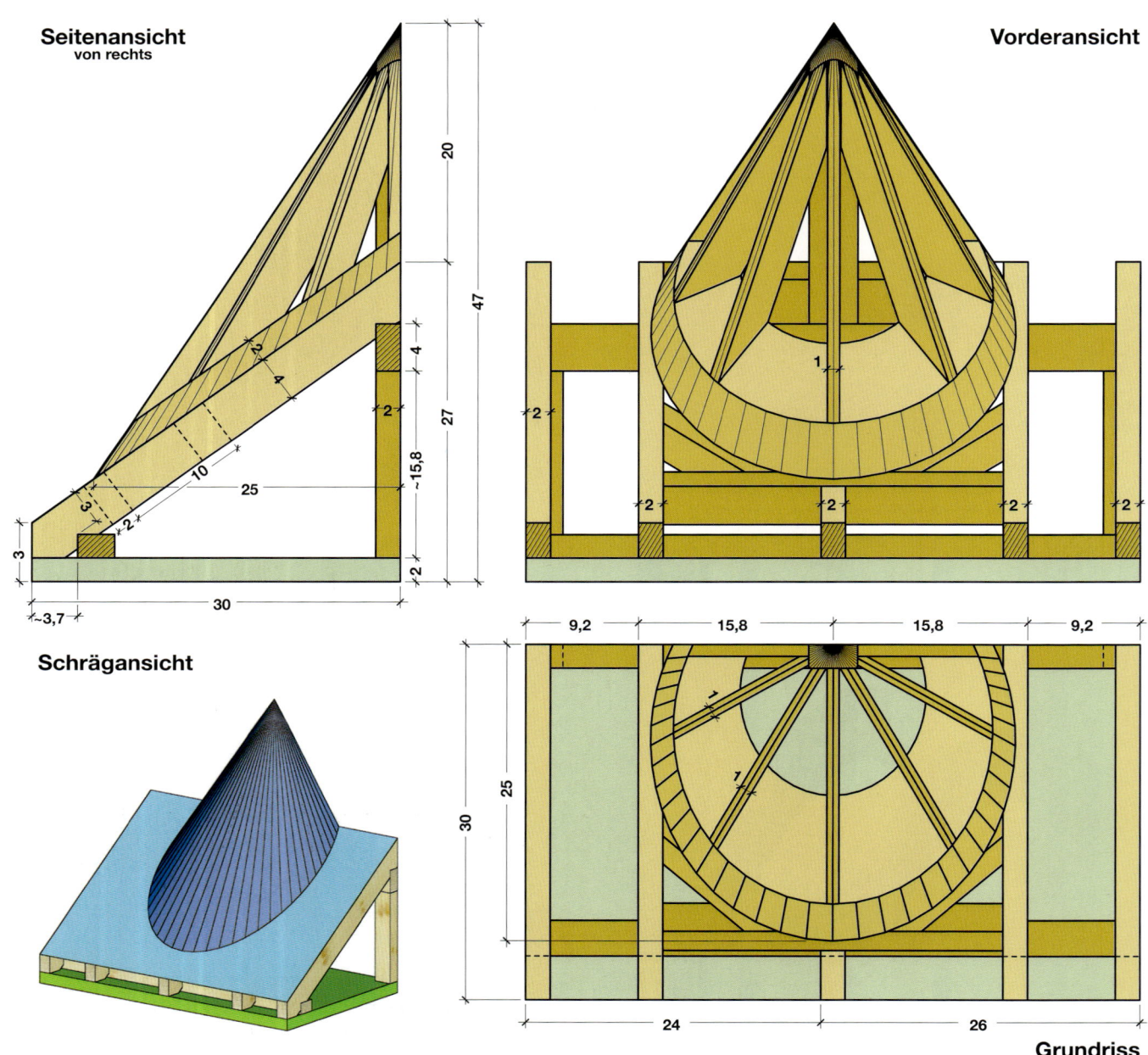

Bild 1: Maßliche Beschreibung des Modelles mit Grundriss, Vorderansicht, Seitenansicht von rechts und einer dreidimensionalen Ansicht mit „Dachhaut".

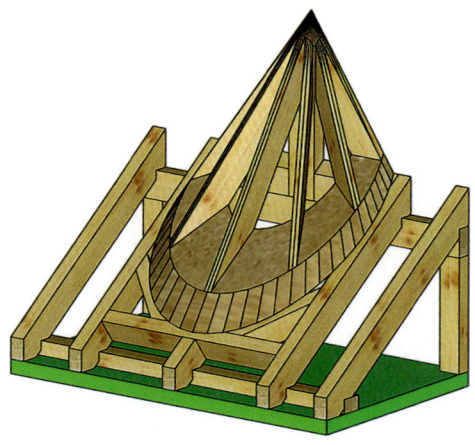
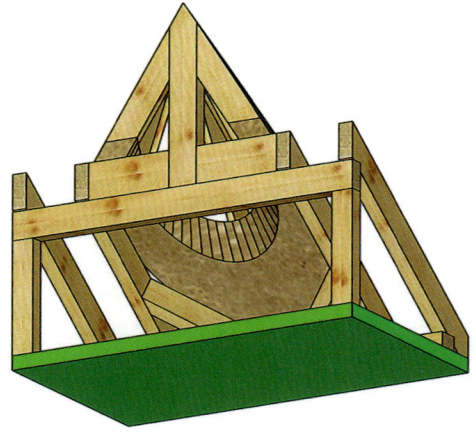

Bild 2: *Das Modell aus unterschiedlichen Richtungen betrachtet: Links Schrägansicht von vorne, rechts Schrägansicht von hinten/unten*

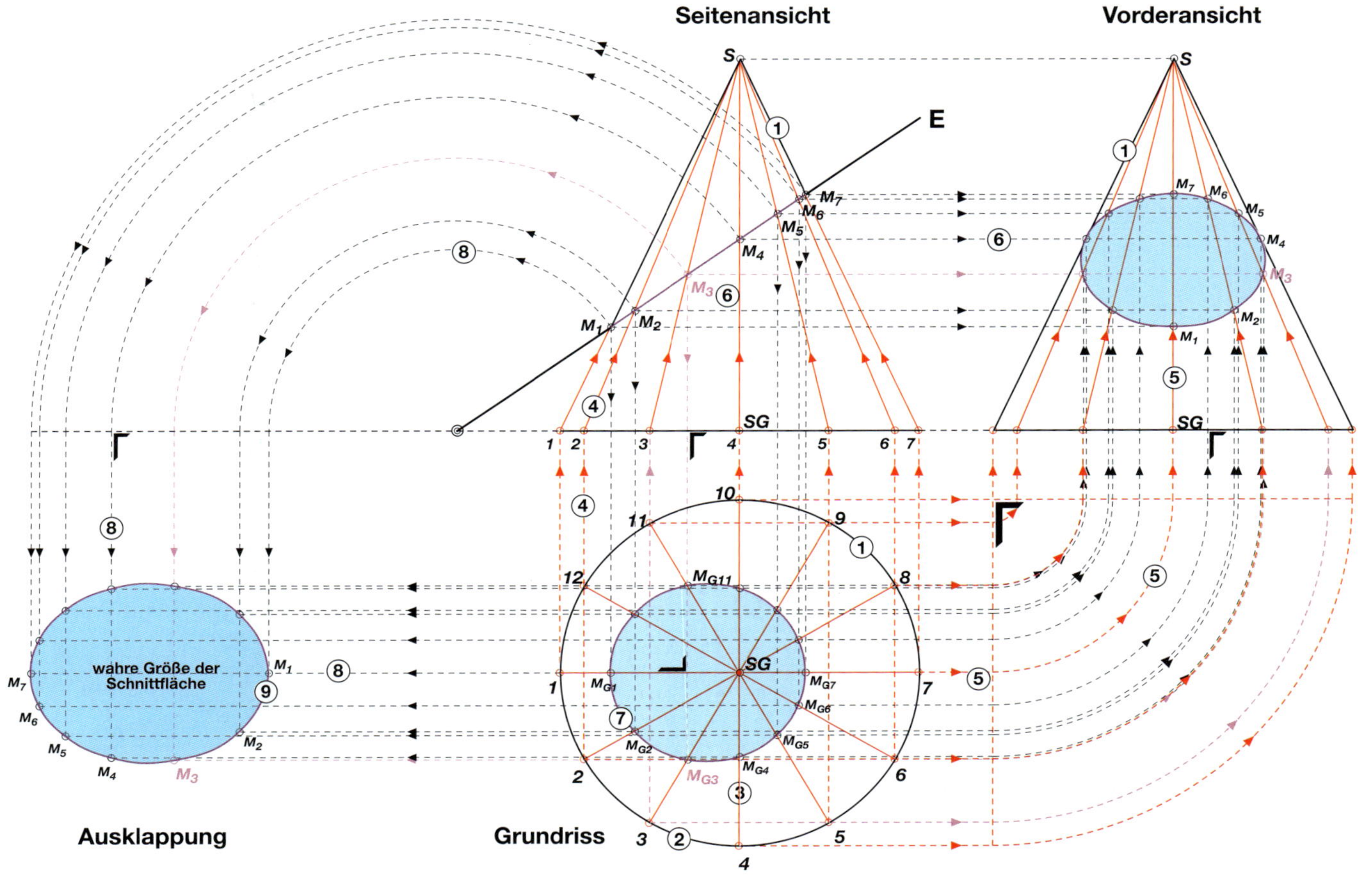

Seitenansicht   Vorderansicht

E

wahre Größe der Schnittfläche

Ausklappung   Grundriss

Bild 3: *Mögliche Vorgehensweise beim Mantellinienverfahren. Am Beispiel von M₃ lässt sich der Vorgang nachvollziehen*

punkte – sind. Die Vorgehensweise kann grundsätzlich so aussehen:
① Der Kreiskegel wird in Grundriss, Vorderansicht und Seitenansicht aufgerissen.
② Der Grundkreis des Kreiskegels wird im Grundriss in gleiche Teile aufgeteilt (hier 12 Teile).
③ Je zwei gegenüberliegende Teilungspunkte werden miteinander verbunden. Die Schnittgeraden verlaufen durch den Mittelpunkt (den

Grundpunkt *SG* der Spitze *S*).
④ Die Lage der Teilungspunkte (Punkte *1* bis *12*) werden auf die Kreiskegel-Grundlinie in der Vorderansicht übertragen (rote Strichlinien) und die Mantellinien in die Vorderansicht gerissen.
⑤ Die Lage der Teilungspunkte (Punkte *1* bis *12*) wird mit Zirkelschlag (oder Maßlatte) auf die Kreiskegel-Grundlinie in der Seitenansicht übertragen (rote Strichlinien) und

die Mantellinien in die Seitenansicht gerissen.
⑥ Die Lage der in der Seitenansicht ermittelten Verschneidungspunkte (in **Bild 3** sind nur *M1* bis *M7* bezeichnet) wird mittels Vergatterungslinien in die Vorderansicht und in den Grundriss übertragen.
⑦ In Grundriss und Vorderansicht werden die Verschneidungspunkte mit gekrümmten Linien miteinander verbunden. Die nun

sichtbare Schnittfläche liegt hier nicht in wahrer Größe vor! Im Grundriss entspricht die Verschneidungsgrundlinie der Dachausmittlung.
⑧ Die Schnittfläche wird über den Drehpunkt ausgeklappt und die Vergatterungslinien der Verschneidungspunkte in der Ausklappung miteinander zum Schnitt gebracht.
⑨ Nun liegt die Schnittfläche in ihrer wahren Größe vor.

Seitenansicht

FK FP M7 M6 M5 M4 M3 M2 M1 FG

Seitenansicht der
Verschneidungslinie

Normalprofil
Kegeldach

Normalprofil
Pultdach

1 2 *MG2* 3 *MG3* 4 *MG4* 5 *MG5* 6 *MG6* 7 *MG7*

25 25

Vorderansicht

FK M7 M6 M5 M4 M3 M2 M1 M2 M3 M4 M5 M6 M7 g_{M7}

Vorderansicht der
Verschneidungslinie

7 6 5 4 *MG7* 3 2 1 2 3 *MG7* 4 5 6 7

25 25

Dreh-
punkt

Grundriss

7 6 5 4 3 2 1 2 3 4 5 6 7

FG

Verschneidungsgrundlinie

MG7

MG7

25

g_{M7}

25 25

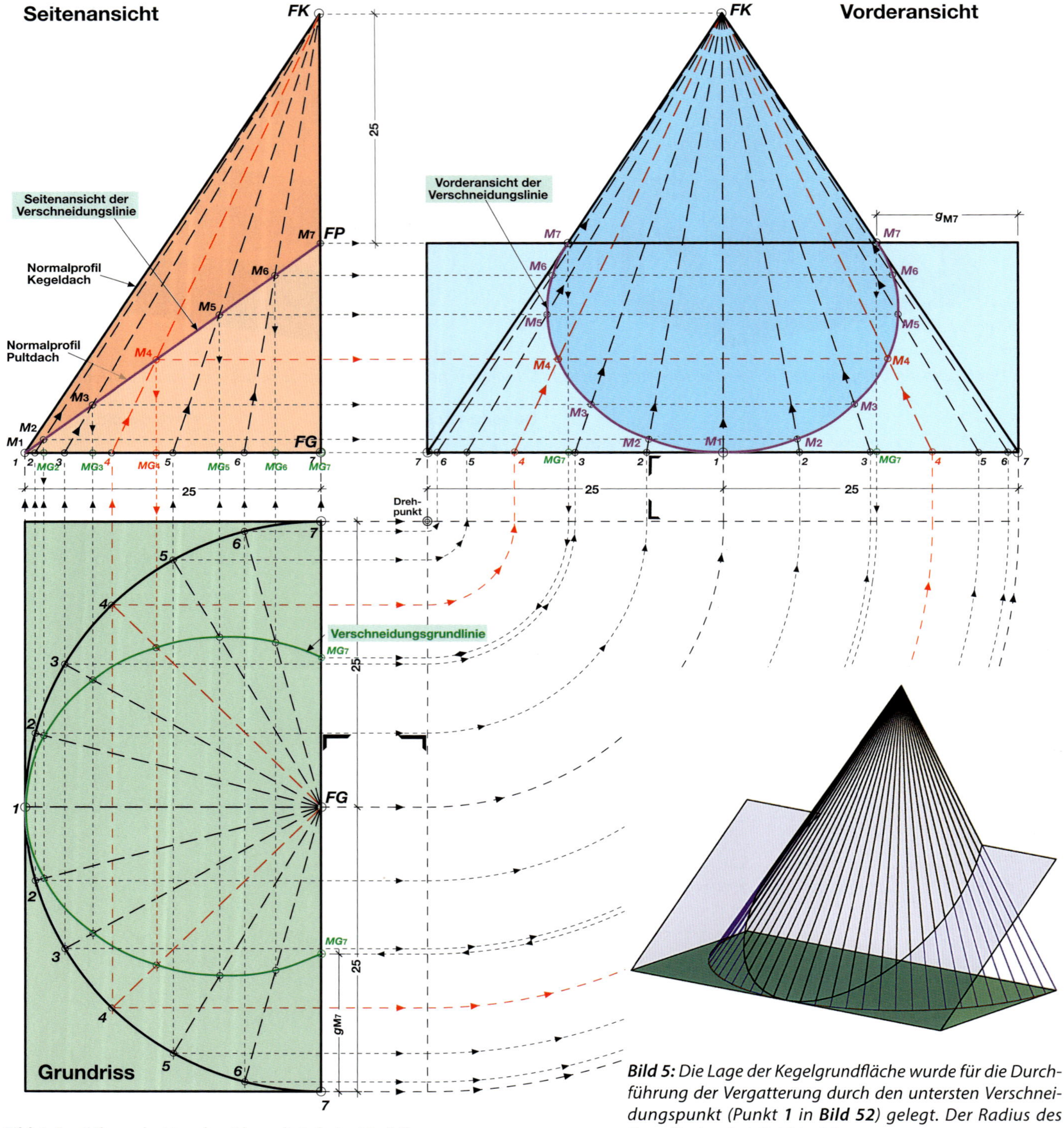

Bild 4: Ermittlung der Verschneidungslinie beim Modell

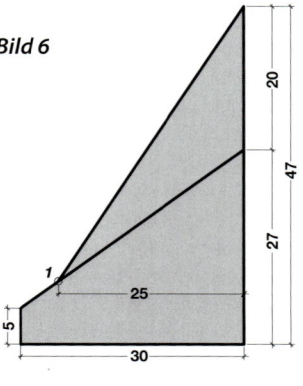

Bild 5: Die Lage der Kegelgrundfläche wurde für die Durchführung der Vergatterung durch den untersten Verschnei-
dungspunkt (Punkt *1* in **Bild 52**) gelegt. Der Radius des
Grundkreises beträgt hier 25 cm.

Bild 4 zeigt die Ermittlung der Verschneidungslinie bei dem Modell.
Dabei wurde zur Vereinfachung
eine waagerechte Ebene durch
den einzigen Verschneidungs-
punkt der beiden Dachkörper
gelegt, dessen Lage geometrisch
bekannt ist (**Bild 5**). Es ist der
unterste Punkt (Punkt *1*), an dem
der Kegel die Pultdachfläche
durchdringt. Er lässt sich durch die
gegebenen Höhen- und Grundmaße konstruieren (**Bild 6**).

Bild 6

20 47 27 5 1 25 30

Zur Heraushebung und besseren
Verfolgung der Zusammenhänge
sind in **Bild 4** die *Mantellinie 4*
und die dazugehörigen Punkte
und Vergatterungslinien **rot** gezeichnet.

Die Lage des Punktes *M7* auf der
Firstlinie des Pultdaches muss in
der Vorderansicht ermittelt und
dann (mittels Grundmaßlatte oder
wie hier mit Zirkelschlägen) in den
Grundriss übertragen werden.

Der Aufriss mag zunächst verwir-
rend erscheinen. Er wird „durchsichtiger", wenn immer daran ge-
dacht wird, dass *Verschneidungspunkte* in allen Ansichten auf den
Mantellinien liegen müssen.

Austragen und Anreißen des Kehlelementes

Um das Kehlelement anreißen zu können, muss es in eine geeignete Darstellungsebene projiziert werden. In der Regel ist dies die Grundrissebene, in die das Element ausgeklappt oder abgeklappt wird. Da bei der Ausklappung der Aufriss wesentlich übersichtlicher gerät, soll diese hier dargestellt werden (vergleiche auch **Bild 3**). Sicherlich kann die Konstruktion für das Modell ausreichend genau auf Papier erfolgen. Bei größeren Objekten empfiehlt sich heute jedoch die Nutzung eines Zeichenprogrammes. Dieses lässt auch eine recht genaue Vermaßung des Bauteils zu (vergleiche hierzu die **Bilder 11** und **12** in **Aufgabe 1**)

Bild 7 zeigt den Vorgang der Ausklappung, wobei die Austragung von Ober- und Unterkante in einem Aufriss geschieht. Je mehr Mantellinien herangezogen werden, um so genauer wird einerseits die Bestimmung der Verschneidungslinie, andererseits verliert der Aufriss an Übersichtlichkeit. Bei der Nutzung eines CAD-Programmes werden sinnvollerweise die zusammengehörenden Vergatterungslinien jeweils in einem eigenen *Layer* bearbeitet. Ein Layer ist sozusagen eine Zeichenfolie, die mit ihren Inhalten aus- und eingeblendet werden kann.

In **Bild 7** ist die *Oberkante* des Kehlelementes *blau*, die *Unterkante* (mit der Dachflächenverschneidungslinie) *violett* gekennzeichnet. Anhand der Pfeile lässt sich die Vorgehensweise nachvollziehen.

① Der Kegelgrundkreis wird im Grundriss gerissen und mittels Mantellinien aufgeteilt.
② Die Lage der Mantelliniengrundpunkte wird auf die Grundlinie der Seitenansicht übertragen und von dort zur Kegelspitze *FK* gerissen.
③ Die Schnittpunkte der Mantellinien mit Ober- und Unterkante des Kehlelementes werden bis in die Grundlinienebene ausgeklappt. Dabei ist darauf zu achten, dass die Punkte der Oberkante

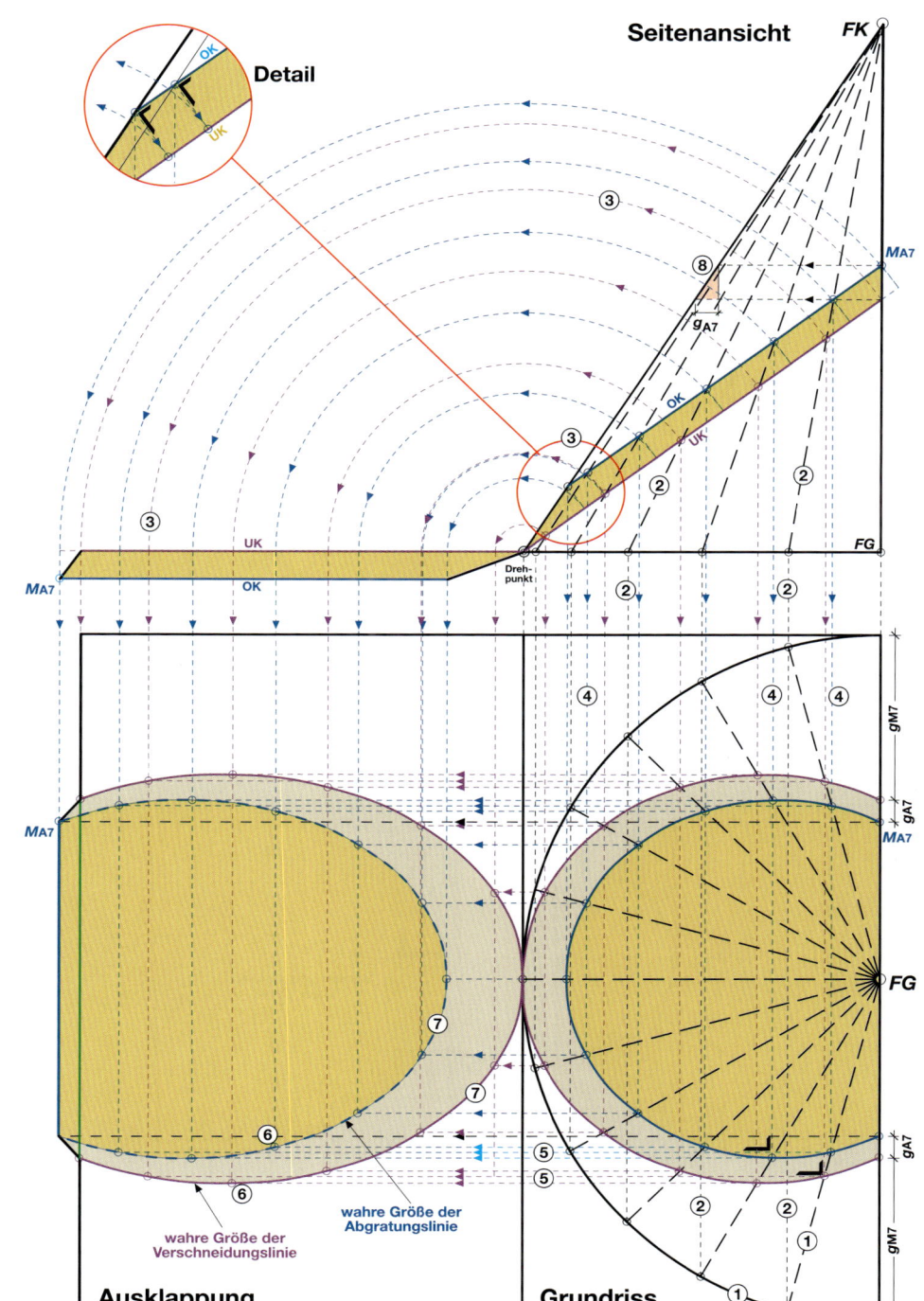

Bild 7: *Austragung des Kehlelementes als Ausklappung, hier als durchgehende Platte und noch ohne den „inneren Ausschnitt"*

zunächst auf die Unterkante gewinkelt werden (siehe Detail in **Bild 7**).
④ Aus den Mantellinienpunkten werden Senkrechte in den Grundriss gerissen, wo sie die entsprechenden Mantelgrundlinien schneiden.
⑤ Aus den Schnittpunkten werden Rechtwinklige in die Ausklappung gerissen.

⑥ Sie schneiden sich dort mit den Vergatterungslinien des ausgeklappten Kehlelementes in den „wahren" Punkten der Bauteilbegrenzung.
⑦ Die Schnittpunkte werden mit entsprechend gekrümmten Linien miteinander verbunden (bei dem vorliegenden Kegelschnitt handelt es sich um Teile von Ellipsen).

⑧ Da der Kegel überall die gleiche Neigung aufweist, kann das Abgratungs-Grundverstichmaß g_{A7} an der Profilmantellinie in der Seitenansicht gerissen werden.

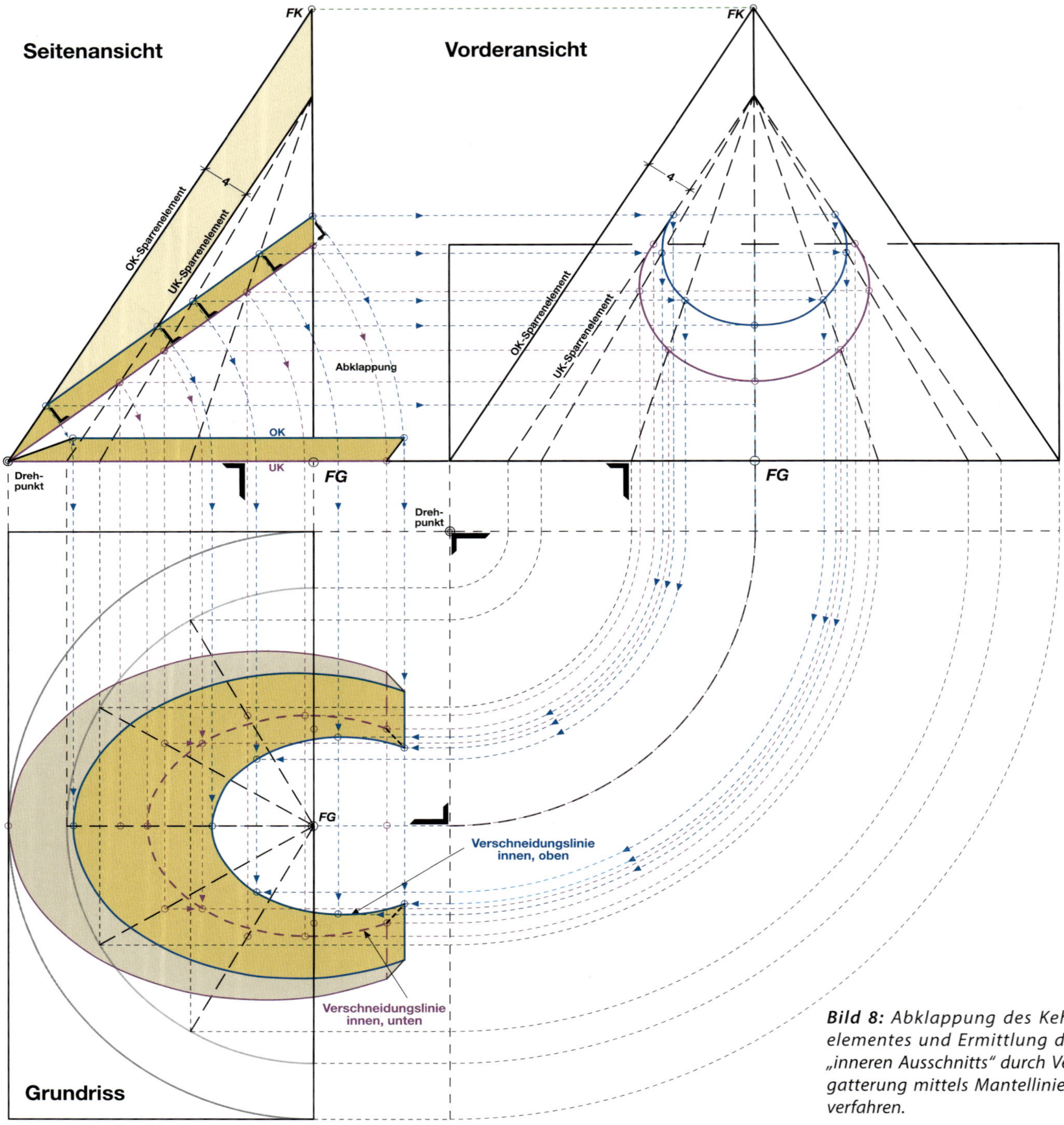

Seitenansicht

Vorderansicht

FK

FK

OK-Sparrenelement

UK-Sparrenelement

4

4

Abklappung

OK

UK

FG

FG

Dreh-punkt

Dreh-punkt

OK-Sparrenelement

UK-Sparrenelement

Grundriss

FG

Verschneidungslinie innen, oben

Verschneidungslinie innen, unten

Bild 8: *Abklappung des Kehlelementes und Ermittlung des „inneren Ausschnitts" durch Vergatterung mittels Mantellinienverfahren.*

Der „innere Ausschnitt" des Kehlelementes wird durch das gleichmäßige rechtwinklige Maß der Sparrenelemente von 4 cm festgelegt. Die Unterkanten der Sparren lassen sich so als die Mantellinien eines Kegels verstehen, dessen Mantel die Form des inneren Ausschnitts festlegen.

Bild 8 zeigt die Situation, wobei nun das Kehlelement nicht *aus-*, sondern *abgeklappt* wird.

Die Vorgehensweise entspricht prinzipiell der in **Bild 7** gezeigten.

Bild 9 stellt in einer Schrägansicht den „inneren Kegel" und den Abklappvorgang dar.

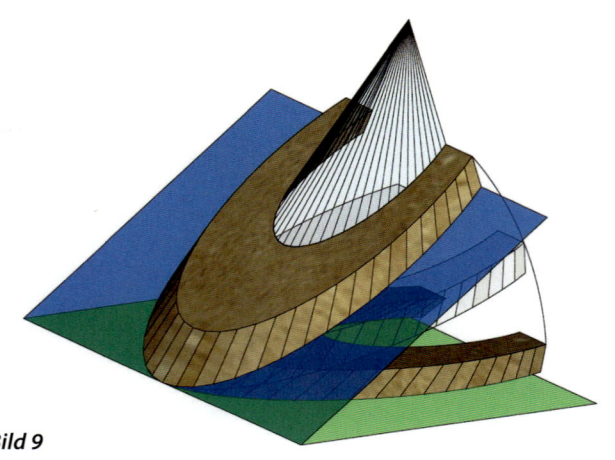

Bild 9

Aufgabe 4: Pultdach mit Rundgaube

Diese Aufgabe befasst sich mit der Konstruktion, der Vergatterung der Verschneidungslinien und dem Anreißen der Kehlbohle einer Rundgaube, die in die ebene Fläche eines Pultdachs eingebaut ist.

Das Modell

Bild 1 zeigt das Modell, das zum Verständnis der folgenden Ausführungen dienen soll. Weitere Schrägansichten zeigt **Bild 2**.

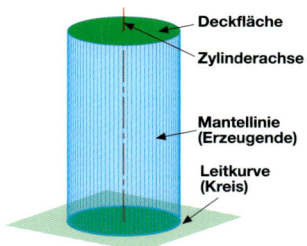

Deckfläche
Zylinderachse
Mantellinie (Erzeugende)
Leitkurve (Kreis)

Bild 3: *Zylinder mit Deckflächen, Leitkurve (= Kreis) und Mantellinien*

Grundsätzliches zum Zylinderschnitt

Geometrisch gesehen handelt es sich bei der Form der Rundgaube um den Teil eines Zylinders. Die Leitkurve des Zylinders ist der Kreis. Die Mantellinien erzeugen die Zylinderfläche. Stehen die Mantellinien senkrecht zur Kreisfläche, so entsteht

Seitenansicht von rechts

Vorderansicht

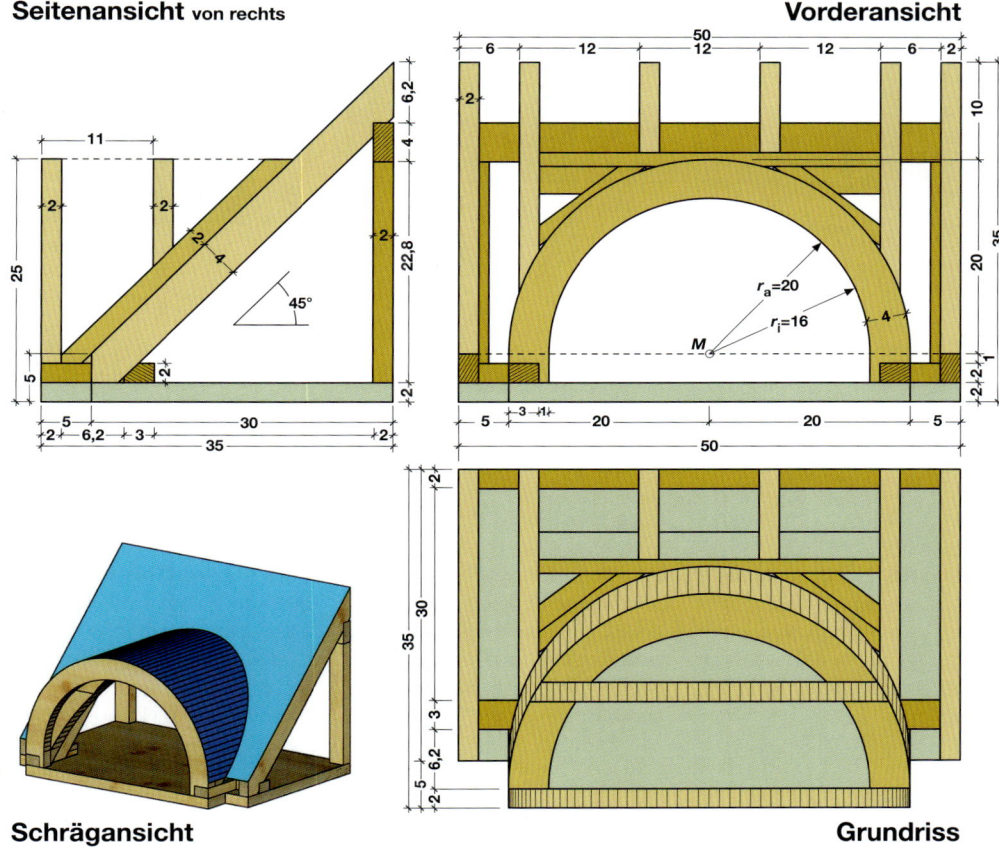

Schrägansicht

Grundriss

Bild 1: *Mäßliche Beschreibung des Modelles mit Grundriss, Vorderansicht, Seitenansicht von rechts und einer dreidimensionalen Ansicht mit „Dachhaut".*

ein gerader Kreiszylinder (**Bild 3**). Beim vorliegenden Modell ist die Gaubendachfläche Teil eines Zylindermantels. Da die Ebene der Leitkurve senkrecht und die

Firstlinie der Gaube waagerecht verlaufen, handelt es sich um die Teilmantelfläche eines geraden Kreiszylinders.

Die Pultdachfläche durchdringt die Zylinderform der Dachgaube und verursacht einen *geraden Zylinderschnitt*.

Bild 2: *Das Modell aus unterschiedlichen Richtungen betrachtet: Links Schrägansicht von vorne, rechts Schrägansicht von hinten/unten*

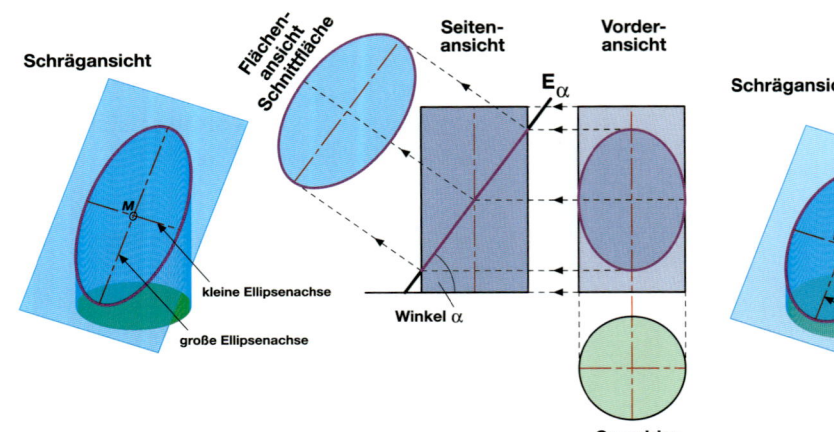

Schrägansicht

Flächen-ansicht Schnittfläche

Seiten-ansicht

Vorder-ansicht

E_α

M

kleine Ellipsenachse

große Ellipsenachse

Winkel α

Grundriss

Schrägansicht

Flächen-ansicht Schnittfläche

Seiten-ansicht

Vorder-ansicht

E_{45}

M

kleine Ellipsenachse

große Ellipsenachse

Winkel 45°

Grundriss

*Bild 4: Zylinder mit beliebig unter Winkel α geneigter Schnittebene: Vorderansicht und Flächenansicht der Schnittfläche sind **Ellipsen**!*

*Bild 5: Zylinder mit 45° geneigter Schnittebene: Die Vorderansicht der Schnittfläche entspricht einem **Kreis**, die Flächenansicht entspricht einer **Ellipse**!*

Bild 4 zeigt den allgemeinen Fall des geraden Zylinderschnitts: Die Schnittebene E_α ist beliebig geneigt. In der **Vorderansicht** entsteht das Schnittbild einer **Ellipse**. Der Umriss der **wahren Schnittfläche** entspricht ebenfalls einer **Ellipse**.

Bild 5 zeigt die im Modell vorkommende Sonderform des Zylinders mit einer unter 45° geneigten Schnittebene. Hier entsteht in der **Vorderansicht** das Schnittbild eines **Kreises**, wogegen die wahre Fläche wieder durch eine **Ellipse** begrenzt ist.

Ellipsen sind Kurven, deren Punkte einerseits durch zeichnerische Näherungsverfahren bestimmt und andererseits mit Hilfe der analytischen Geometrie errechnet werden können. CAD-Programme sind in der Lage, derartige Kurven „mit zwei Mausklicks" zu zeichnen. Dies erlaubt ein sehr schnelles und

genaues Aufreißen von Verschneidungslinien. Es müssen hierzu lediglich der **Ellipsen-Mittelpunkt M** und die Längen der kleinen und der großen **Ellipsenachsen** bekannt sein (**Bilder 4 und 5**). Diese sind verhältnismäßig einfach zeichnerisch oder rechnerisch zu ermitteln

Die Dachausmittlung

Für die Dachausmittlung bietet sich das Verfahren an, das bereits aus den Aufgaben 1 und 2 bekannt ist (Parallelschnittverfahren, auch Höhenlinienschnittverfahren und Hilfsschnittverfahren genannt).

Wie in **Bild 5** gezeigt, stellt sich die Dachverschneidungslinie zwischen Gaubendachfläche und Pultdachfläche bei der Verschneidung unter 45° als Kreis dar.

Bild 6 zeigt die Vorgehensweise bei der (näherungsweisen) zeichnerischen Lösung:

① Anlegen der Höhenlinien im Normalprofil
② Übertragen der Lage der Höhenlinien-Schnittpunkte mit Vergatterungslinien in den Grundriss
③ Verschneiden der Vergatterungslinien in den Grundverschneidungspunkten **VG**
④ Verbinden der Verschneidungsgrundpunkte zur **Verschneidungsgrundlinie**.

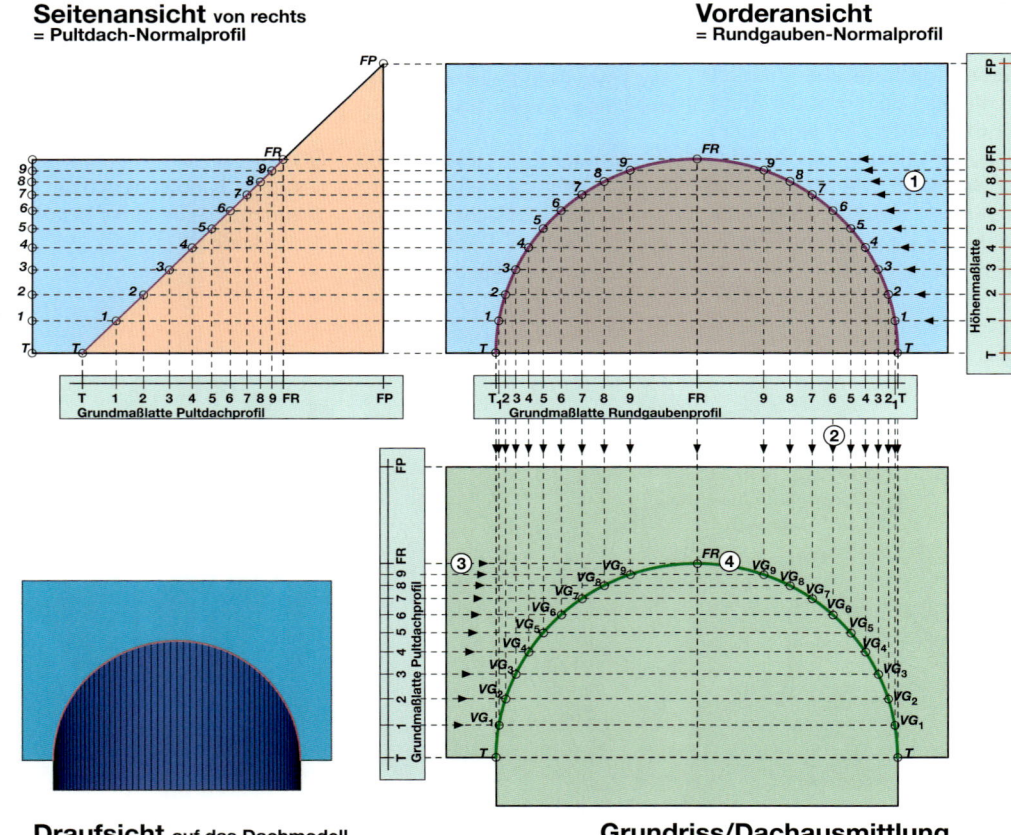

Seitenansicht von rechts
= Pultdach-Normalprofil

Vorderansicht
= Rundgauben-Normalprofil

Draufsicht auf das Dachmodell

Grundriss/Dachausmittlung

Bild 6: Zeichnerische Lösung der Dachausmittlung mit Höhenschnittlinien

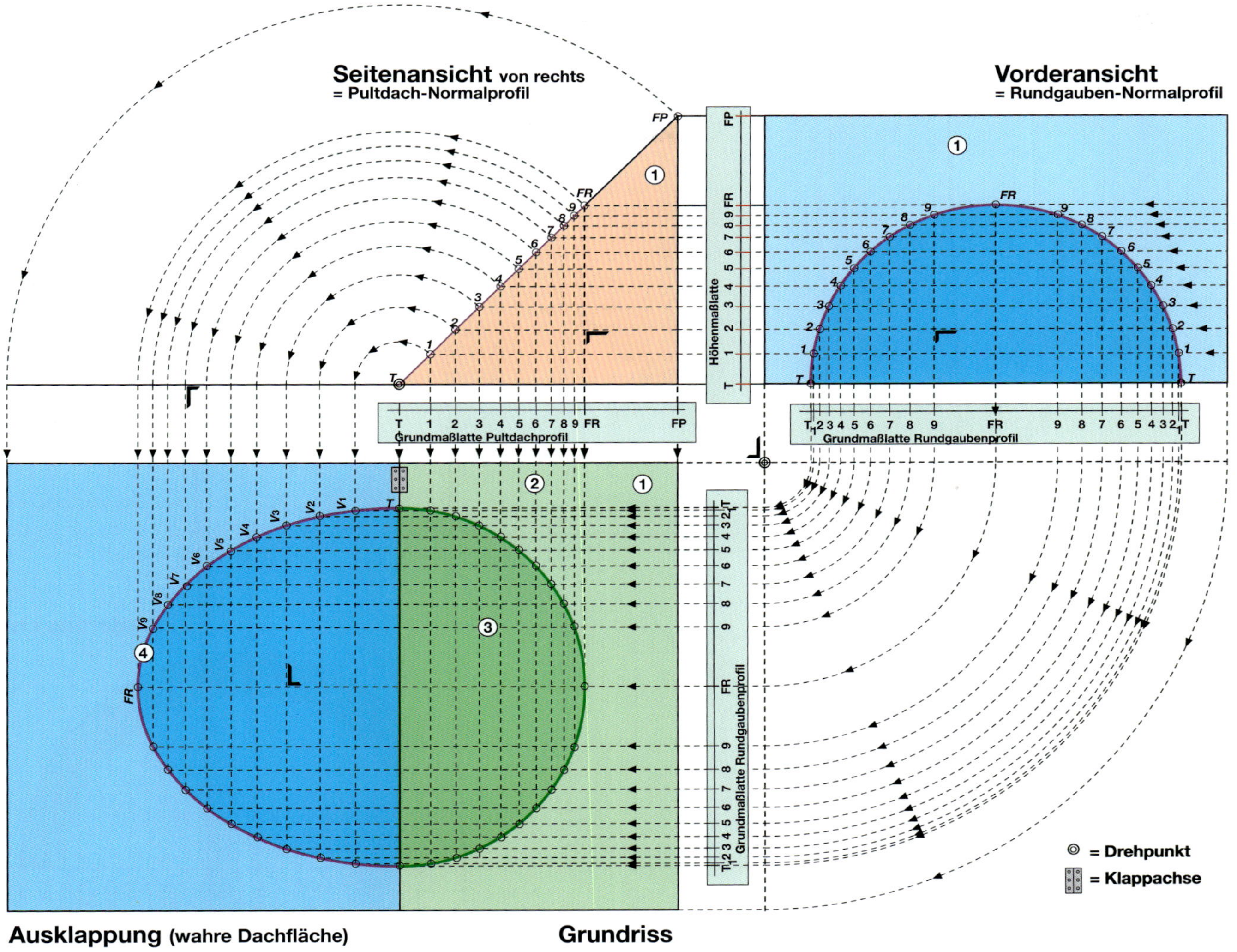

Seitenansicht von rechts
= Pultdach-Normalprofil

Vorderansicht
= Rundgauben-Normalprofil

Höhenmaßlatte

Grundmaßlatte Pultdachprofil

Grundmaßlatte Rundgaubenprofil

Grundmaßlatte Rundgaubenprofil

Ausklappung (wahre Dachfläche)

Grundriss

◎ = Drehpunkt

▣ = Klappachse

Bild 7: Ausklappung der Pultdachfläche und Vergatterung der Verschneidungslinie von Gaubendachfläche und Pultdachfläche.

Vergatterung der Kehllinie

Die Darstellung der „wahren" Kehllinie erfolgt zu dem Zweck, die Voraussetzung für das Konstruieren des Kehlelementes und dessen maßlichen Festlegung zu schaffen.

Zunächst ist festzustellen, ob das Kehlelement ebenflächig oder gekrümmt auszubilden ist. Ebenflächig kann es nur ausgeführt werden, wenn sich die Verschneidungslinie *in mindestens einer Ansicht als Gerade abbildet*. Dieser Grundsatz kann bei jeder beliebigen Verschneidung von Dachflächen zur Kontrolle herangezogen werden.

Wie **Bild 6** und **Bild 7** verdeutlichen, bildet sich die (violett markierte) Verschneidungslinie nur in der Seitenansicht als *Gerade* und als Teil der Pultdachneigungslinie ab. Demnach ist

die Pultdachebene die gesuchte Darstellungsebene.

Wird die Vergatterung auf herkömmliche Art zeichnerisch ausgeführt, so empfiehlt sich eine Darstellung, in der die erforderlichen Ansichten in einem unmittelbaren Zusammenhang stehen. Das Prinzip wurde bereits in **Bild 3** (**Aufgabe 3** auf **Seite 33**) im Zusammenhang mit dem Mantellinienverfahren verdeutlicht.

In **Bild 7** ist es für das vorliegende Modell geschehen.

Vorteil dieser zusammenhängenden Darstellung ist, dass keine Maße mit der Maßlatte übertragen werden müssen. Die Maßlatten sind nur zur Orientierung eingezeichnet.

Die „minimalistische" Herleitung der Verschneidungslinie mit einem 2D-CAD-Programm in **Bild 8** verdeutlicht, wie sehr diese Zeichenhilfe den Aufriss vereinfacht (Erklärungen in grüner Farbe).

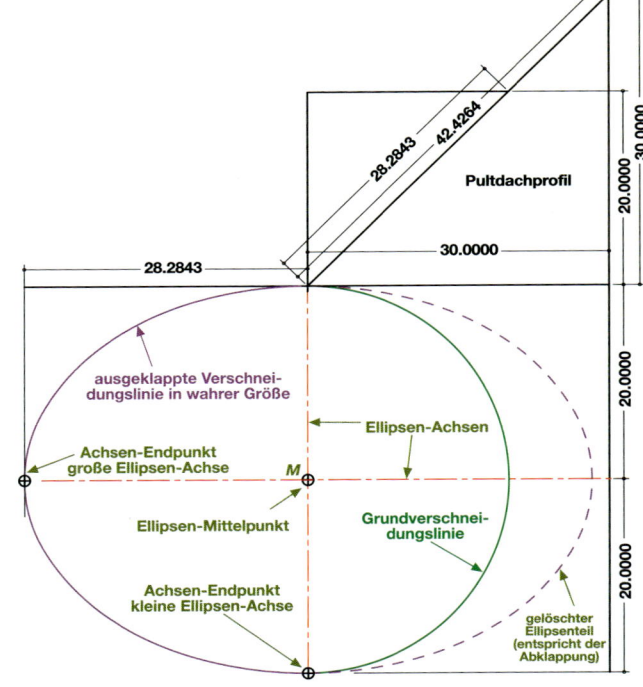

Bild 8: Mit CAD-Programm und geringem Aufwand aufgerissene Verschneidungslinie

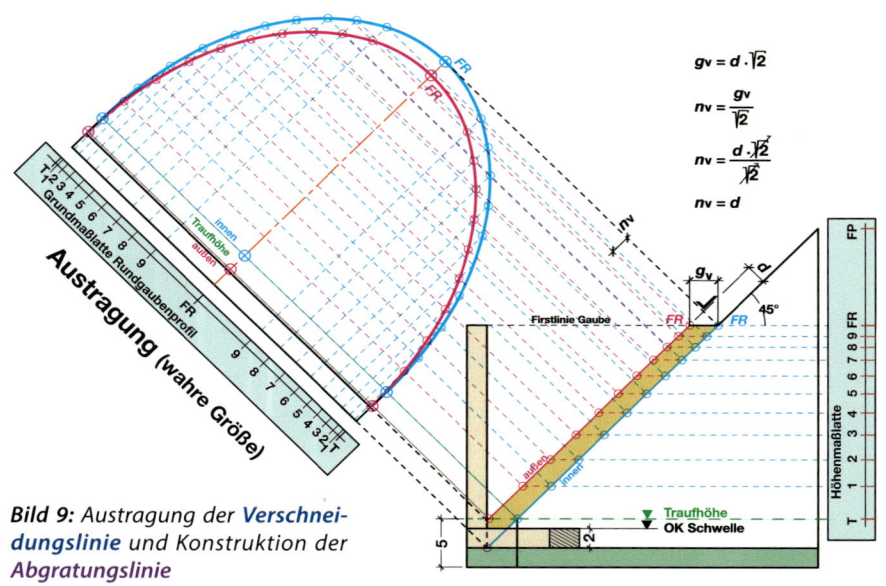

$$g_v = d \cdot \sqrt{2}$$

$$n_v = \frac{g_v}{\sqrt{2}}$$

$$n_v = \frac{d \cdot \sqrt{2}}{\sqrt{2}}$$

$$n_v = d$$

Bild 9: *Austragung der Verschneidungslinie und Konstruktion der Abgratungslinie*

Bild 10: *Innenansicht des Anschlusses der Kehlbohle an das Gaubenstirnelement*

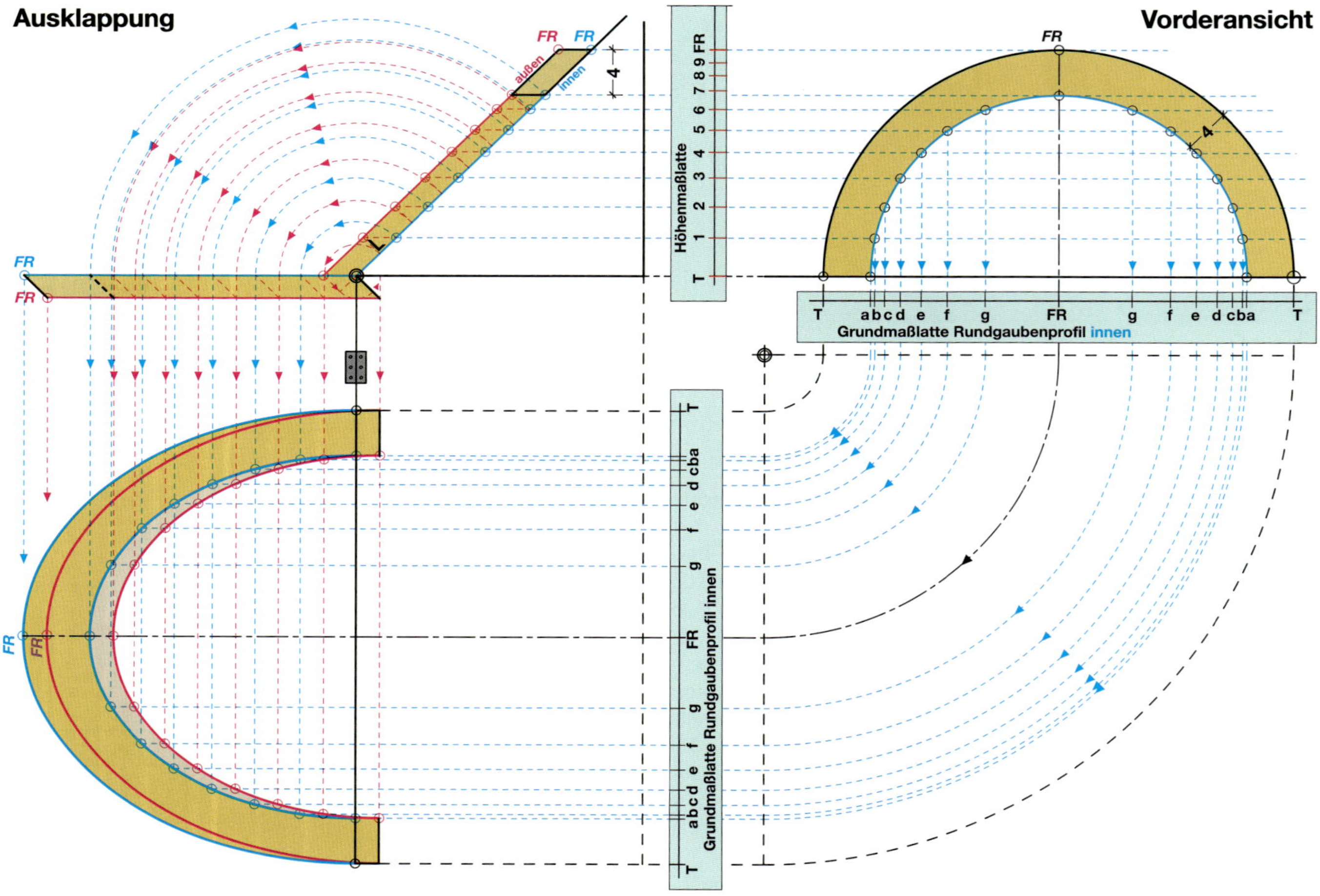

Bild 11 : *Ermittlung der Schnittlinien (blau=innen, violett = außen) für den inneren Abschnitt der Kehlbohle. Vorgehensweise: wie bei der Verschneidungs- beziehungsweise Abgratungslinie. Die Kehlbohle ist in dieser Darstellung in Traufhöhe waagerecht abgeschnitten.*

Die Konstruktion des Kehlelementes

Das Kehlelement wird bei Rundgauben in der Regel als Kehlbohle ausgeführt, die auf der Anschlussdachfläche (hier der Pultdachfläche) aufliegt. Die Konstruktion erfolgt im Profil, wo die Dicke der Kehlbohle eingetragen wird (**Bild 1** und **Bild 9**). In dieser Ansicht werden auch die Bogensegmente (die „Rundgaubenschifter") maßlich festgelegt.

Wie aus der Vorderansicht in **Bild 1** erkennbar, beginnt die Rundung des Stirnbogens in Höhe der Pultdachtraufe. Die unten verbleibenden 3 cm verlaufen senkrecht. Dies hat Auswirkungen auf die Kehlbohle, deren Schweifung ebenfalls erst in dieser Höhe beginnt. **Bild 10** zeigt dies in einer Detailansicht vom Gauben-Innenraum aus gesehen (der Pultdachsparren ist weggelassen).

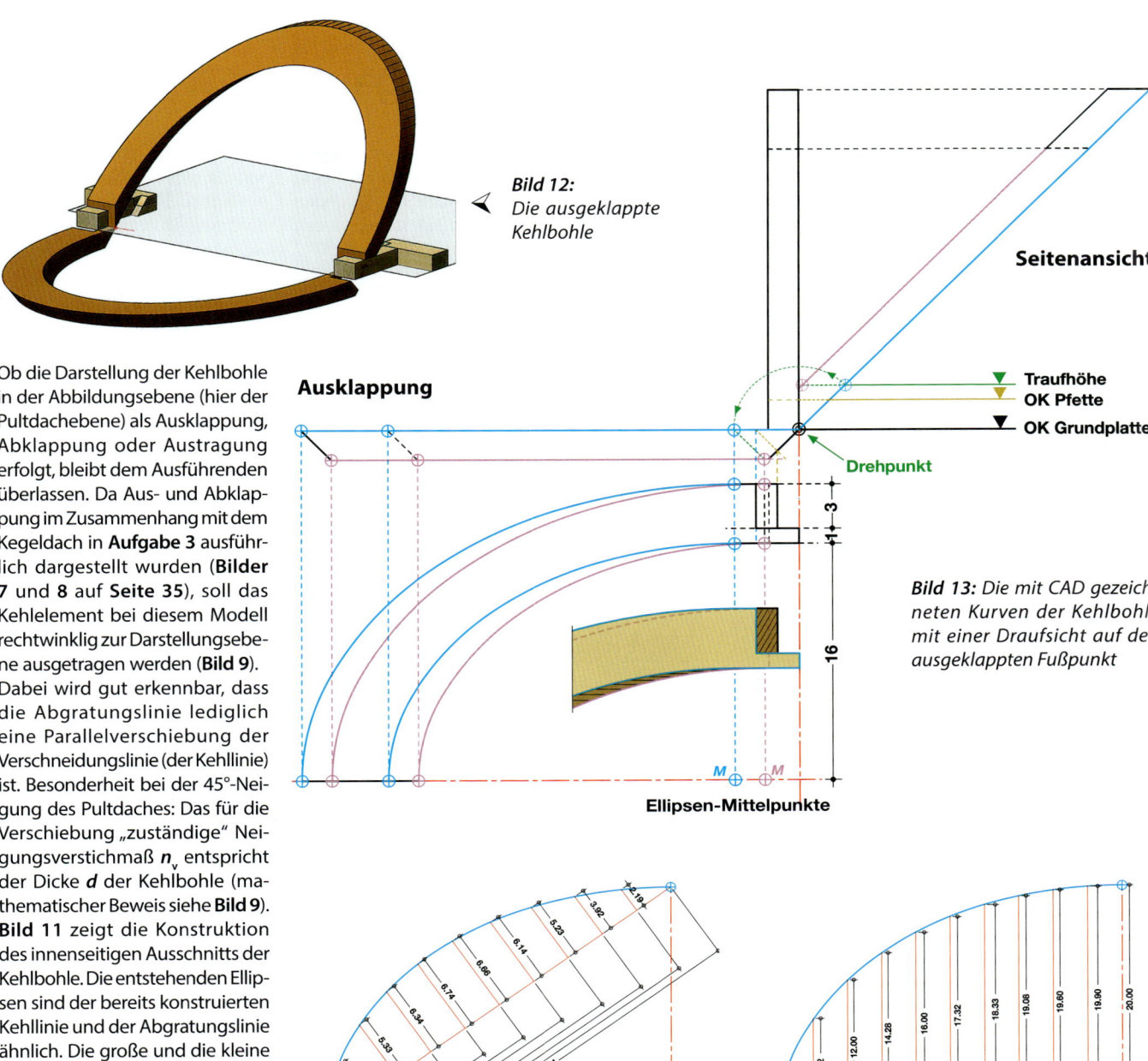

Bild 12: Die ausgeklappte Kehlbohle

Seitenansicht

Traufhöhe
OK Pfette
OK Grundplatte

Drehpunkt

Ausklappung

3
16

M   M

Ellipsen-Mittelpunkte

Bild 13: Die mit CAD gezeichneten Kurven der Kehlbohle mit einer Draufsicht auf den ausgeklappten Fußpunkt

Ob die Darstellung der Kehlbohle in der Abbildungsebene (hier der Pultdachebene) als Ausklappung, Abklappung oder Austragung erfolgt, bleibt dem Ausführenden überlassen. Da Aus- und Abklappung im Zusammenhang mit dem Kegeldach in **Aufgabe 3** ausführlich dargestellt wurden (**Bilder 7** und **8** auf **Seite 35**), soll das Kehlelement bei diesem Modell rechtwinklig zur Darstellungsebene ausgetragen werden (**Bild 9**). Dabei wird gut erkennbar, dass die Abgratungslinie lediglich eine Parallelverschiebung der Verschneidungslinie (der Kehllinie) ist. Besonderheit bei der 45°-Neigung des Pultdaches: Das für die Verschiebung „zuständige" Neigungsverstichmaß n_v entspricht der Dicke d der Kehlbohle (mathematischer Beweis siehe **Bild 9**). **Bild 11** zeigt die Konstruktion des innenseitigen Ausschnitts der Kehlbohle. Die entstehenden Ellipsen sind der bereits konstruierten Kehllinie und der Abgratungslinie ähnlich. Die große und die kleine Ellipsenachse haben sich lediglich proportional verkleinert. Die Kehlbohle ist in dieser Darstellung in Höhe der Trauflinie (Beginn der Krümmung) waagerecht abgeschnitten.

Bild 12 zeigt die Kehlbohle mit den Fußpfetten in ihrer wahren Lage und in ihrer Ausklappung in die waagerechte Bildebene. In **Bild 13** ist die zeichnerische Konstruktion aller Kurven und des auf die Fußpfette aufklauenden Teils der Kehlbohle mit CAD verdeutlicht.

Das Anreißen der Kehlbohle

Für das Anreißen der Abschnittsrisse am Kehlbohlenholz können die gewonnenen Erkenntnisse sehr hilfreich sein.

Bild 14: Hier ist die Verschneidungslinie von der Verbindungslinie zwischen den Ellipsenachspunkten aus vermaßt.

Bild 15: Hier erfolgt die Vermaßung mit der großen Ellipsenachse als Grundlinie.

Wichtig ist zunächst die Tatsache, dass <u>alle anzureißenden Kurven Teile von Ellipsen</u> sind. Die Möglichkeiten für die zeichnerische Ermittlung von Ellipsenbögen (Scheitelkreiskonstruktion, Fadenkonstruktion, Näherungskonstruktion) dürften jedem engagierten Zimmerer bekannt sein. Sie sind in jedem guten Bautabellenbuch zu finden und können beispielsweise bei der

Herstellung von Papierschablonen für Modelle sinnvoll sein. Für das Anreißen der Kurven auf größeren Bauteilen sind sie jedoch schlecht geeignet.

Wird ein CAD-Programm für die Konstruktion verwendet, liegt die Bemaßung von Kurvenpunkten nahe. Dieses Verfahren wurde bereits in **Aufgabe 1** (**Bild 11** auf **Seite 26**) dargestellt.

Für die Kehlbohle kann dies aussehen wie in **Bild 14** gezeigt, wo die Dachverschneidungslinie von der Verbindungslinie zwischen großem und kleinem Achsenpunkt der Ellipse aus vermaßt ist. In **Bild 15** ist die Kurve von der großen Ellipsenachse aus vermaßt.

Aufgabe 5: Tonnendach mit Satteldachgaube

Das Modell

Bild 1 zeigt das Modell, das zum Verständnis der folgenden Ausführungen dienen soll. Weitere Schrägansichten zeigt **Bild 2**.

Grundsätzliches

Werden die ebenen Dachflächen einer Satteldachgaube mit der gekrümmten Dachfläche eines Tonnendaches verschnitten, so handelt es sich um einen Zylinder(teil)schnitt, wie er bereits in **Aufgabe 4** (**Bilder 3** bis **5 auf den Seiten 37** und **38**) näher erläutert wurde.

Dementsprechend sind als Schnittbilder wieder Ellipsen zu erwarten. Dies vereinfacht die Konstruktion insbesondere dann, wenn man den Aufriss mittels CAD durchführt.

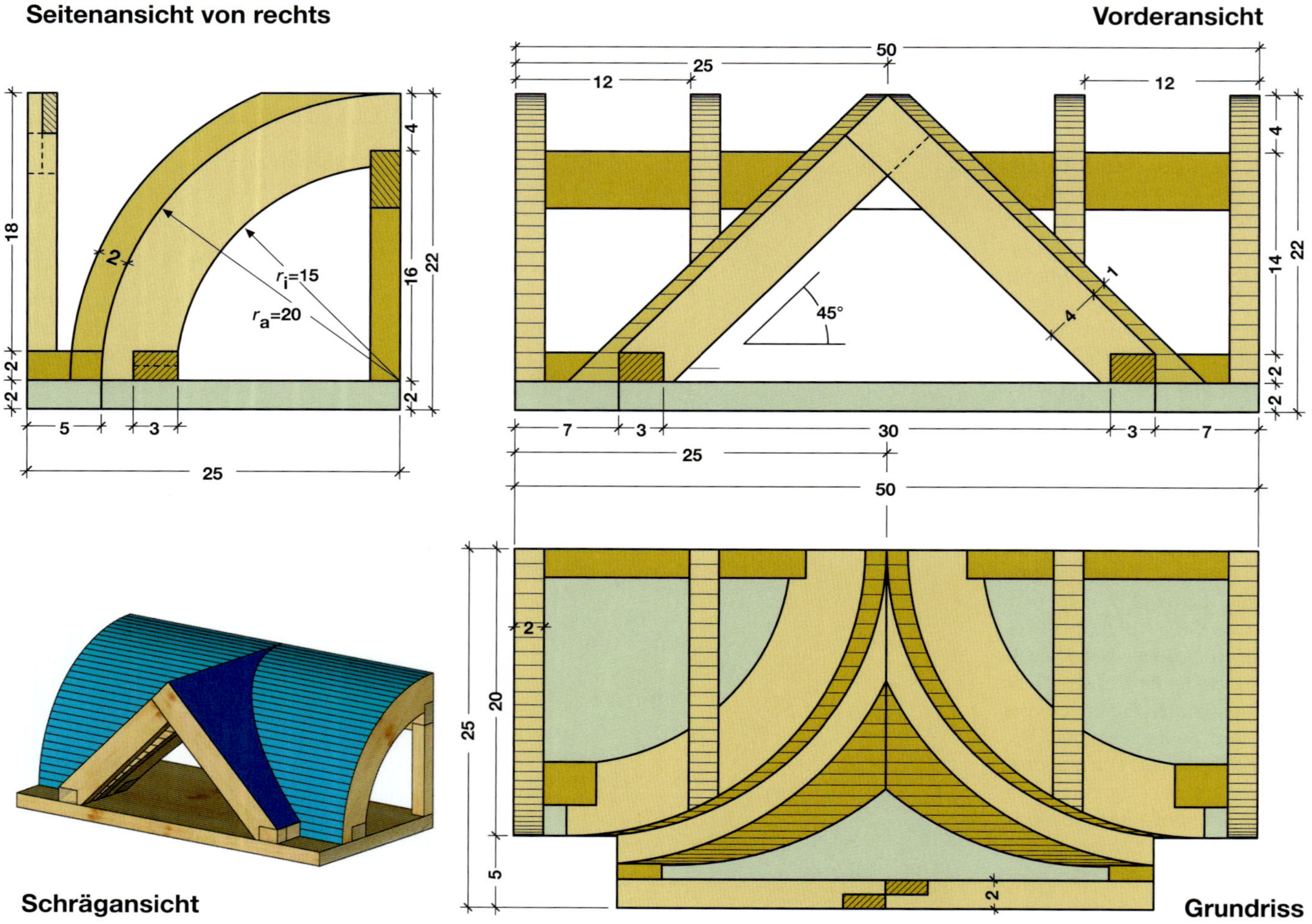

Seitenansicht von rechts

Vorderansicht

Schrägansicht

Grundriss

Bild 1: *Maßliche Beschreibung des Modelles mit Grundriss, Vorderansicht, Seitenansicht von rechts und einer dreidimensionalen Ansicht mit „Dachhaut".*

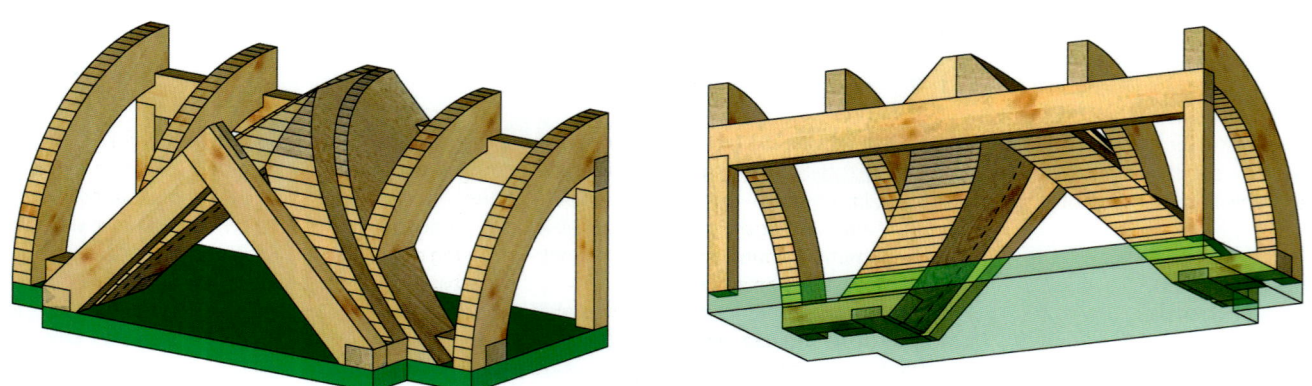

Bild 2: *Das Modell aus unterschiedlichen Richtungen betrachtet: Links Schrägansicht von vorne, rechts Schrägansicht von hinten/unten mit „durchsichtiger" Grundplatte*

Basiswissen Vergatterung

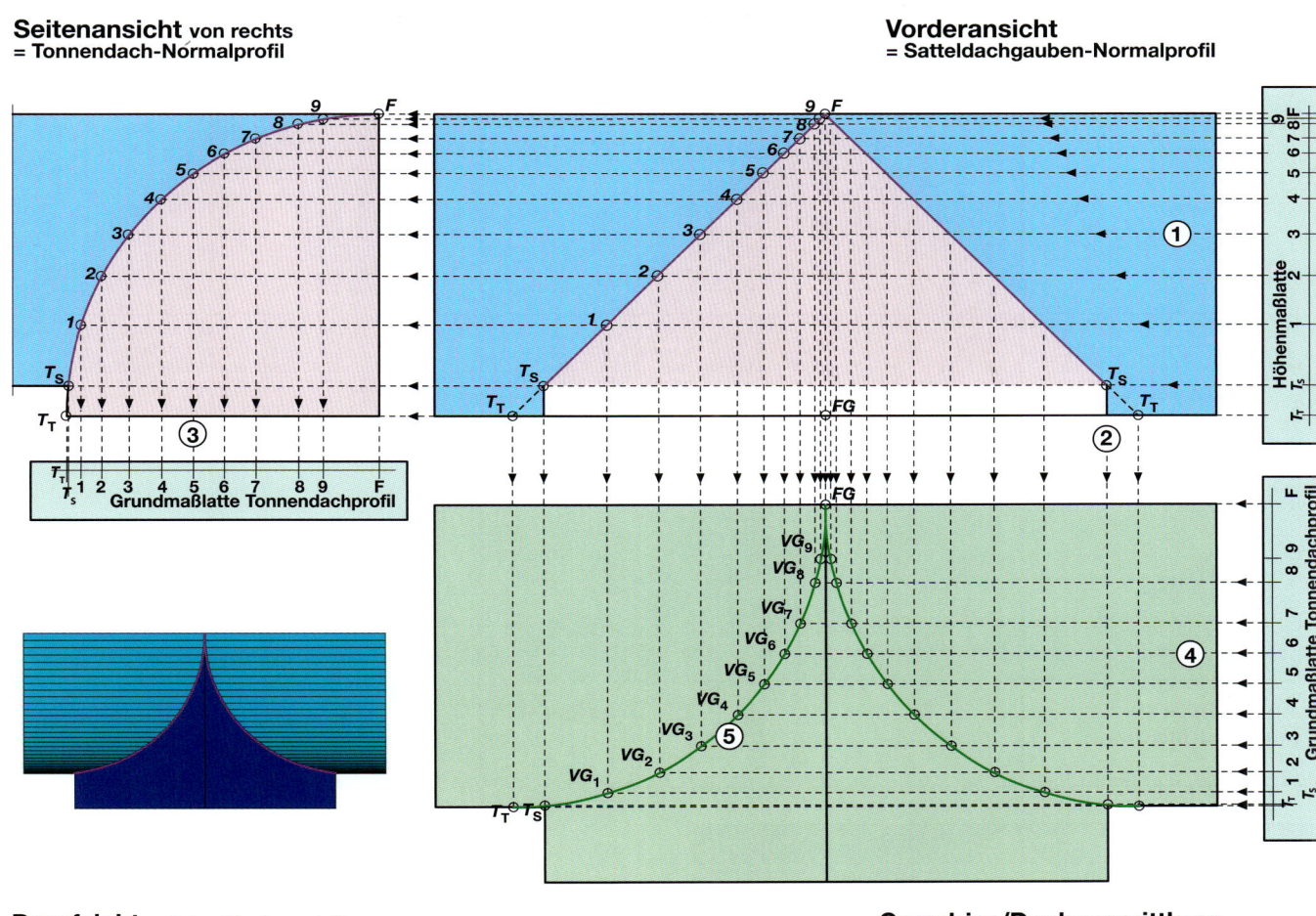

Seitenansicht von rechts
= Tonnendach-Normalprofil

Vorderansicht
= Satteldachgauben-Normalprofil

Draufsicht auf das Dachmodell

Grundriss/Dachausmittlung

Bild 3: Zeichnerische Lösung der Dachausmittlung mit Höhenschnittlinien

Das vorliegende Modell weist mit Absicht einige „Schwierigkeiten" auf, anhand derer die Anforderungen dargestellt werden, die in der Praxis bei der Ausführung ähnlicher Konstruktionen Beachtung finden sollten.

Besonders wichtig ist die sorgfältige Ermittlung der Verschneidungslinien im Grundriss (in der Dachausmittlung), weil die „Passgenauigkeit" aller Begrenzungslinien des Kehlelementes unmittelbar davon abhängt.
Beim Studieren der Konstruktionsvorgaben sollte man sich deshalb Zeit nehmen.

Nur dann wird man beispielsweise beim vorliegenden Modell erkennen, dass die Traufhöhe der Gaube nicht der Traufhöhe des Tonnendaches entspricht (**Bilder 1** und **2**) und die Verschneidungslinie deshalb innerhalb der gekrümmten Tonnendachfläche endet.

Die Dachausmittlung

Die Dachausmittlung wird hier schulmäßig wieder mit dem Parallelschnittverfahren durchgeführt. **Bild 3** zeigt, dass die Dachverschneidungslinie zwischen den ebenen Gaubendachflächen (45° Neigung) und der gekrümmten Tonnendachfläche bei der Verschneidung die Form eines Kreisteilbogens einnimmt.

Hier die mögliche Vorgehensweise:

① Anlegen der Höhenlinien in den Normalprofilen
② Übertragen der Lage der Höhenlinien-Schnittpunkte mit Vergatterungslinien in den Grundriss
③ Übertragen der Lage der Höhenlinien-Schnittpunkte aus dem Tonnendachprofil auf die entsprechende Grundmaßlatte.

④ Verschneiden der Vergatterungslinien in den Grundverschneidungspunkten **VG**
⑤ Verbinden der Verschneidungsgrundpunkte zur **Verschneidungsgrundlinie.**

Wie bereits erwähnt, liegen die Traufen der beiden Teildachkörper nicht auf gleicher Höhe.

Die Traufpunkte der Satteldachgaube sind mit T_S, die Traufpunkte des Tonnendaches mit T_T bezeichnet.

Vergatterung der Kehllinie

Für die Vergatterung der Kehllinie (**Bild 4**) ist zunächst festzulegen, wo und wie die wahre Größe der Verschneidungslinie dargestellt werden kann.
Hier ist wieder der Grundsatz zu beachten, dass die Darstellung der *wahren Länge* einer Verschnei-

dungslinie nur in einer **Ebene** möglich ist.
Die Dachflächen der Satteldachgaube sind eben und bieten sich für die Vergatterung der Kehllinie mittels Ausklappung an.

Bild 5 soll diese Entscheidung verständlich machen. Die rote, gekrümmte, senkrecht angelegte Fläche folgt der gelb gezeichneten Verschneidungslinie.

Bezogen auf die *Tonnendachfläche* scheint die Verschneidungslinie zweifach („dreidimensional") gekrümmt zu sein. Von der *Satteldachgaubenfläche* aus betrachtet weist sie aber nur eine ebene Krümmung auf, weil sie in der *ebenen* Dachfläche liegt. Die Dachflächenverschneidungslinie ist deshalb eine sogenannte „ebene Kurve".

Die Entscheidung für eine Abbildungsebene muss immer in

Basiswissen Vergatterung

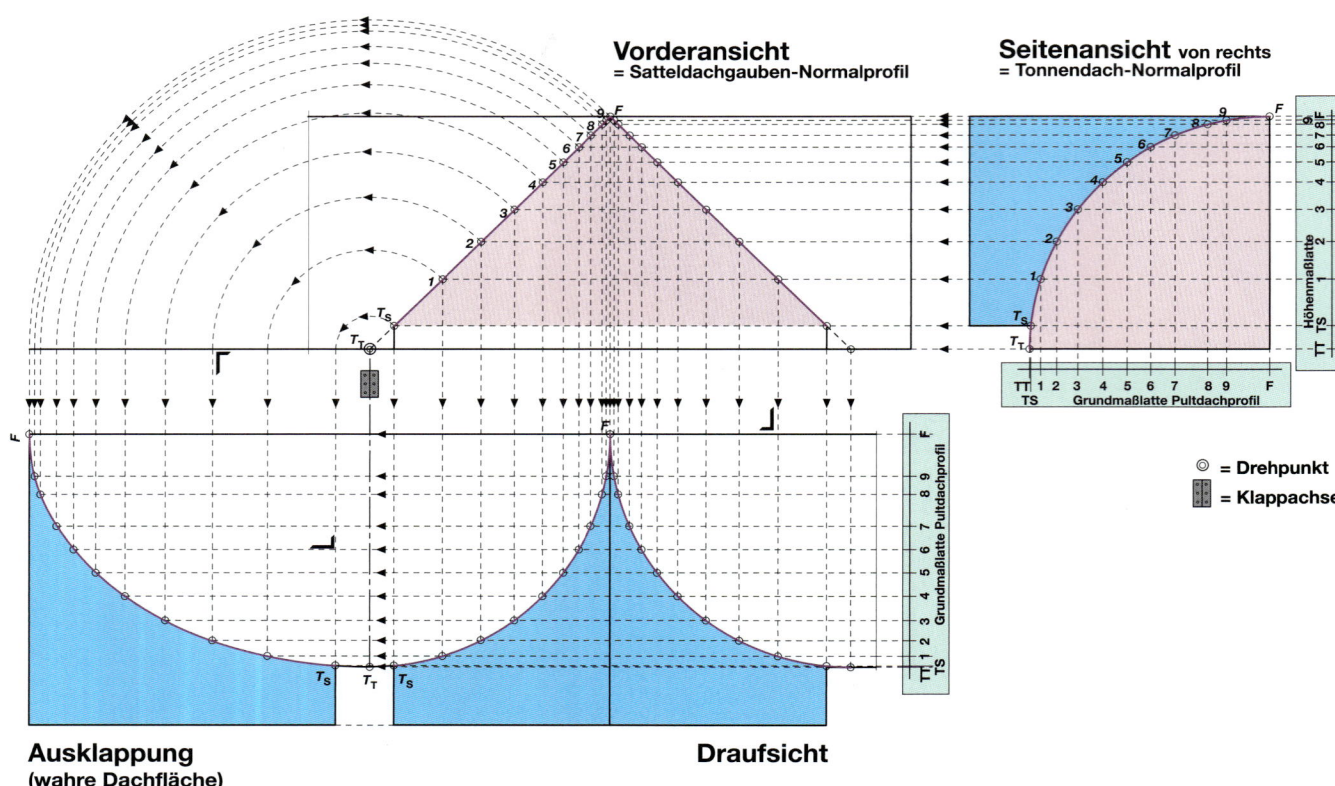

Vorderansicht
= Satteldachgauben-Normalprofil

Seitenansicht von rechts
= Tonnendach-Normalprofil

◎ = Drehpunkt

▦ = Klappachse

Ausklappung
(wahre Dachfläche)

Draufsicht

Bild 4: Ausklappung der Gaubendachfläche und Vergatterung der Verschneidungslinie von Gaubendachfläche und Tonnendachfläche

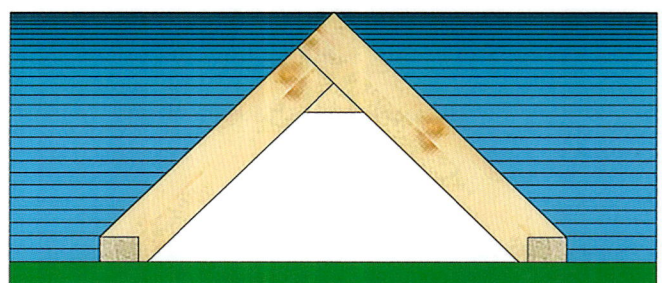

Bild 5: Die rote gekrümmte (senkrecht angelegte) Fläche folgt der gelb gezeichneten Verschneidungslinie. Bezogen auf die Tonnendachfläche scheint die Verschneidungslinie zweifach („dreidimensional") gekrümmt zu sein. Von der Satteldachgaubenfläche aus betrachtet weist sie aber nur eine ebene Krümmung auf, weil sie in der **ebenen** Dachfläche liegt. Die Dachflächenverschneidungslinie ist deshalb eine sogenannte „ebene Kurve".

Hinblick auf die Konstruktion der Dachbauteile (der Hölzer) erfolgen. Das Anreißen und Ausarbeiten ebenflächiger Bauteile ist immer einfacher als der Umgang mit gekrümmten Teilen.

Sicherlich könnte man der rot angelegten „Kehllinien-Senkelfläche" in **Bild 5** rechts und links eine bestimmte Dicke verleihen und so ein gekrümmtes Kehlelement erzeugen. Dieses anzureißen und auszuarbeiten dürfte sich als sehr unwirtschaftlich erweisen (es sei denn, das Element liegt als 3D-Vo-

lumenmodell im Computer vor und wird CNC-gefräst).
Als Drehachse für die Ausklappung wurde die Spurlinie der Dachfläche der Satteldachgaube in der Grundrissebene (gleichzeitig Traufhöhe Tonnendachgaube) gewählt (**Bild 4** und **Bild 6**).

Der Traufpunkt T_T der Tonnendachgaube liegt maßlich fest, wogegen der höher liegende Traufpunkt (und Anfallspunkt der Kehllinie) T_S im Grundriss nach innen verschoben ist. Die Situation verdeutlicht **Bild 7**.

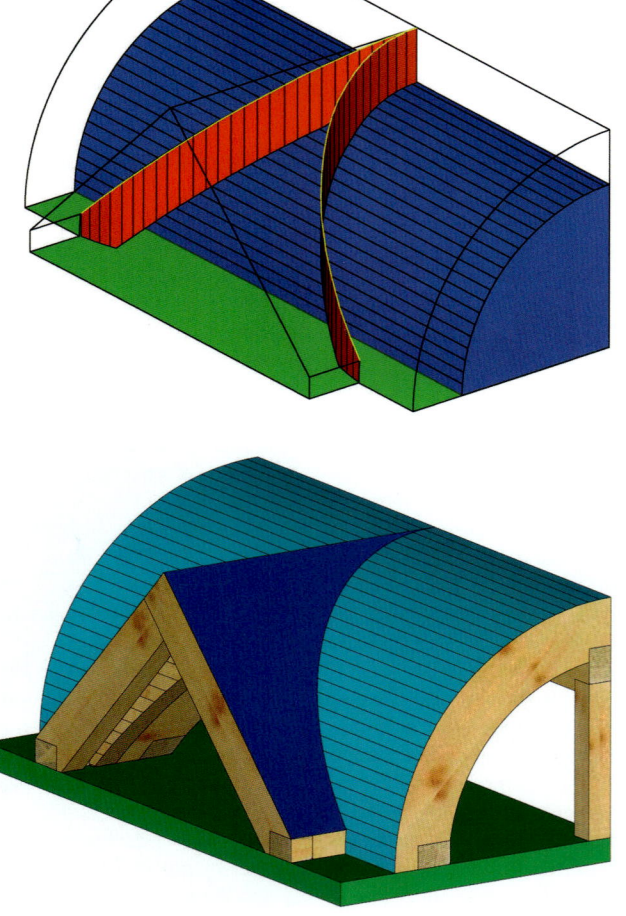

Die Konstruktion des Kehlelementes

Aus den genannten Gründen ist es sinnvoll, das Kehlelement als ebenflächiges Bauteil in die Dachflächenebene der Satteldachgaube zu konstruieren. In der maßlichen Beschreibung des Modells in **Bild 1** ist dies bereits erfolgt. Die Dicke des Elementes beträgt, entsprechend der Sparrenhöhe der Satteldachgaube 4 cm, die Überhöhung für die Erzeugung einer Auflagerfläche (für Schalung oder Lattung) in der Tonnendachfläche beträgt 1 cm.

Es empfiehlt sich in jedem Fall, die folgenden Konstruktionsschritte für bestimmte Teile beziehungsweise Abschnitte des Bauteils durchzuführen. Im CAD-Programm erfolgt dies am besten auf separaten Layern.

Bild 8 verdeutlicht die Ermittlung der Überhöhungslinie für den Bereich des Tonnendaches in herkömmlicher Vergatterung.

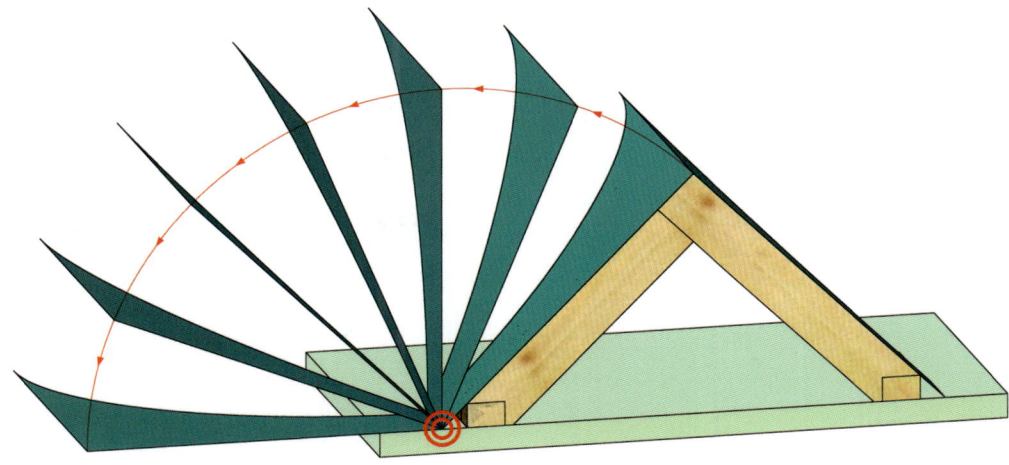

Bild 6: Ausklappung der Dachfläche der Satteldachgaube mit Vergatterung der Verschneidungslinie von Tonnendach und Satteldachgaube. Drehachse ist die Spurlinie der Gaubendachfläche in der Grundrissebene.

Bild 7: Die Traufpunkte der Satteldachfläche und des Tonnendaches liegen unterschiedlich hoch. Zwischen ihnen ist die Tonnendachfläche gekrümmt. Derartige Besonderheiten müssen bei der Vergatterung erkannt und beachtet werden.

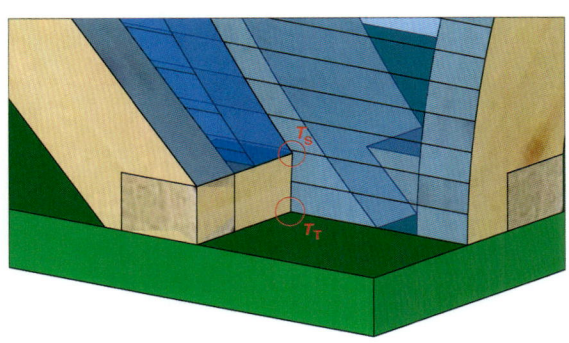

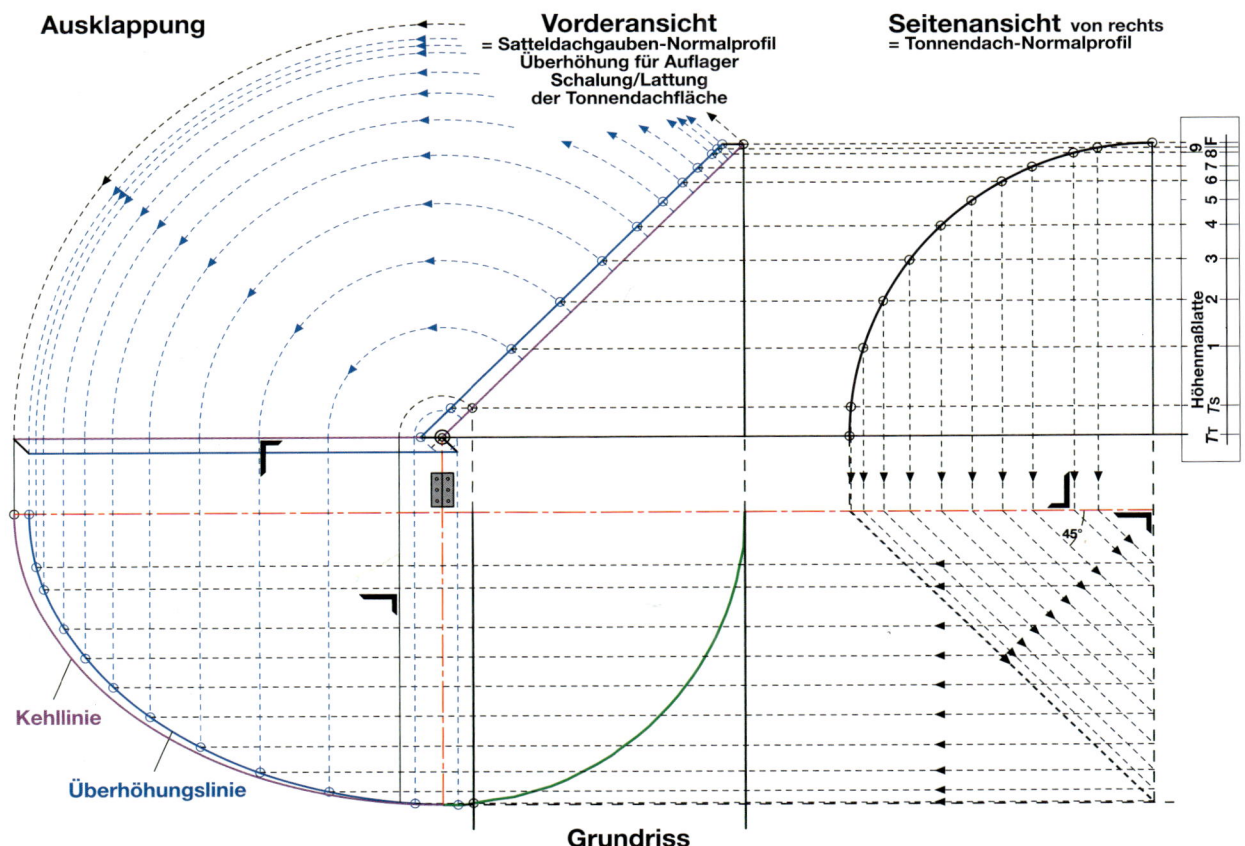

Bild 8: Ermittlung der Überhöhungslinie für den Bereich der Tonnendachfläche (Die Übertragung der Vergatterungslinien in den Grundriss erfolgte Platz sparend mit Parallelen unter 45°)

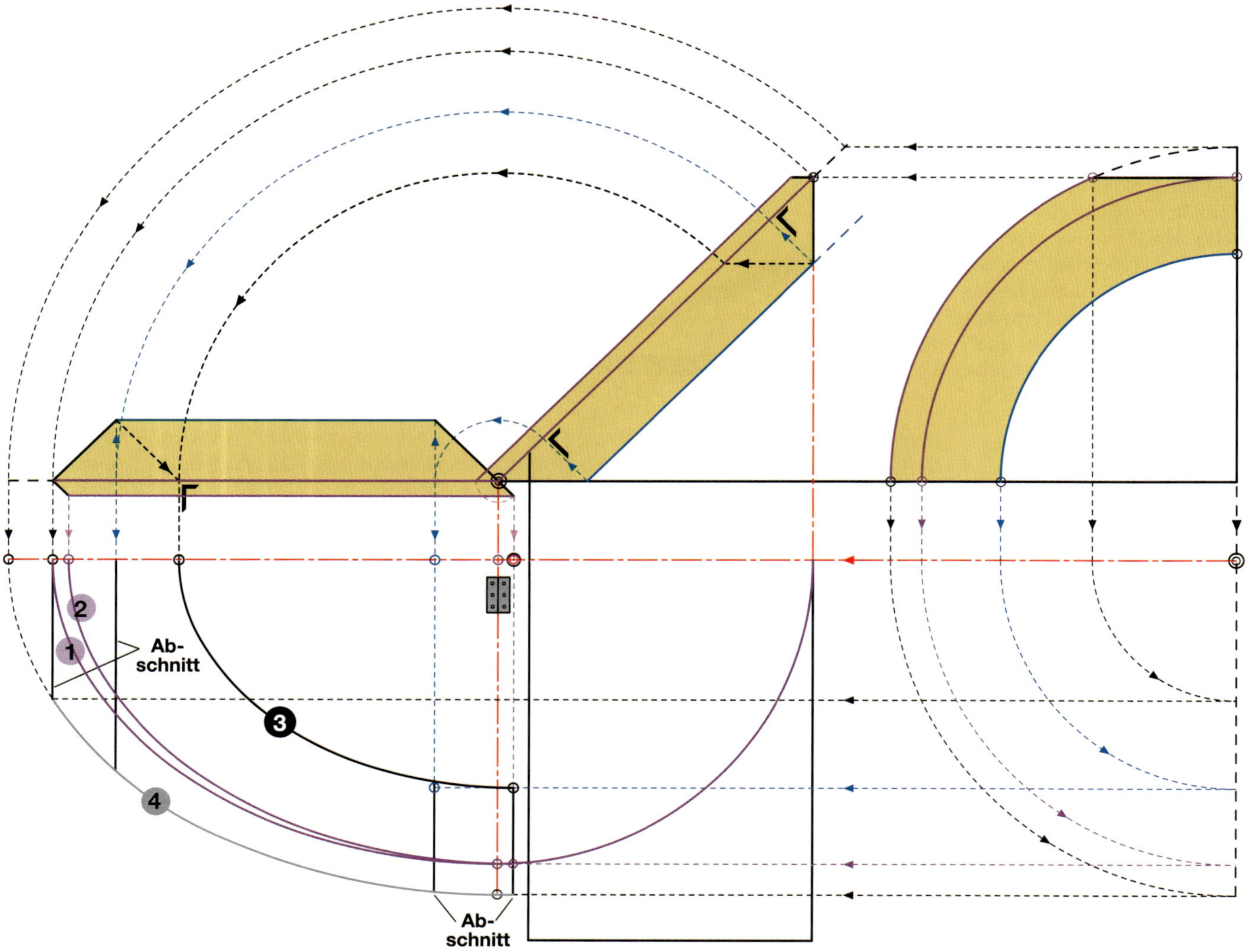

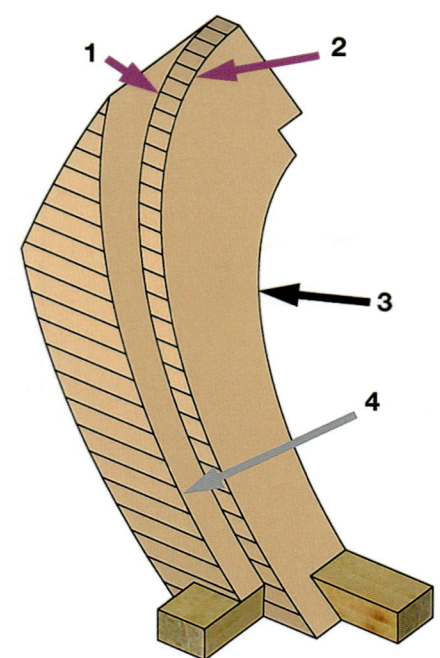

Bild 9: *Ermittlung von Konstruktionslinien für das Anreißen und Ausarbeiten des Kehlelementes mittels CAD. Die dargestellten Kurven in der Ausklappung sind Teile von Ellipsen und können mit der Ellipsenfunktion über Ellipsen-Zentrumspunkt und die Achsenendpunkte sehr komfortabel gezeichnet werden.*

In **Bild 9** sind einige der bei dem Modell auftretenden Abschnittskurven- und Linien entwickelt.

Die Kurven sind Ellipsen und jeweils mit den farblich gekennzeichneten Ellipsenpunkten mittels CAD konstruiert.

Bild 10 demonstriert die Lage der Kurven im Modell.

Das Modell bietet eine Reihe interessanter Details, deren Bearbeitung den Aufwand verdeutlichen, den derartige Konstruktionen in der Praxis verursachen.
Wenn damit für die Planung Sensibilität hinsichtlich der Vermeidung „unnötiger" Bearbeitungen erzeugt wurde, ist bereits ein wichtiges Ziel erreicht.

Bild 10

Aufgabe 6: Pultdach mit Fledermausgaube

Die Fledermausgaube gehört zu den handwerklich anspruchsvollsten Dachaufbauten. Die Konstruktionsmerkmale sind stark abhängig von der Eindeckung. Thema dieses Beitrages ist ausschließlich die Geometrie, und hier speziell die Vergatterung der Kehlbohle.

Das Modell

In **Bild 1** sind Vorderansicht, Grundriss und Seitenansicht von rechts mit den für die Ausarbeitung erforderlichen Maße und eine Schrägansicht der Konstruktion einschließlich „Dachhaut" dargestellt. **Bild 2** auf **Seite 48**

zeigt zwei Schrägansichten des Modelles.

Damit das Modell nicht zu groß ausfällt, wurden für die Teilkreisbögen des Stirnrahmens verhältnismäßig enge Krümmradien gewählt. Einzelheiten zeigt **Bild 3** (auf **Seite 48**). In der Praxis muss

das Verhältnis von Gaubenhöhe zu Gaubenbreite auf die Art der Eindeckung abgestimmt werden!

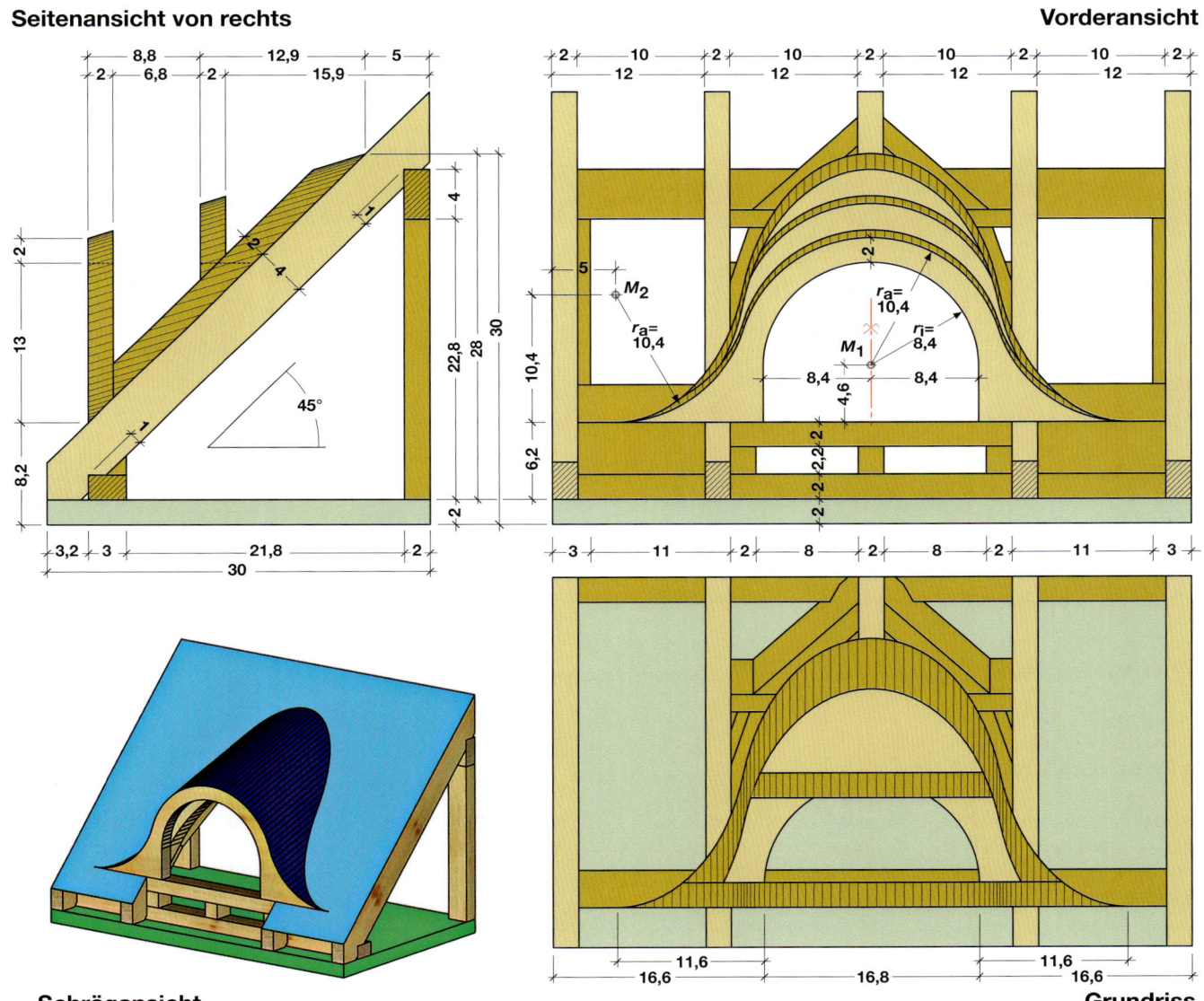

Seitenansicht von rechts

Vorderansicht

Schrägansicht

Grundriss

Bild 1: Maßliche Beschreibung des Modelles mit Grundriss, Vorderansicht, Seitenansicht von rechts und einer dreidimensionalen Ansicht mit „Dachhaut".

Bild 2: *Das Modell aus unterschiedlichen Richtungen betrachtet: Oben eine Schrägansicht von vorne, unten eine Schrägansicht von hinten/unten mit „durchsichtiger" Grundplatte*

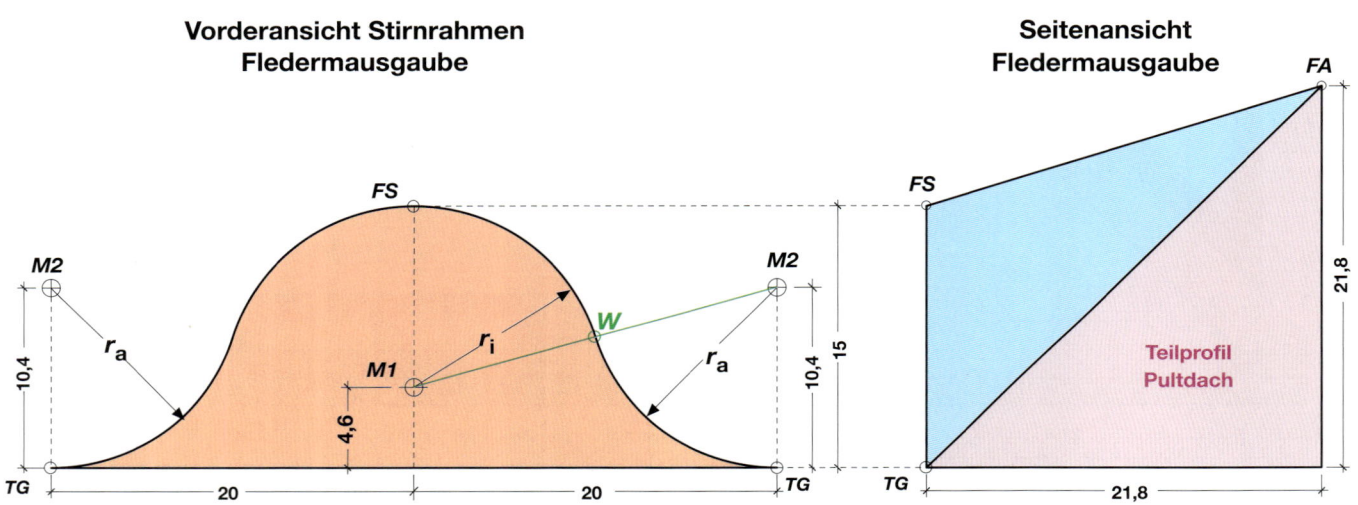

Bild 3: *Maßliche Einzelheiten zum Aufreißen des Fledermausgauben-Stirnrahmens*

Die Dachausmittlung

Durchgeführt mit dem Parallelschnittverfahren sieht die Dachausmittlung aus, wie in **Bild 4** gezeigt.

Für die Übertragung der Vergatterungslinien gibt es mehrere Möglichkeiten (siehe auch dass die Dachverschneidungslinie zwischen den ebenen Gaubendachflächen (45° Neigung) und der gekrümmten Tonnendachfläche bei der Verschneidung die Form eines Kreisteilbogens einnimmt.

Die mögliche Vorgehensweise:
① Anlegen der Höhenlinien in den Normalprofilen
② Übertragen der Vergatterungslinien in die Seitenansicht
③ Weiterführung parallel zur Gauben-Firstlinie bis zur Pultdach-Neigungslinie
④ Übertragen der Vergatterungslinien in den Grundriss
⑤ Verschneiden der Vergatterungslinien in den Verschneidungsgrundpunkten

⑤ Verbinden der Verschneidungsgrundpunkte zur **Verschneidungsgrundlinie**.

Setzten sich die Stirnrahmenbögen aus Kreisteilbögen zusammen, so ergibt die Vergatterung jeweils Teilellipsenbögen.
Diese lassen sich mittels CAD sehr schnell zeichnen (**Bild 5**). Allerdings muss hierzu die Voraussetzung geschaffen werden, indem die Kreisteilbögen in der Vorderansicht zu Viertelkreisen verlängert

werden (**P1** beziehungsweise **P2**), um in der Vergatterung die Punkte (**kA** = kleine Achse, **gA** = große Achse) für die CAD-Konstruktion der Ellipsen zu erhalten.

Der „Wendepunkt" **W** der Verschneidungslinie liegt in allen Ansichten auf der Verbindungslinie zwischen den Kreis- beziehungsweise Ellipsenmittelpunkten (**Bild 5**).
Die Maßlatten verdeutlichen die Situation.

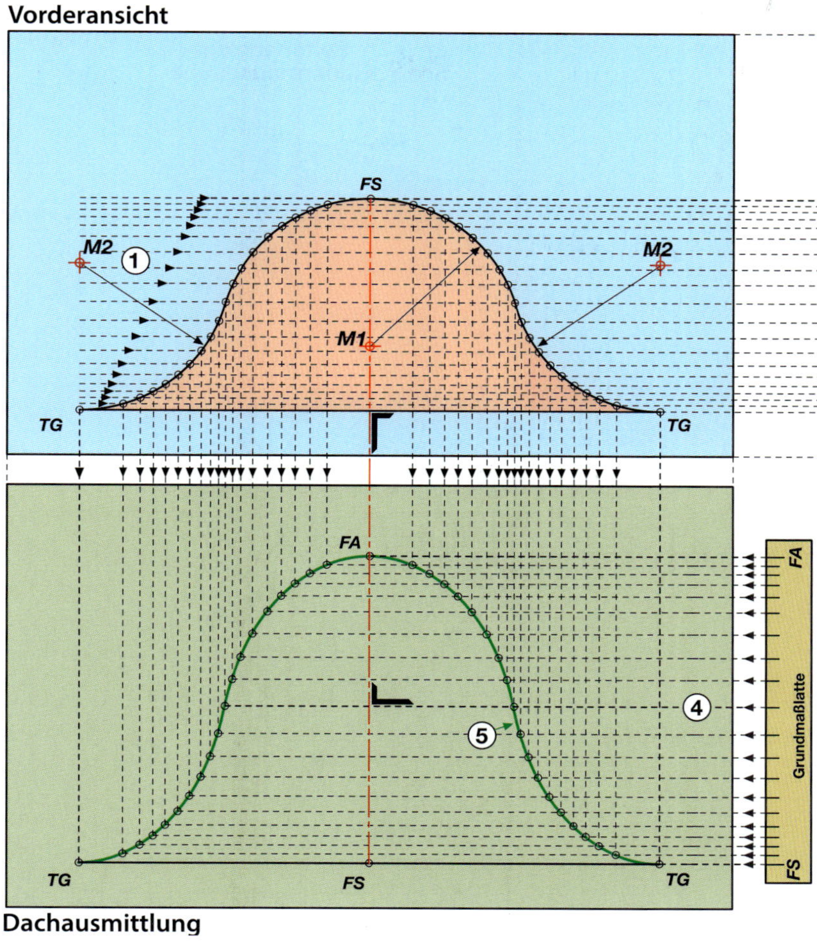

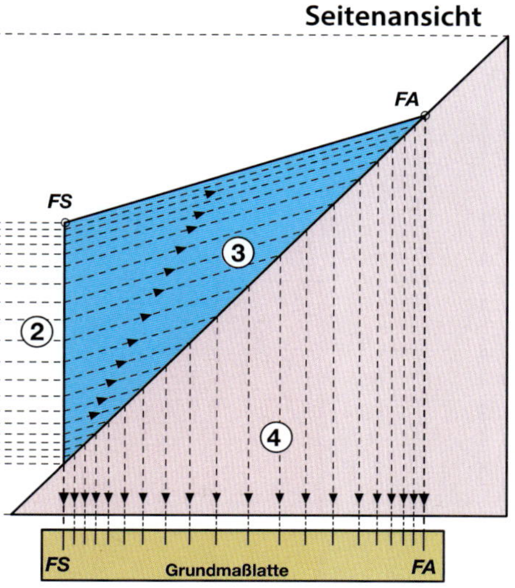

Vorderansicht

Seitenansicht

FA

FS

①

M2

③

M2

M1

②

④

TG

TG

FS

Grundmaßlatte

FA

Dachausmittlung

FA

FS

④

⑤

Dachausmittlung
als Draufsicht auf das Modell

TG

FS

TG

Dachausmittlung

Grundmaßlatte

FA

FS

Bild 4: *Vergatterung der Dachausmittlung auf herkömmliche Weise mit dem Parallelschnittverfahren. Im steilen Bereich der Stirnrahmenkurve werden weniger, in den flacheren Bereichen werden mehr Höhenlinien für eine gute Näherungsgrafik benötigt.*

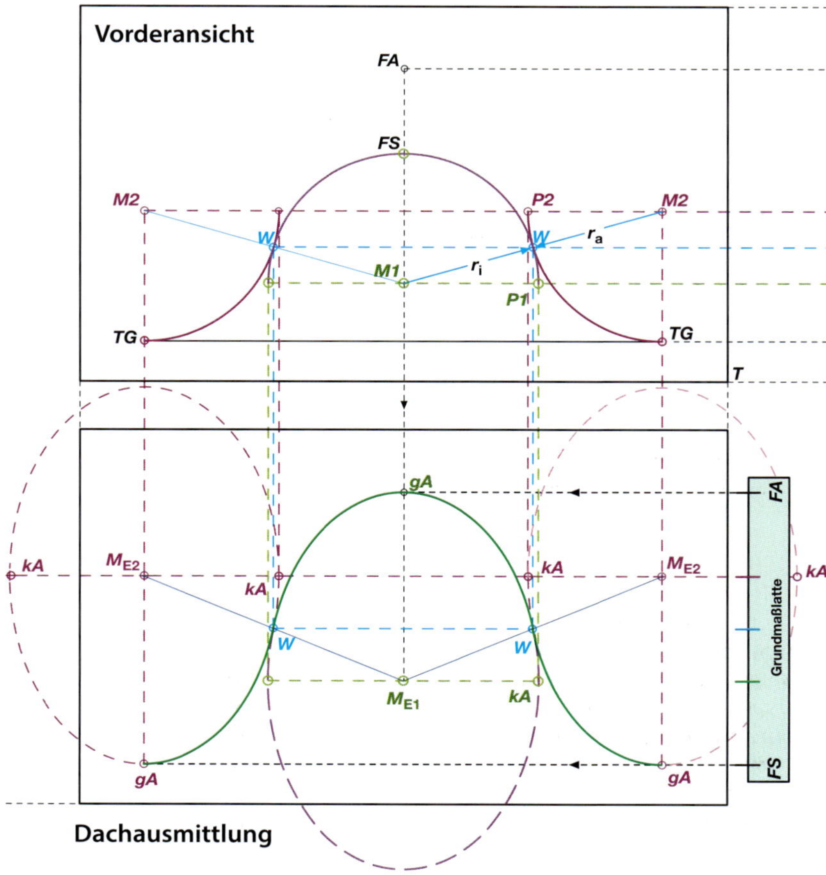

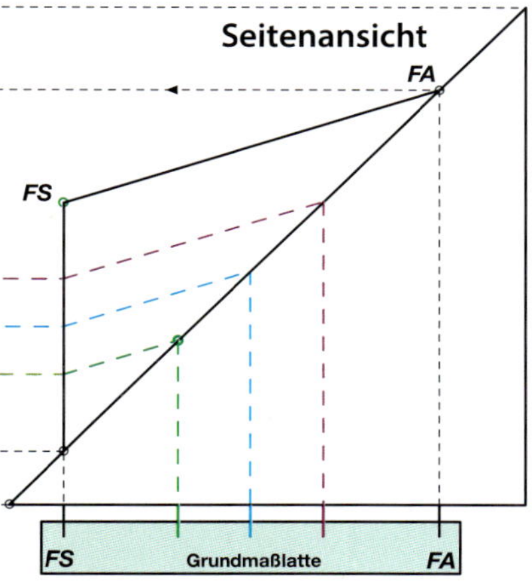

Vorderansicht

Seitenansicht

FA

FA

FS

FS

M2

P2

M2

W

W

r_a

M1

r_i

P1

TG

TG

T

FS

FA

Grundmaßlatte

FS

FA

kA

M_{E2}

kA

M_{E2}

kA

gA

kA

W

W

kA

Grundmaßlatte

FS

M_{E1}

gA

gA

Bild 5: *Darstellung der Dachausmittlung mittels CAD-Programm. Für die Erzeugung der Verschneidungsgrundlinien müssen „ganze" Ellipsen gezeichnet und dann „gestutzt" werden. Hierfür werden jeweils die Ellipsenmittelpunkte M_{E1} und M_{E2} und die Punkte für die kleine (kA) und die große Achse (gA) benötigt.*

Dachausmittlung

Basiswissen Vergatterung

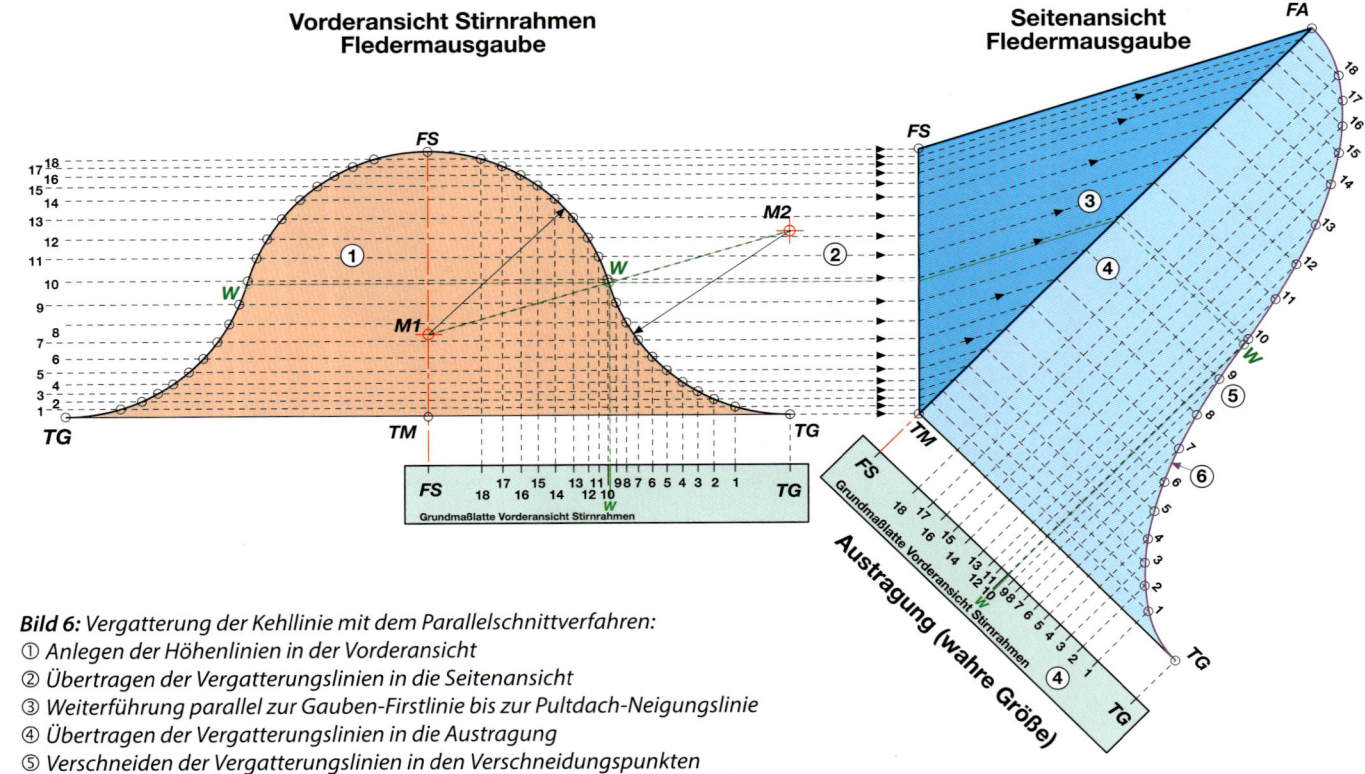

Bild 6: *Vergatterung der Kehllinie mit dem Parallelschnittverfahren:*
① *Anlegen der Höhenlinien in der Vorderansicht*
② *Übertragen der Vergatterungslinien in die Seitenansicht*
③ *Weiterführung parallel zur Gauben-Firstlinie bis zur Pultdach-Neigungslinie*
④ *Übertragen der Vergatterungslinien in die Austragung*
⑤ *Verschneiden der Vergatterungslinien in den Verschneidungspunkten*
⑥ *Verbinden der Verschneidungspunkte zur* Verschneidungslinie.

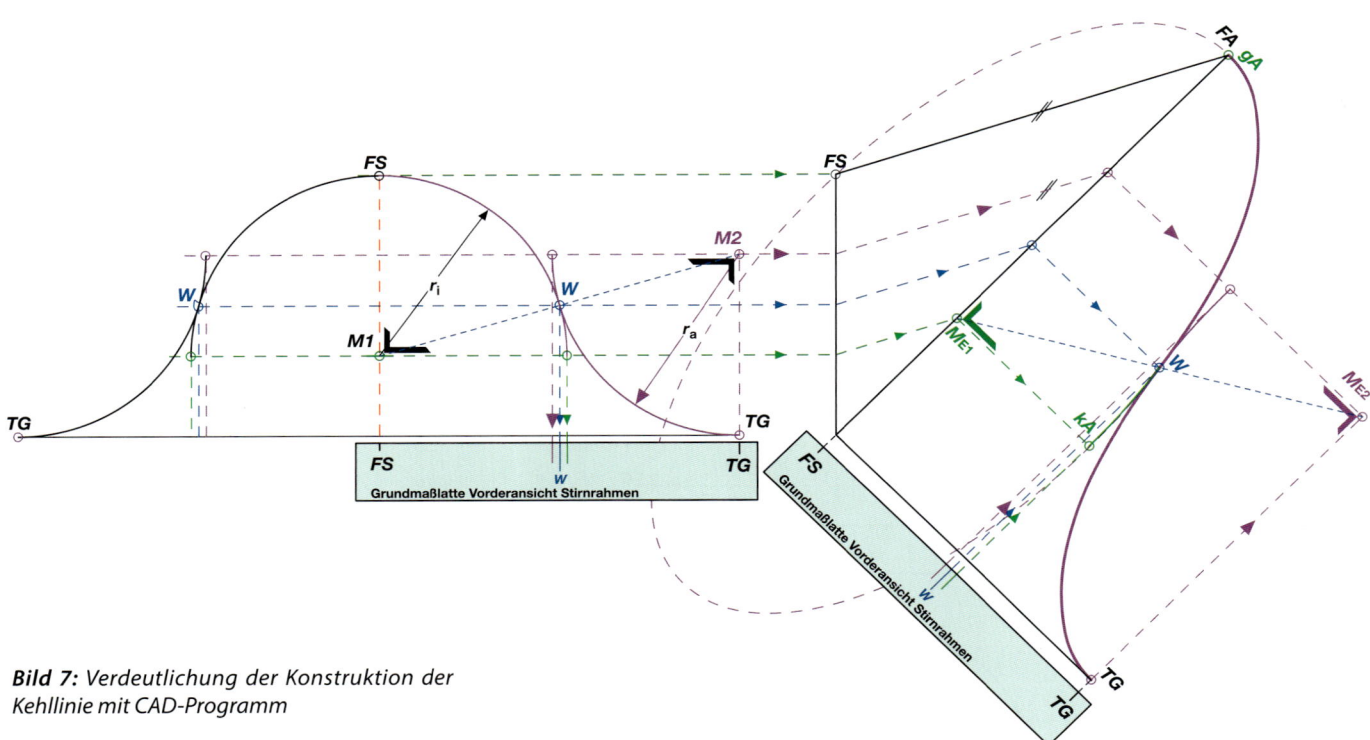

Bild 7: *Verdeutlichung der Konstruktion der Kehllinie mit CAD-Programm*

Vergatterung der Kehllinie

Voraussetzung für die Konstruktion der Kehlbohle ist die Ermittlung der wahren Form der *Kehllinie* in der Dachflächenebene des Pultdaches.

Bild 6 zeigt die herkömmliche Verfahrensweise mittels Parallelschnittverfahren. Die Darstellung geht zurück auf **Bild 4**.

So, wie sich die Kehllinie im Grundriss (der Dachausmittlung) als zusammengesetzte Ellipsenteile darstellt, ist auch die Verschneidungslinie selbst aus Ellipsenteilen zusammengesetzt.

Bei der Konstruktion mit CAD-Programm **(Bild 7)** wird für die Konstruktion einer Ellipse beispielsweise das Ellipsenzentrum (M_{E1}) und die Endpunkte der kleinen (*kA*) und der großen (*gA*) Ellipsenachsen benötigt. Die für den oberen Teil der Verschneidungslinie erforderliche Ellipse ist in **Bild 7** zur Verdeutlichung komplett gezeichnet. Der gestrichelte Teil wird nach der Konstruktion abgeschnitten.

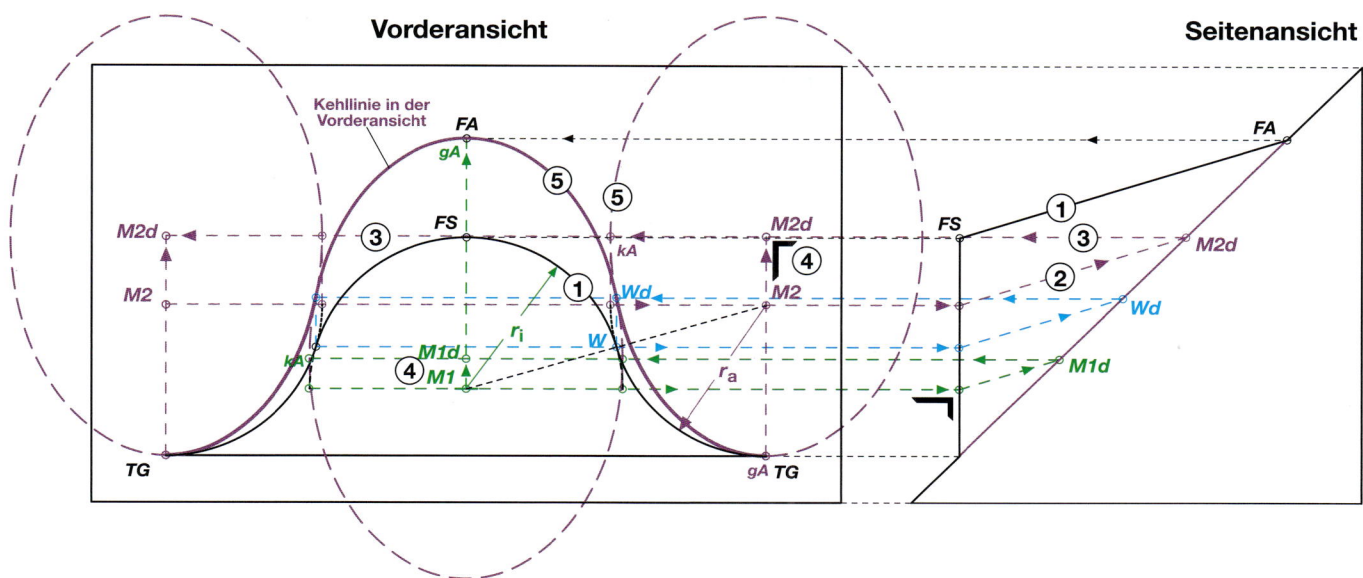

Bild 8: *Darstellung der Kehllinie in der Vorderansicht: ① Reißen der Stirnrahmenkontur und der Gauben-Seitenansicht: damit die Ellipsen gerissen werden können, müssen volle Halbkreise gezeichnet werden; ② Übertragen der Ellipsenmittelpunkte M1 und M2 und des „Kurvenwendepunktes" W in die Dachflächenebene (M1d, M2d und Wd); ③ Rückübertragung dieser Punkte in die Vorderansicht; ④ Die Mittelpunkte verschieben sich in der Vorderansicht senkrecht; ⑤ Zeichnen der Ellipsenkurven, die nicht benötigten Teile sind strichliert*

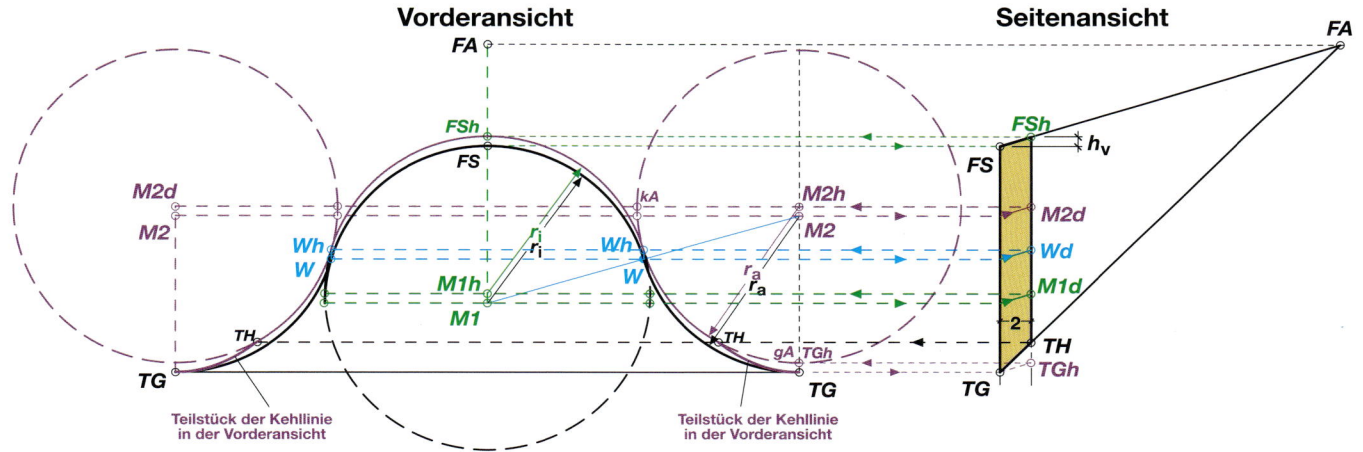

Bild 9: *Ermittlung der Abgratungslinie des Gaubenstirnrahmens mit der Vorgehensweise in Bild 8. Die Kurven bleiben Teilkreisbögen, weil sie lediglich in Firstlinienrichtung parallel verschoben werden.*

Nun wird zunächst gezeigt, wie die Vorderansicht der Kehllinie dargestellt wird. Dann wird auf die Ermittlung der Abbundmaße des Stirnrahmenelements, des Schifterelements und der Kehlbohle der Fledermausgaube eingegangen.

Die Vorderansicht der Kehllinie

Die Vorderansicht der Kehllinie wird für das Anreißen der Kehlboh-le nicht benötigt. An ihr lässt sich aber grundsätzlich darstellen, wie Kurven in der Ansicht konstruiert werden.

Dies kommt spätestens bei der Darstellung des Gaubenstirnrahmens und der Schifterelemente zum Tragen.

Bild 8 zeigt den Vorgang in der Weise, dass das Ellipsenzentrum und die kleine und die große Ellipsenachse festgelegt werden. Hiermit kann die gesamte Ellipse mittels CAD oder einer der bekannten Ellipsenhilfskons-truktionen gezeichnet werden. Die Vorgehensweise ist mit der fortlaufenden Nummerierung nachzuvollziehen.

Der Gaubenstirnrahmen

Der Aufriss zur Ermittlung der Kehllinie in **Bild 8** kann wenig verändert zur Darstellung von Gaubenstirnrahmen und Schifterelementen dienen.

Bild 9 zeigt die Situation, wobei von der Kehllinie nur noch die geneigte Verbindung *TG-TH* zwischen Vorder- und Hinterkante des Stirnrahmenholzes verbleibt (violett gezeichnet).

Die Abgratungslinie des Stirnrahmenholzes hat die gleiche Kurvenform wie die Stirnrahmenkontur, weil lediglich eine Parallelverschiebung stattfindet (**Bild 10**).

Für das Anreißen des Stirnrahmenholzes (**Bild 11**) genügt es demnach, die Kontur der Vorderseite um das senkrechte Verstichmaß h_v (siehe **Bild 9**) versetzt auf die Hinterseite des Holzes zu reißen.

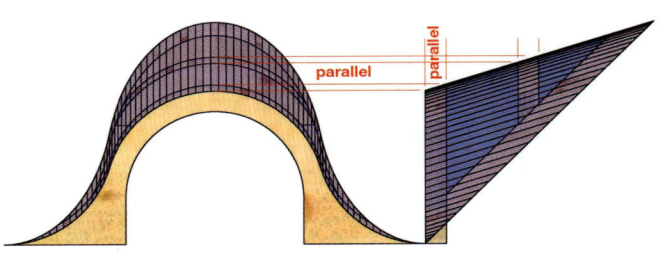

Bild 10: *Die Abgratungslinien des Stirnrahmenholzes und der Schifterelemente sind Parallelverschiebungen der Kreisteilbögen in der Vorderansicht.*

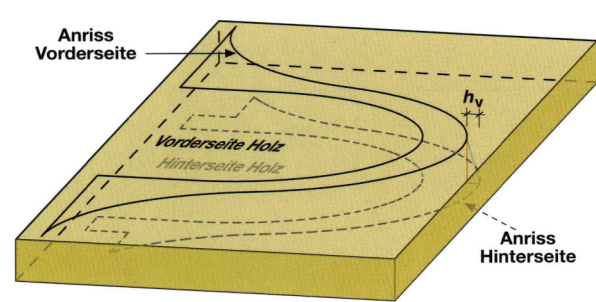

Bild 11: *Mögliche Vorgehensweise beim Anreißen der Abgratungslinie des Stirnrahmens (und der Schifterelemente)*

Die Abgratungslinie der Kehlbohle

Ähnlich verhält es sich mit der Abgratungslinie der Kehlbohle.

Bild 12 zeigt die Kehlbohle des Modelles in einer Schrägansicht. Die Kehllinie ist gelb, die Abgratungslinie violett eingezeichnet. Die blauen Linien entsprechen der Gaubenfirstlinie beziehungsweise beliebigen Parallelen dazu.

Bild 13 zeigt die Vergatterung der Kehlbohlen-Abgratungslinie, ausgeführt mit dem Parallelschnitt-

verfahren. Dabei wird zunächst die Dicke der Kehlbohle (2 cm) an der Pultdachneigungslinie angetragen.

Der untere Abschnitt (Punkte „Bohle-oben" *Bo* und „unten" *Bu*) ergibt sich aus der Senkellinie der Hinterseite des Stirnrahmens.

Es empfiehlt sich, die Punkte *Bo* und *Bu* „in umgekehrter Richtung" – also von der Seitenansicht ausgehend – zur Erzeugung von Vergatterungslinien heranzuziehen.

Der Vorteil zeigt sich in der Austragung, wo die Punkte über die Grundmaßlatte schnell und eindeutig festgelegt werden können.

Die Verbindungslinie zwischen *Bo* und *Bu* in der Austragung (in **Bild 12** dick schwarz gezeichnet) muss nicht konstruiert werden, sie ergibt sich bei der Ausarbeitung des Holzes von selbst.

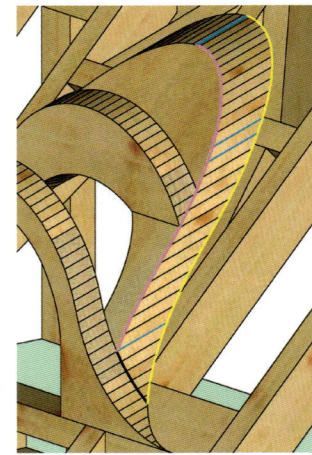

Bild 12:
violett = Abgratungslinie
gelb = Kehllinie
blau = Gaubenfirstlinie und
Parallelen dazu

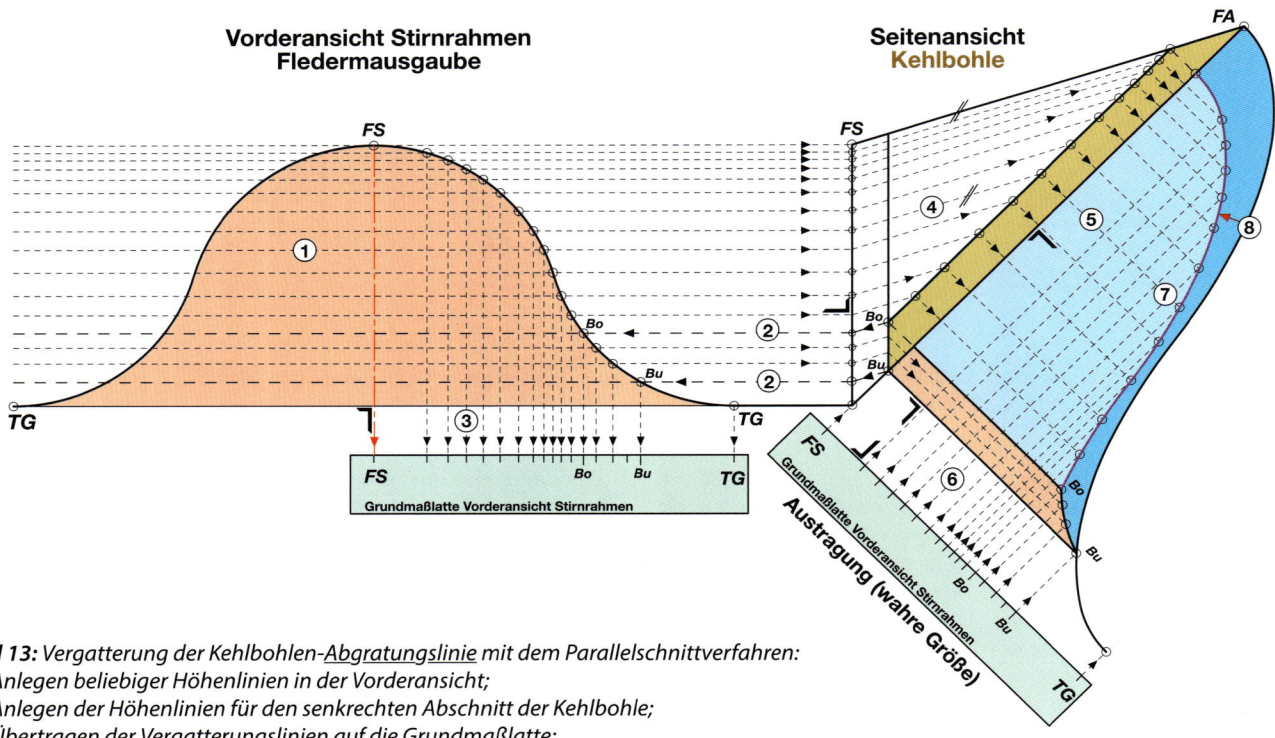

Bild 13: *Vergatterung der Kehlbohlen-Abgratungslinie mit dem Parallelschnittverfahren:*
① *Anlegen beliebiger Höhenlinien in der Vorderansicht;*
② *Anlegen der Höhenlinien für den senkrechten Abschnitt der Kehlbohle;*
③ *Übertragen der Vergatterungslinien auf die Grundmaßlatte;*
④ *Übertragen der Vergatterungslinien in die Seitenansicht, parallel zur Gaubenfirstlinie;*
⑤ *Übertragen der Vergatterungslinien in die Austragung, rechtwinklig zur Pultdachebene;*
⑥ *Übertragen der senkrechten Vergatterungslinien von der Grundmaßlatte;*
⑦ *Verschneiden der Vergatterungslinien in den Verschneidungspunkten auf der Abgratungslinie;*
⑧ *Verbinden der Verschneidungspunkte zur Abgratungslinie.*

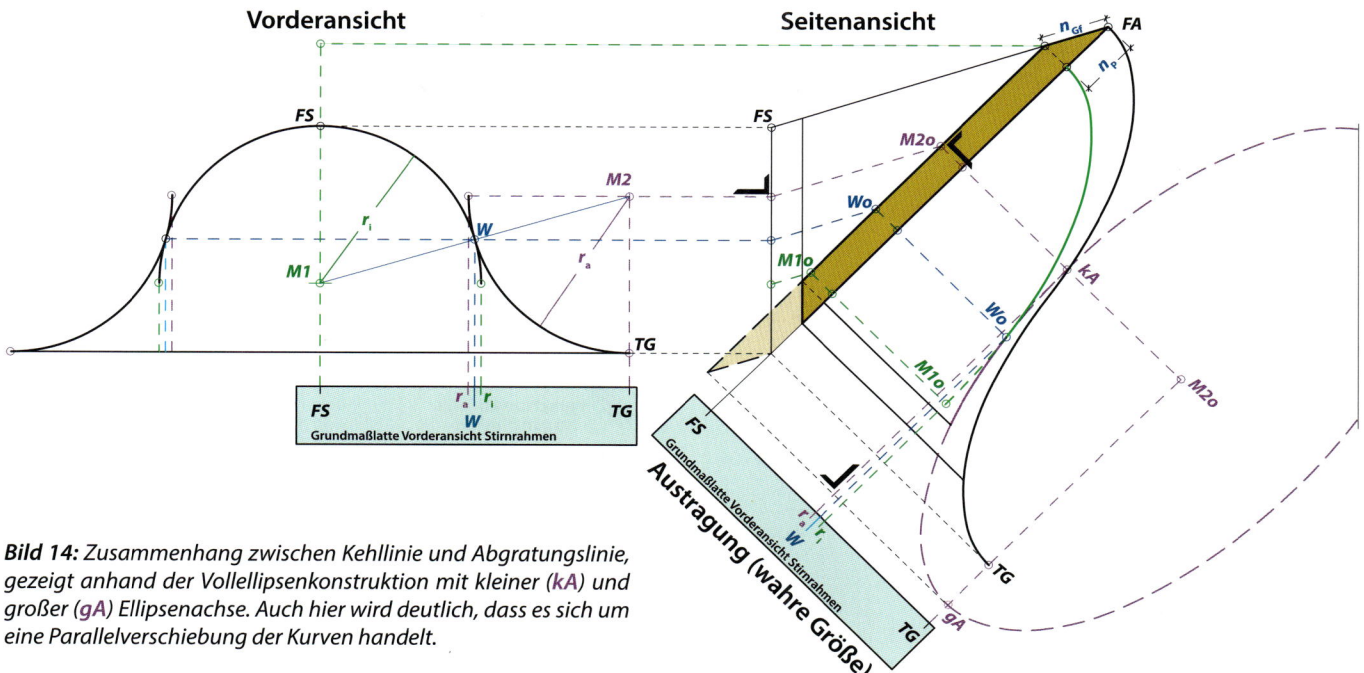

Bild 14: *Zusammenhang zwischen Kehllinie und Abgratungslinie, gezeigt anhand der Vollellipsenkonstruktion mit kleiner (kA) und großer (gA) Ellipsenachse. Auch hier wird deutlich, dass es sich um eine Parallelverschiebung der Kurven handelt.*

In **Bild 14** ist die Abgratungslinie mit der „Vollellipsenkonstruktion" entwickelt.

Auch hier zeigt sich, dass die Kurve um das Neigungsmaß n_P in Pultdachebene beziehungsweise um das Neigungsmaß n_{GF} in Richtung der Gaubenfirstlinie parallel verschoben ist.

Die innenseitige Begrenzung

Die innenseitige Begrenzung der Gaubenbauteile wird durch einen waagerecht verlaufenden halbzylinderförmigen Ausschnitt gebildet (**Bild 1** und **Bild 15**). Die Schnittfigur ist eine Ellipse und kann – wie in **Bild 15** dargestellt – mit der „Vollellipsenkonstruktion" gerissen werden.

Anreißen der Kehlbohle

Wurde die Kehlbohle mit CAD konstruiert, ist für das Modell die Herstellung einer Schablone schnell ausführbar. In der Praxis kann sich die Schablone aus dünnem Sperrholz lohnen, wenn mehrere Gauben anzufertigen sind.

Im Einzelfall dürfte das Bemaßen und Übertragen der Kurven auf das Kehlbohlenholz der rationellste Weg sein (**Bild 16**).

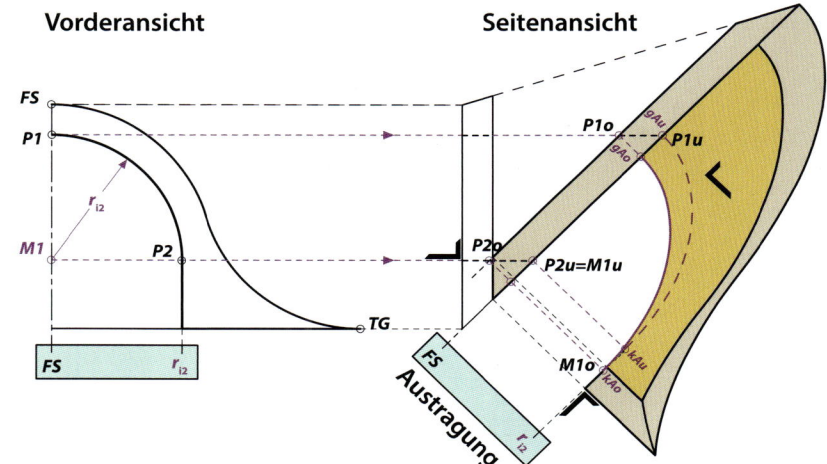

Bild 15: *Reißen der Abschnittskurven für den innenseitigen Ausschnitt*

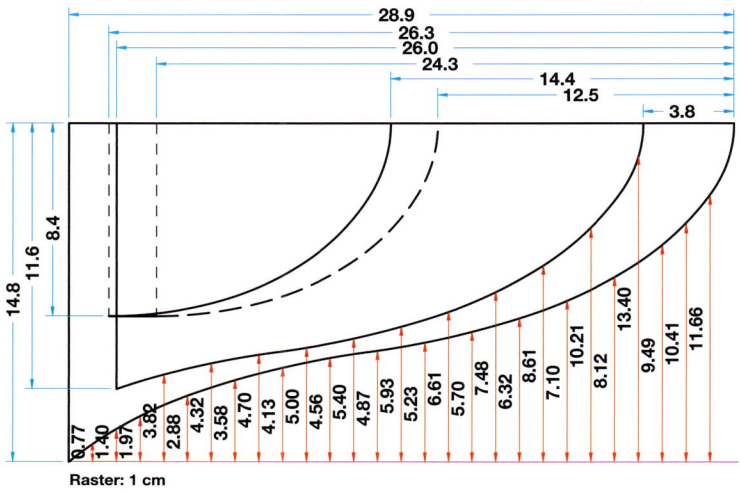

Bild 16: *Hier sind die Begrenzungslinien der Kehlbohle für das Anreißen am Holz beziehungsweise für das Anfertigen einer Schablone bemaßt.*

Aufgabe 7:   Tonnendach mit gekrümmtflächiger Gaube

Die Verschneidung ungleich gekrümmter Flächen erzeugt eine Verschneidungslinie, die keine ebene Kurve, sondern eine räumliche Kurve (Raumkurve) darstellt.
Bei ebenen Kurven ist die Darstellung ihrer wahren Größe beispielsweise durch Aus- oder Abklappen in eine Ebene möglich. Bei räumlichen Kurven ist dies nicht möglich (**Bild 1**).

Das Modell

Bild 2 zeigt das Modell und die für den Nachbau erforderlichen Maße in unterschiedlichen Ansichten.
Obwohl sich das Modell nur aus wenigen Bauteilen zusammensetzt, müssen sich die Erläuterungen der Vorgehensweise auf wenige wichtige Elemente beschränken.

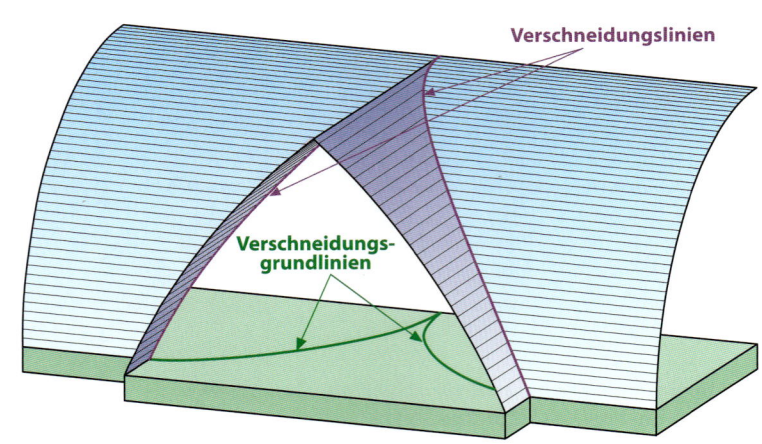

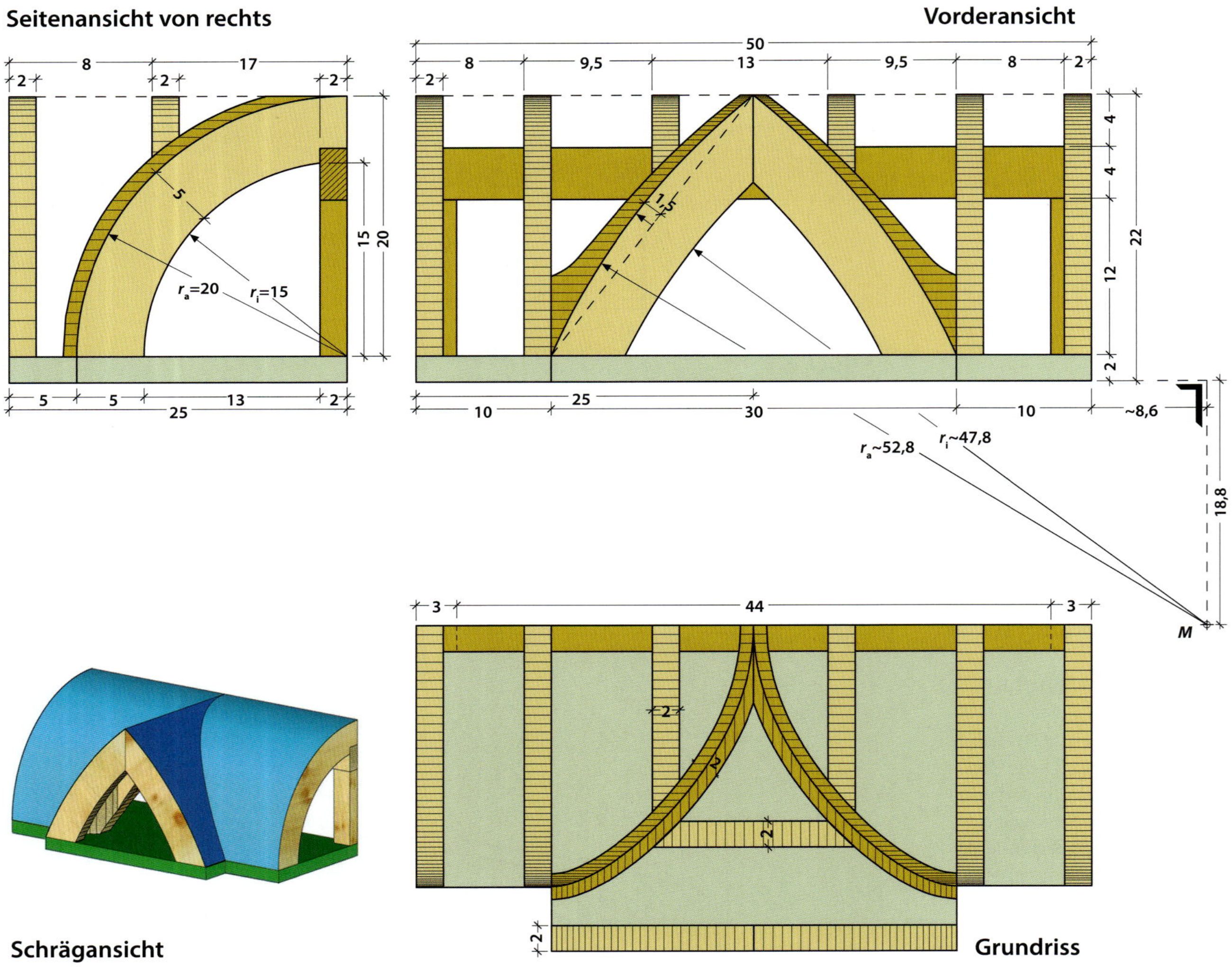

Bild 1: Werden zwei ungleich gekrümmte Flächen miteinander verschnitten, so ergibt sich eine Raumkurve als Verschneidungslinie, die nicht unmittelbar in einer Ebene darstellbar ist.

Seitenansicht von rechts

Vorderansicht

Schrägansicht

Grundriss

Bild 2: Maßliche Beschreibung des Modelles mit Grundriss, Vorderansicht, Seitenenansicht von rechts und einer dreidimensionalen Ansicht mit „Dachhaut"

Bild 3 gibt einen Hinweis zur Konstruktion des Anbau-Sparrenelementes.

Grundsätzliches

Die Darstellung der wahren Größen der Raumkurven (Verschneidungslinien) gelingt ohne Hinzuziehung von 3D-Volumenprogrammen und CNC-Maschinen nur mit Näherungsverfahren wie dem Parallelschnittverfahren und der Abwicklung. Bei der Bearbeitung mit herkömmlichen Mitteln der Geometrie ist deshalb sorgfältiges und genaues Arbeiten erforderlich.

Die Dachausmittlung

Zimmerleute werden die Dachausmittlung bei einer solchen Aufgabenstellung am sichersten mit dem Parallelschnittverfahren durchführen (**Bild 4**).

Die Konstruktion der Abbildung von Raumkurven auf Ebenen mit Mitteln der analytischen Geometrie bleiben dem mathematisch besonders Geschulten vorbehalten.

Die mögliche Vorgehensweise ist nach den vorausgehenden Aufgaben bekannt:

① Anlegen der Höhenlinien in den Normalprofilen
② Übertragen der Lage der Höhenlinien-Schnittpunkte mit Vergatterungslinien in den Grundriss
③ Übertragen der Lage der Höhenlinien-Schnittpunkte aus dem Tonnendachprofil auf die entsprechende Grundmaßlatte.
④ Verschneiden der Vergatterungslinien in den Grundverschneidungspunkten **VG**
⑤ Verbinden der Verschneidungsgrundpunkte zur **Verschneidungsgrundlinie**.

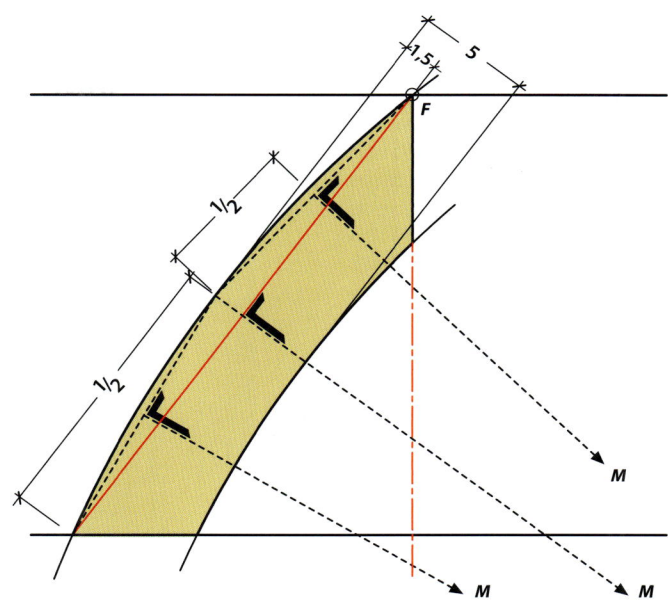

Bild 3: Konstruktion des Teilkreisbogens für das Anbauprofil. **M** liegt auf dem Schnittpunkt der Mittelsenkrechten der Sehnen (siehe auch **Bild 2**)

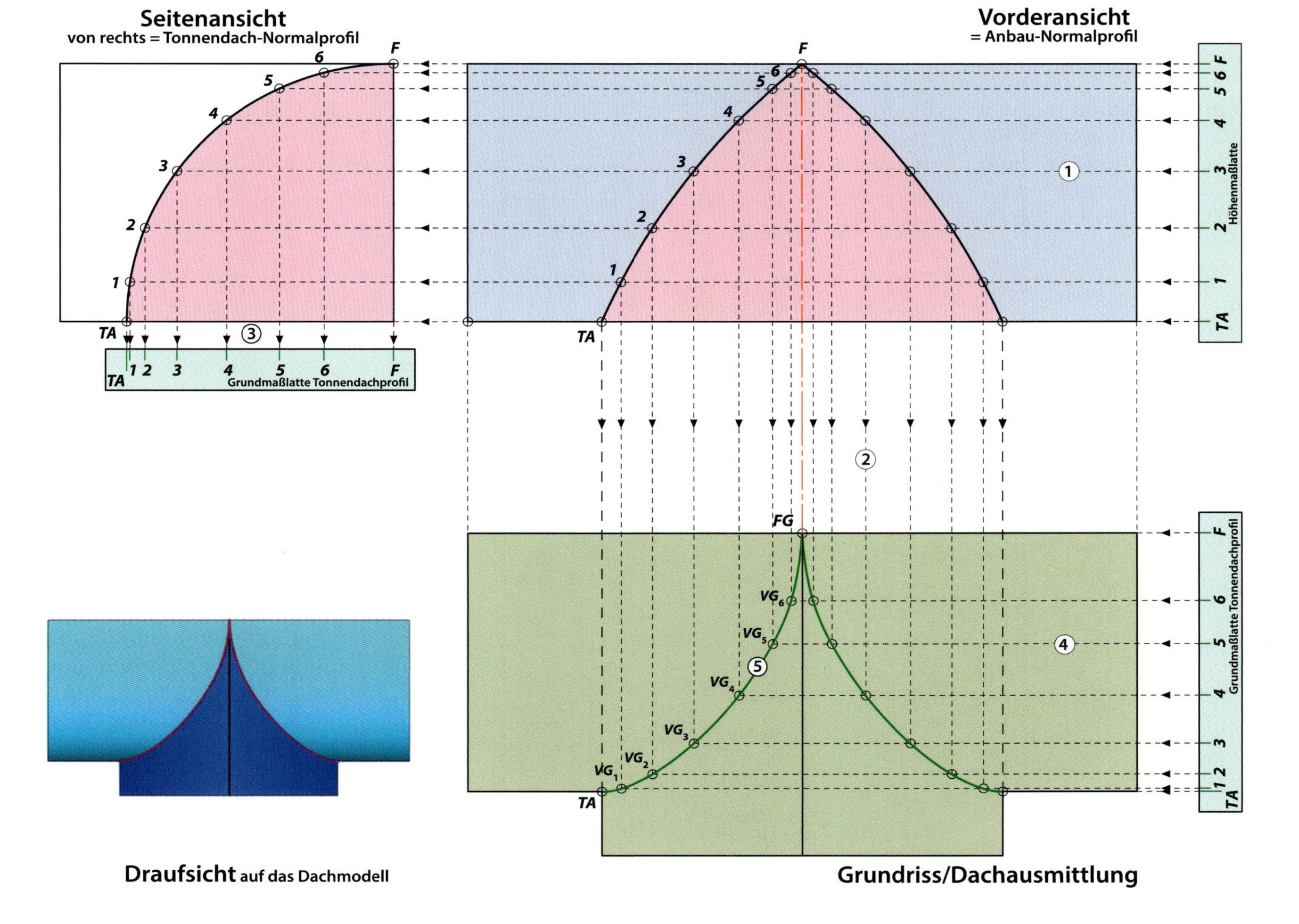

Seitenansicht
von rechts = Tonnendach-Normalprofil

Vorderansicht
= Anbau-Normalprofil

Draufsicht auf das Dachmodell

Grundriss/Dachausmittlung

Bild 4: Für Zimmerleute ist die Dachausmittlung mittels Vergatterung (Parallelschnittverfahren) der einfachste Weg.

Das Kehlelement

Das Kehlelement soll in seiner Form der Verschneidungslinie folgen und zum Tonnendach und zum Anbau hin die gleiche Dicke aufweisen. **Bild 5** gibt Hinweise zur Konstruktion der Kehlelement-Außenkanten mittels CAD, falls dieses die Funktion „Parallele zu Kurve in bestimmtem Abstand" nicht bereitstellt.

Die Grundverschneidungslinie ist durch die Dachausmittlung festgelegt, die Breite des Kehlelementes ist auch bekannt. Nun geht es um die Begrenzung nach oben, also die Begrenzungslinien zu den Dachflächen von Tonnendach und Anbau.

Das Kehlelement kann man sich nun vorstellen als senkrecht aus dem Dachkörper herausragendes Bauteil, das nun entsprechend „zugeschnitten" werden muss (**Bild 6**).

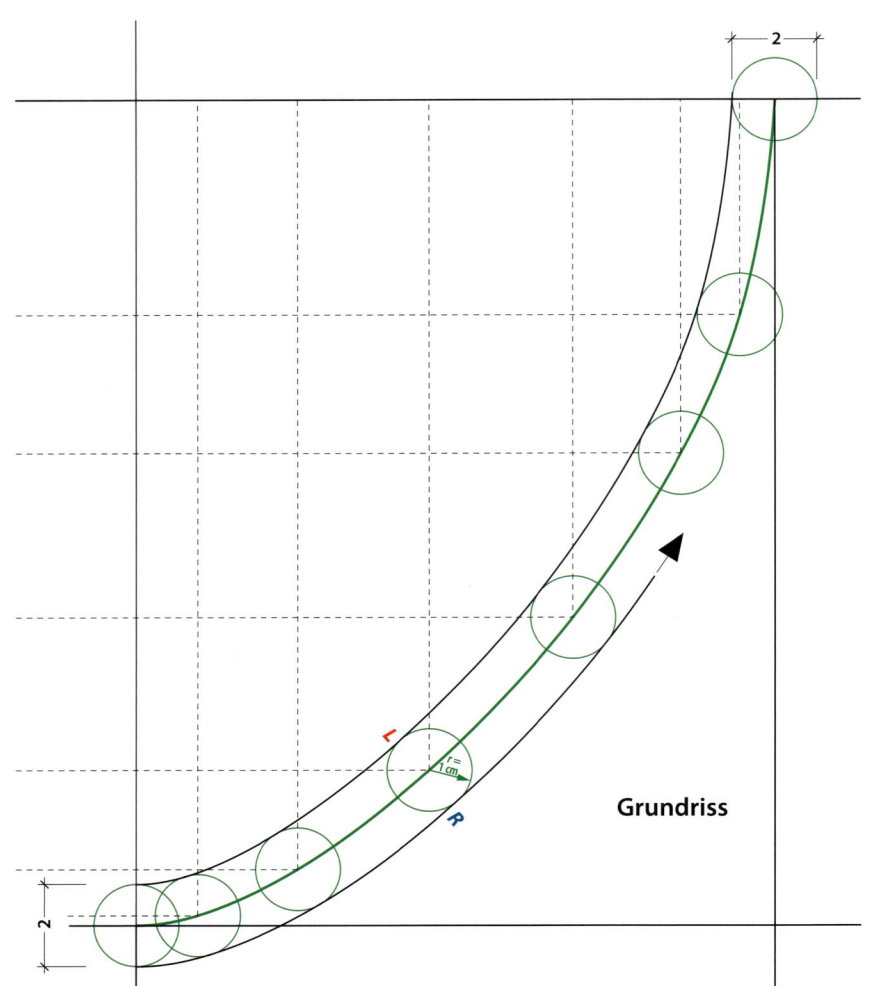

Grundriss

Bild 5: Festlegen der Außenkanten des Kehlelementes durch Hilfskreise mit **r = 1 cm** und Verwendung der CAD-Funktion „Bogen", Fangfunktion „Tangente an Kreis".

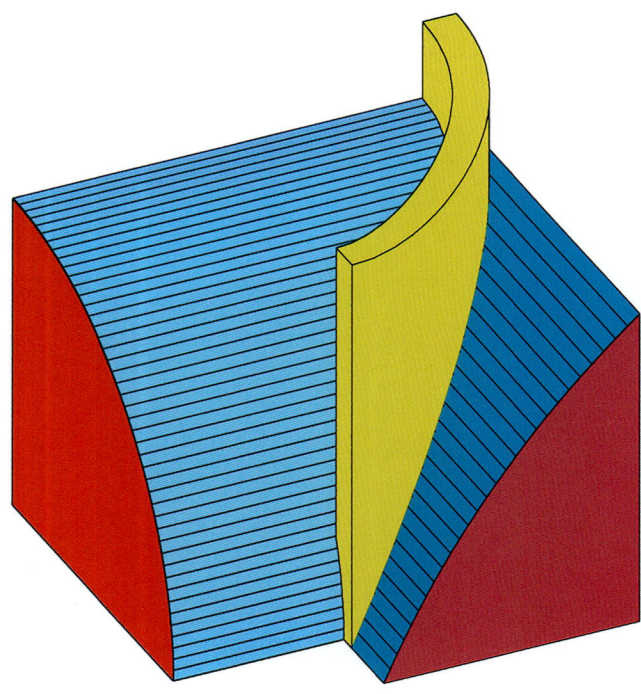

Bild 6: Kehlelementkörper vor der Bearbeitung

Bild 7 zeigt die Vergatterung des Kehlelementes zur Tonnendachseite hin. Es wird die Überhöhungslinie links in der **Vorderansicht** (!) erkennbar.
Die Dicke des Kehlelementes bewirkt, dass die Überhöhungslinie verhältnismäßig hoch in Punkt **P** in die gekrümmte Fläche des Tonnendaches einmündet.
Dieser Punkt ist im Tonnendachprofil einfach festzulegen.

Die Überhöhungslinie liegt nun in der Höhe fest. Ein Anreißen des Kehlelementholzes ist mit diesen Informationen allein jedoch nicht möglich.

Basiswissen Vergatterung

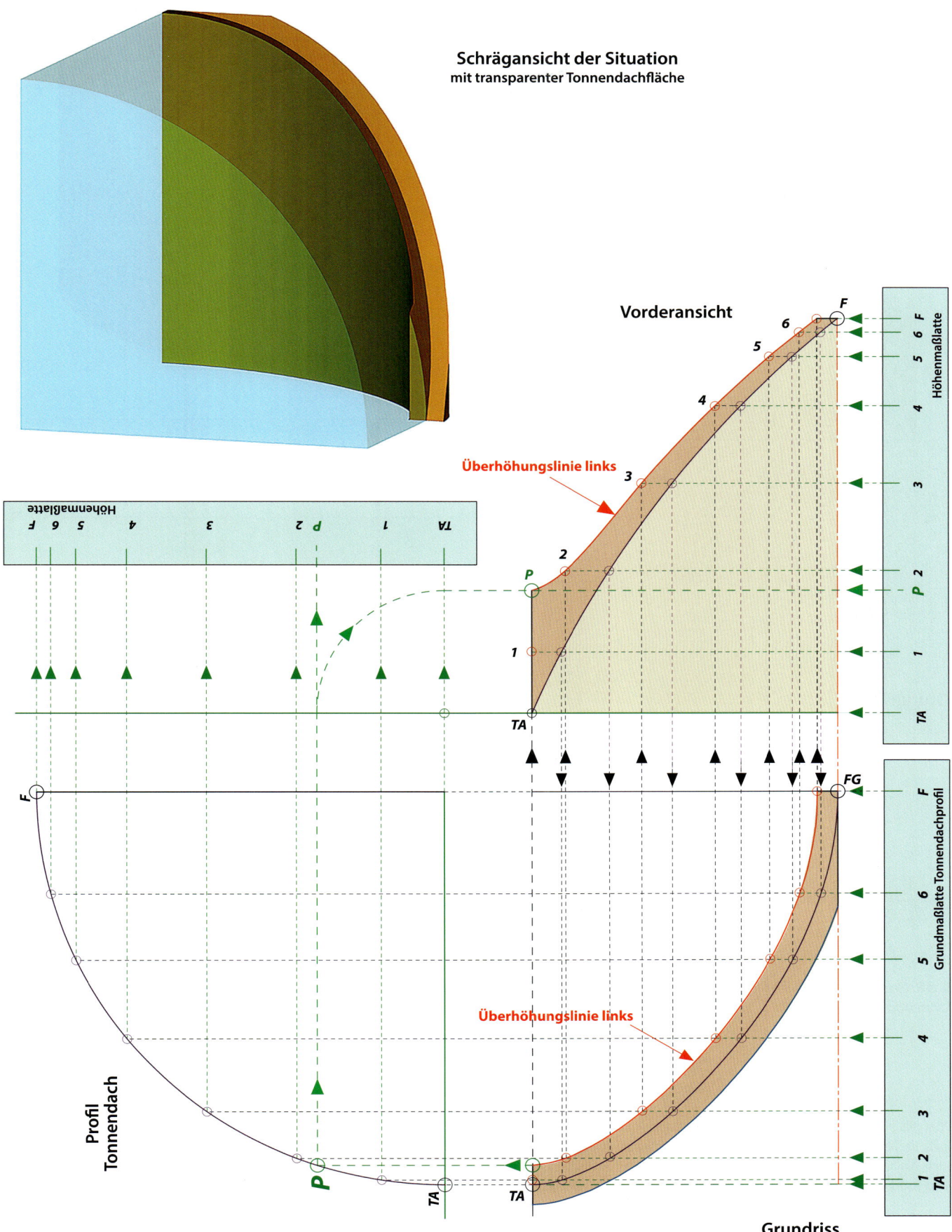

Schrägansicht der Situation
mit transparenter Tonnendachfläche

Vorderansicht

Überhöhungslinie links

Höhenmaßlatte

Profil Tonnendach

Grundmaßlatte Tonnendachprofil

Überhöhungslinie links

Grundriss

Bild 7: *Darstellung der Überhöhungslinie links (Bereich Tonnendach) durch Vergatterung. Bedingt durch die Holzbreite des Kehlelementes geht die Überhöhungslinie in Punkt **P** in die Tonnendachfläche über.*

Basiswissen Vergatterung

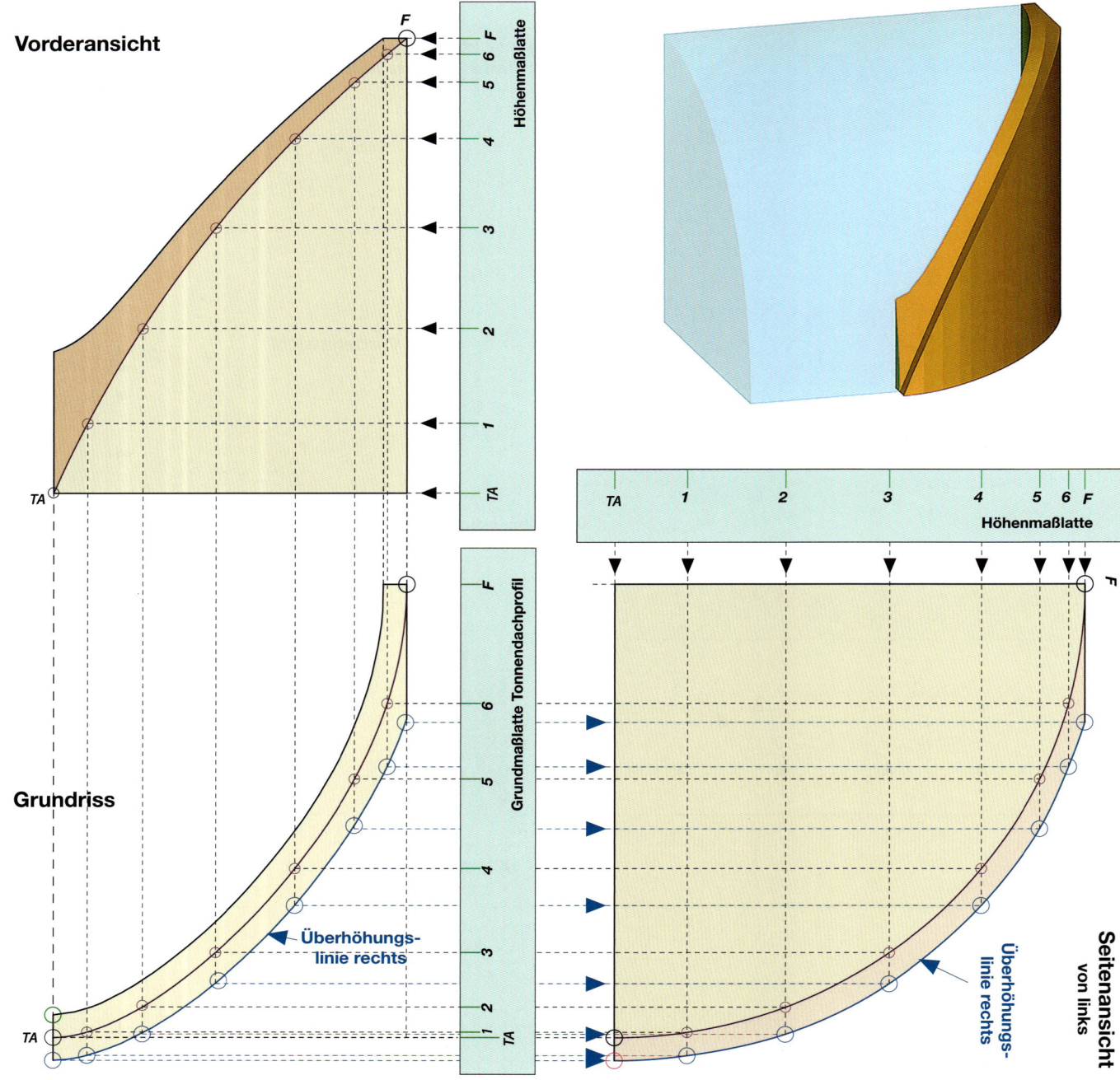

Bild 8: *Darstellung der Überhöhungslinie rechts (Bereich Anbaudach) durch Vergatterung.* **Oben:** *Schrägansicht der Situation mit transparenter Tonnendachfläche*

Das Anreißen des Kehlelementes

Dies gilt auch für die Ansicht von links, in der die Überhöhungslinie zum Anbaudach hin entwickelt wird (**Bild 8**).

Durch die Ansichten wird die Form des Bauteiles zwar etwas plastischer, für das Anreißen werden jedoch dreidimensionale Maße benötigt.
Die Ansichten liefern die Höhenmaße.
Horizontale Maße sind dem Grundriss zu entnehmen.

Nun fehlt noch die Methode, die Maße auf das Holz zu bringen.

Die Form des Kehlelementes (siehe **Schrägansichten in Bild 7** und **Bild 8**) erinnert an weitere gekrümmte Bauteile, mit denen der Zimmermann zu tun hat. Man findet sie im Treppenbau bei den

Wangen und Krümmlingen von gewendelten Treppen.

Von dort können zwei Vorgehensweisen entlehnt werden, die zum angerissenen und später zum ausgearbeiteten Kehlelement führen.

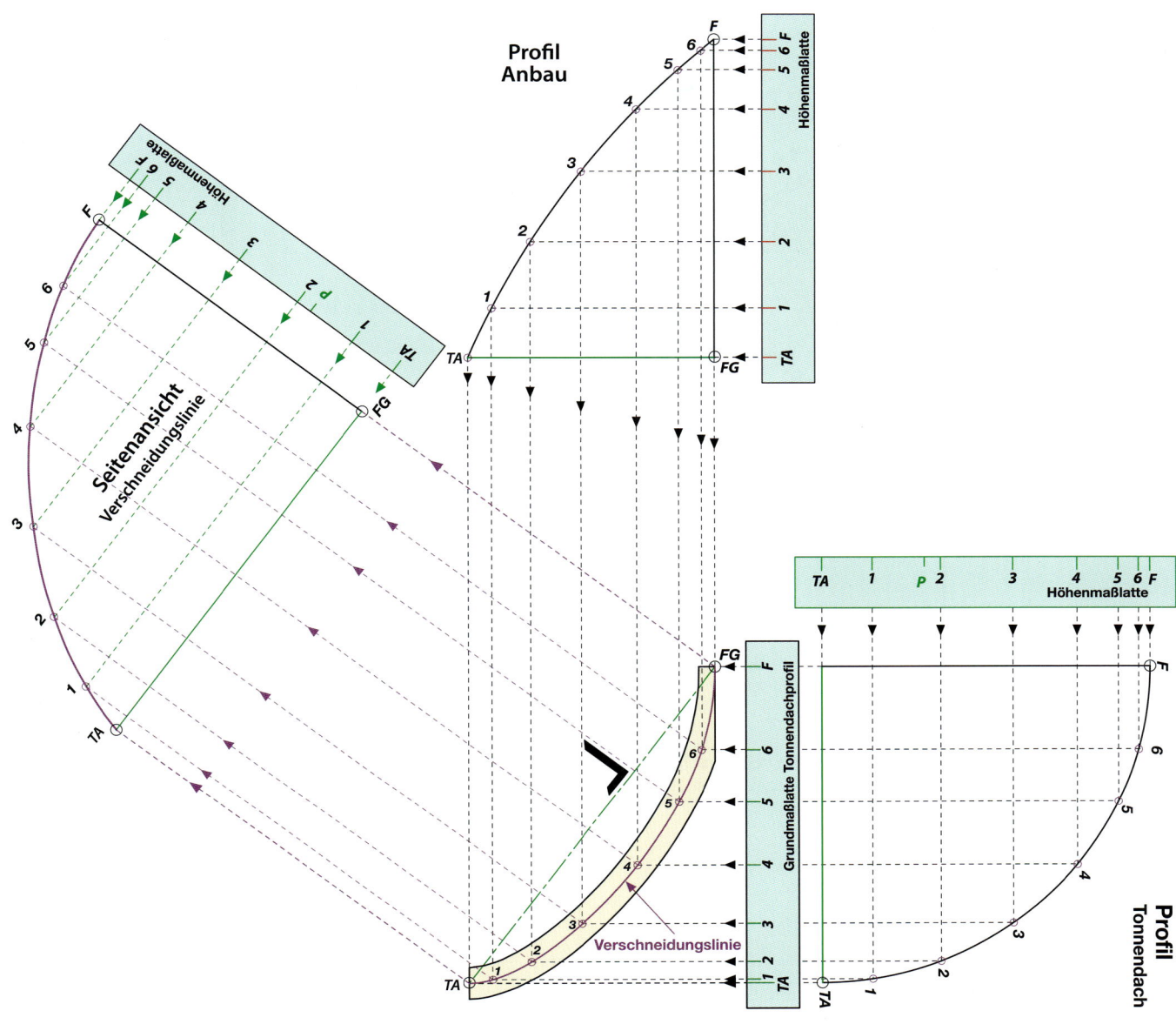

Bild 9: *Vergatterung der* <u>Ansicht</u> *der Verschneidungslinie (Kehllinie) des Kehlelementes rechtwinklig zur Verbindungslinie* **TA – FG.**

1. Kehlelement „aus dem Block geschnitten"

Die eine Methode, die hier erörtert werden soll, ist das „Herausarbeiten" des Kehlelementes aus einem kantigen Holzblock, dem **Rohling.** Die zweite Methode ist die Schichtverleimung (siehe **Seite 66**).

Bei der „Rohling-Methode" wird ein geeignetes Holzstück so platziert, dass es das herauszuarbeitende Element völlig umschließt und gleichzeitig Punkte oder Kanten des Elementes an seiner Oberfläche verlaufen. Dies er-

leichtert die Orientierung und das Anreißen. Bei der Platzierung des Rohlings soll die Faserrichtung so gewählt werden, dass das Element in der Praxis auch noch tragende Funktion übernehmen kann. In der Regel wird die Faserrichtung entsprechend der „Hauptrichtung" des Elementes gewählt.

Die Schwierigkeit bei der „Rohling-Methode" liegt darin, dass die Form des Elementes durch viele – möglicherweise irreführen-

de – Risse auf der Oberfläche des Rohlinges beschrieben werden muss. Es kommt hinzu, dass die Bearbeitungsschritte sehr gut geplant sein müssen, will man nicht Gefahr laufen, wichtige und später noch erforderliche Risse während der Bearbeitung zu entfernen.

Um ein Holz als Rohling wählen zu können, muss zumindest ungefähr die Größe und Form des auszuarbeitenden Elementes bekannt sein. Hierzu wird am

besten die Ansicht betrachtet, zu der die Kanten des Rohlings parallel verlaufen sollen. Einen Vorschlag zeigt **Bild 9**, wo Traufpunkt **TA** und Firstgrundpunkt **FG** zur Bezugsachse miteinander verbunden sind.
Bild 9 zeigt die Ermittlung der Verschneidungslinie in dieser Ansicht.

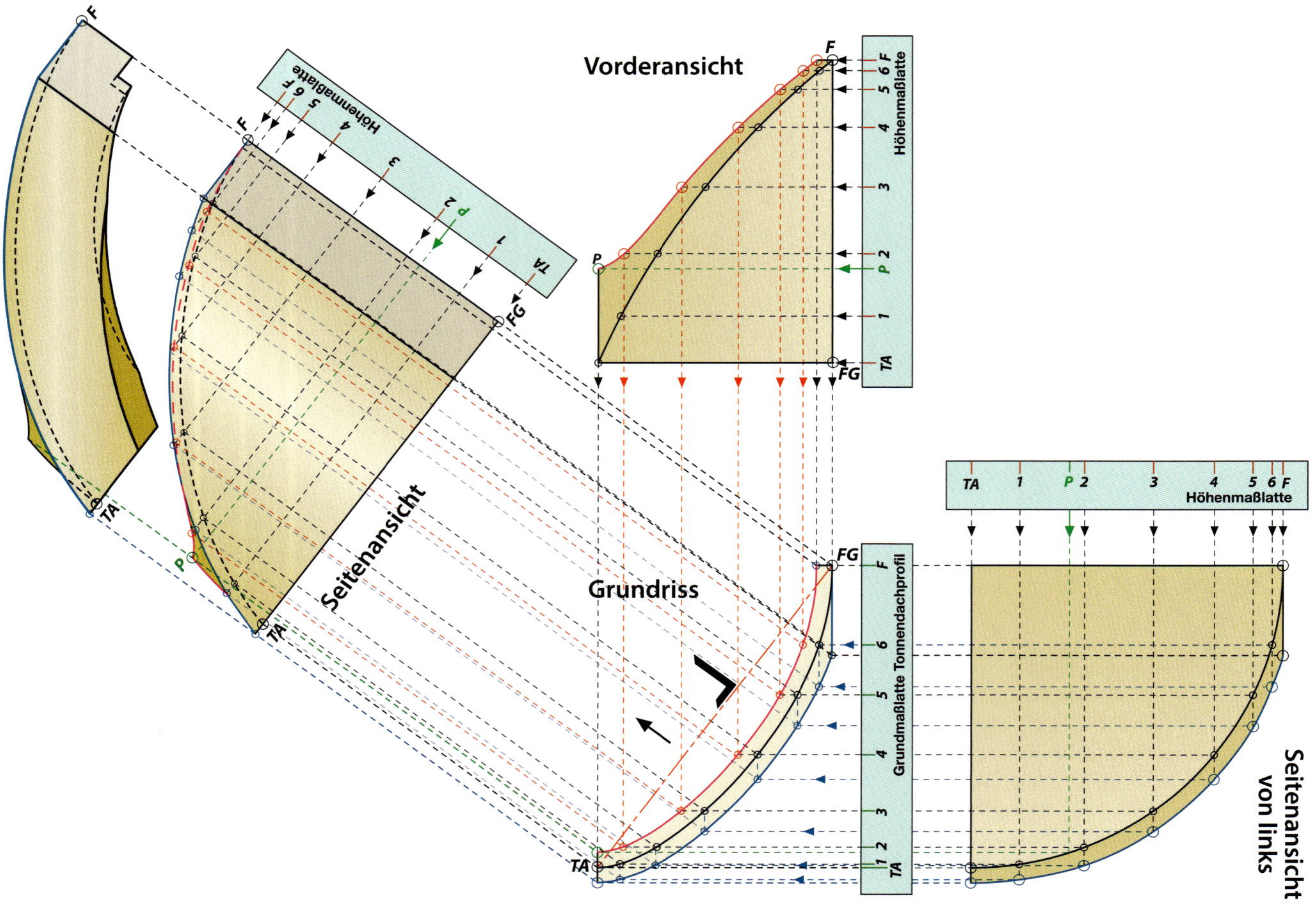

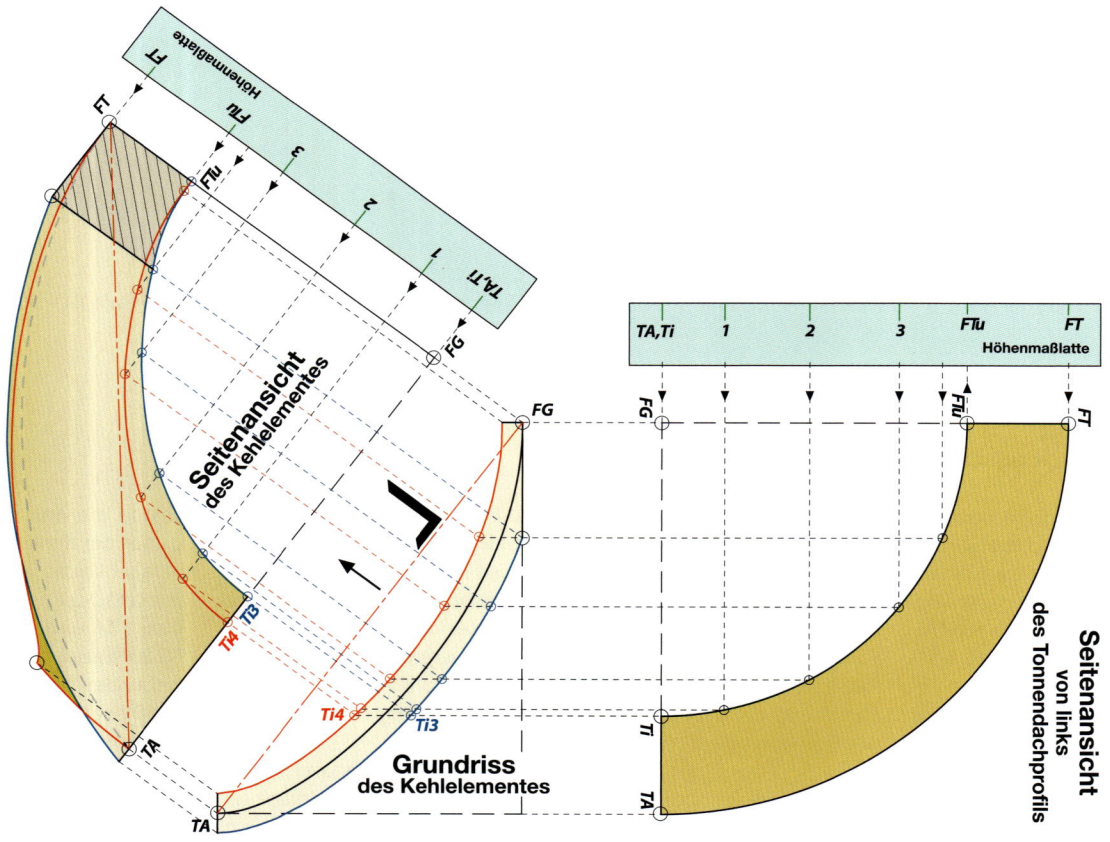

Bild 10: *Die Vergatterung der Ansicht des Kehlelementes rechtwinklig zur Verbindungslinie **TA – FG** mit der Darstellung der Überhöhungslinien. Die Verschneidungslinie ist nur am links herausgezeichneten fertigen Kehlelement des Modelles eingezeichnet.*

Bild 11: *Festlegung der unteren Begrenzungslinien des Tonnendachprofils. Hier wird detailliert dargestellt, wie sich die Flucht der Unterkante des Tonnendach-Normalsparrens auf beiden Seiten des Kehlsparrenelementes abbildet und wie die Ansicht der Abschnittslinien erzeugt wird.*

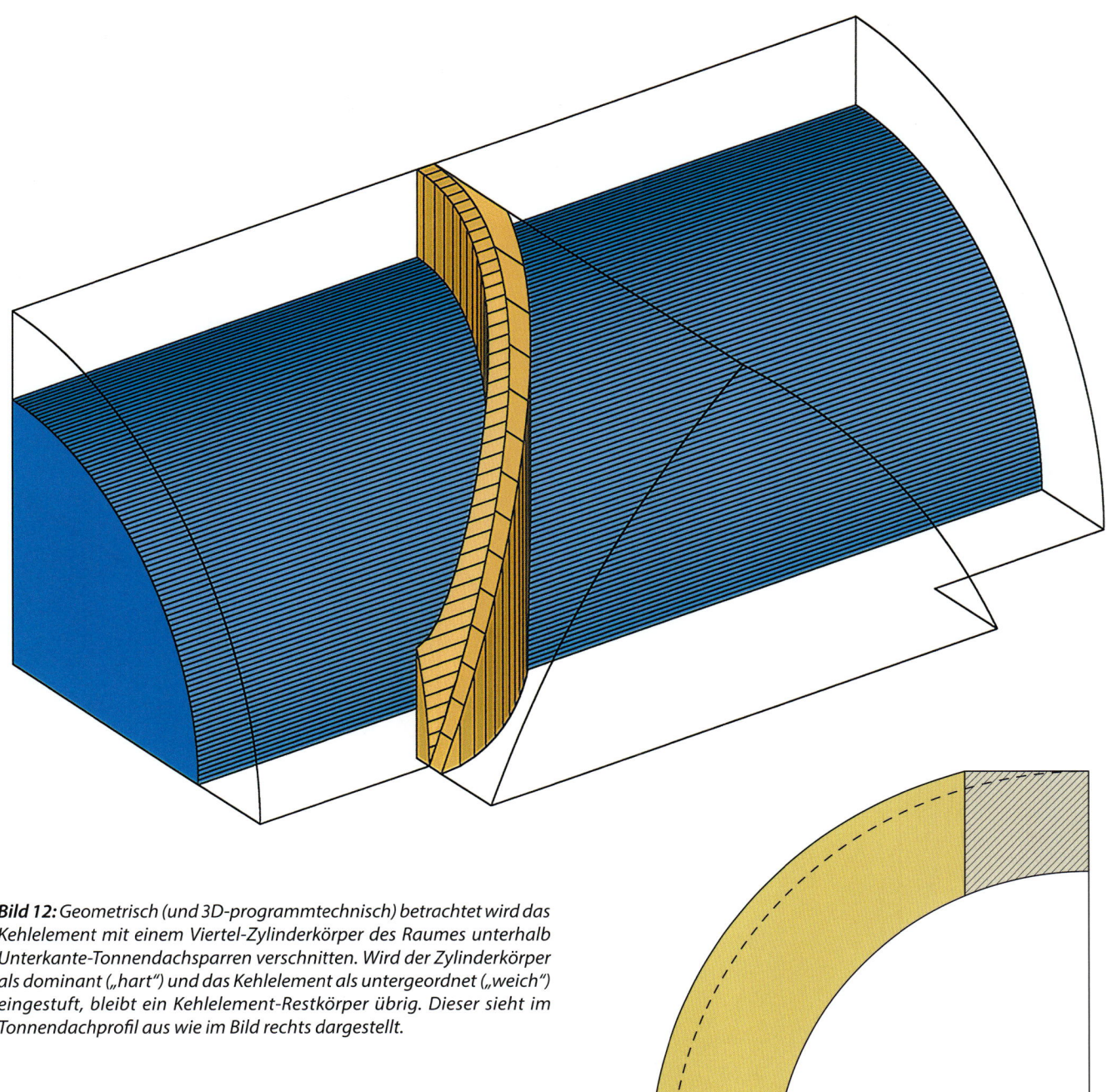

Bild 12: *Geometrisch (und 3D-programmtechnisch) betrachtet wird das Kehlelement mit einem Viertel-Zylinderkörper des Raumes unterhalb Unterkante-Tonnendachsparren verschnitten. Wird der Zylinderkörper als dominant („hart") und das Kehlelement als untergeordnet („weich") eingestuft, bleibt ein Kehlelement-Restkörper übrig. Dieser sieht im Tonnendachprofil aus wie im Bild rechts dargestellt.*

Für die Größe des Rohlings sind jedoch auch die darüber hinaus ragenden Überhöhungslinien zu beachten. In **Bild 10** sind diese zur besseren Unterscheidung mit unterschiedlich farbigen Vergatterungslinien entwickelt. Die Vorgehensweise ergibt sich aus den eingezeichneten Pfeilen.

Bei der Vergatterung derartig gekrümmter Körper entsteht eine Vielzahl von Hilfslinien. In Handzeichnungen lassen sich diese kaum „beherrschen". Hier kann man allenfalls mit Transparentpapier Ordnung bewahren. CAD-Programme erleichtern die Übersicht durch die Bereitstellung von Layern. Diese nutzen jedoch auch nur dann wirklich, wenn sie vor Beginn der Zeichenarbeit festgelegt und konsequent angewandt werden.

Die Größe des Rohlings

Der Rohling, aus dem ein mehrfach gekrümmtes Bauteil herausgearbeitet werden soll, muss zunächst groß genug sein, um das Bauteil räumlich „aufzunehmen". Darüber hinaus ist es erforderlich, über die Längenbegrenzung des Bauteils hinaus genügend Holz für das Antragen von Anreißlinien zur Verfügung zu stellen.

Die oberen Bauteilbegrenzungslinien wurden bereits in **Bild 10** in der Seitenansicht festgelegt. Für das „Anpassen" des Rohlings wird nun die Ermittlung der unteren Bauteilbegrenzung zu erfolgen haben.

Hierzu sind zwei formgebende Kriterien zu betrachten, nämlich einerseits die untere Begrenzung („die Innenkante") des Tonnendach-Profils (**Bilder 11** und **12**) und andererseits die untere Begren-zung des Anbau-Profils (**Bilder 13** und **14**).

Es entstehen in der *Seitenansicht* jeweils zwei Kurven, die in den **Bildern 11** und **13** noch für sich alleine stehen. Am Bauteil selbst werden sie sich überlagern und bei der Ausarbeitung eine weitere Verschneidungslinie hervorrufen. Dieser Zustand ist in der Seitenansicht des fertig ausgearbeiteten Bauteils in **Bild 10** bereits vorwegnehmend dargestellt.

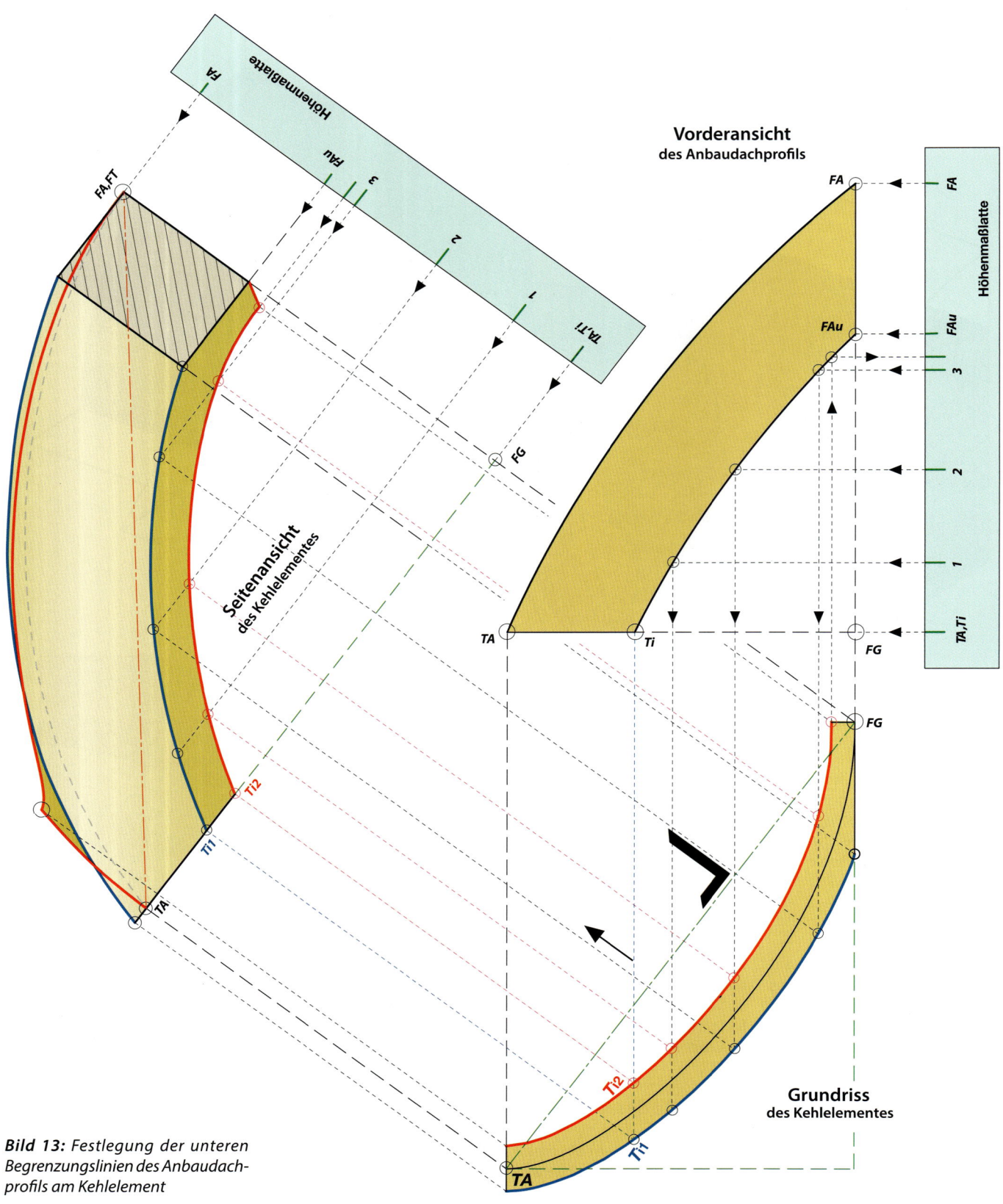

Bild 13: *Festlegung der unteren Begrenzungslinien des Anbaudach- profils am Kehlelement*

Da nun die Ausdehnung des Kehl- elementes hinreichend genau festgestellt ist, kann der Rohling „angepasst" werden. Dabei lohnt sich die Überlegung, welche

Punkte beziehungsweise Kanten des Kehlelementes hier bereits berücksichtigt werden können, um das Anreißen des Rohlings zu vereinfachen. Einen Vorschlag

zeigt **Bild 15.** Hier ist der Punkt *P* an der Kante des Rohlings platziert, der dort endende senkrechte Abschnittsriss ist eine Kante des Kehlelementes, die sich auf der

Seitenfläche des Rohlings an- reißen lässt.

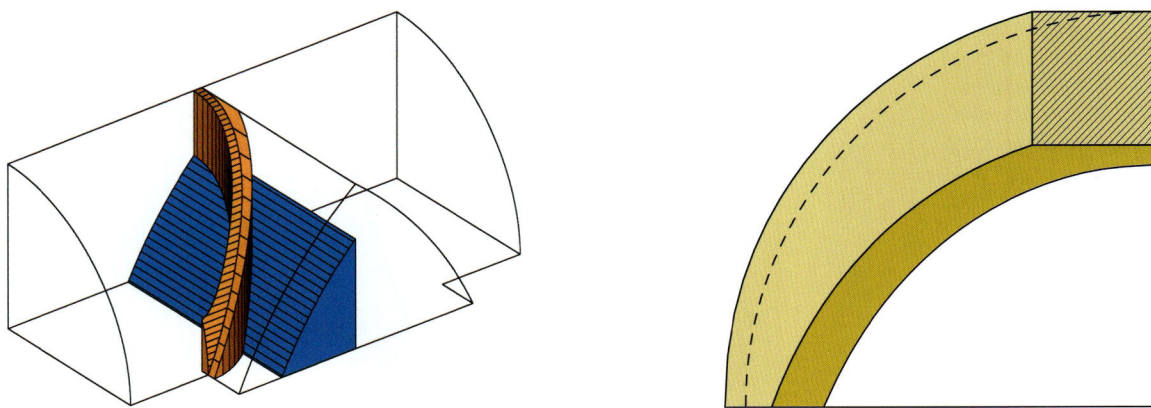

Bild 14: *Der Anbau-"Innenraumkörper" (blau) begrenzt das Kehlelement nach unten. Bild Unten: Hier ist das Kehlelement mit der Verschneidungsfläche (dunkelbraun) im <u>Tonnendachprofil</u> dargestellt.*

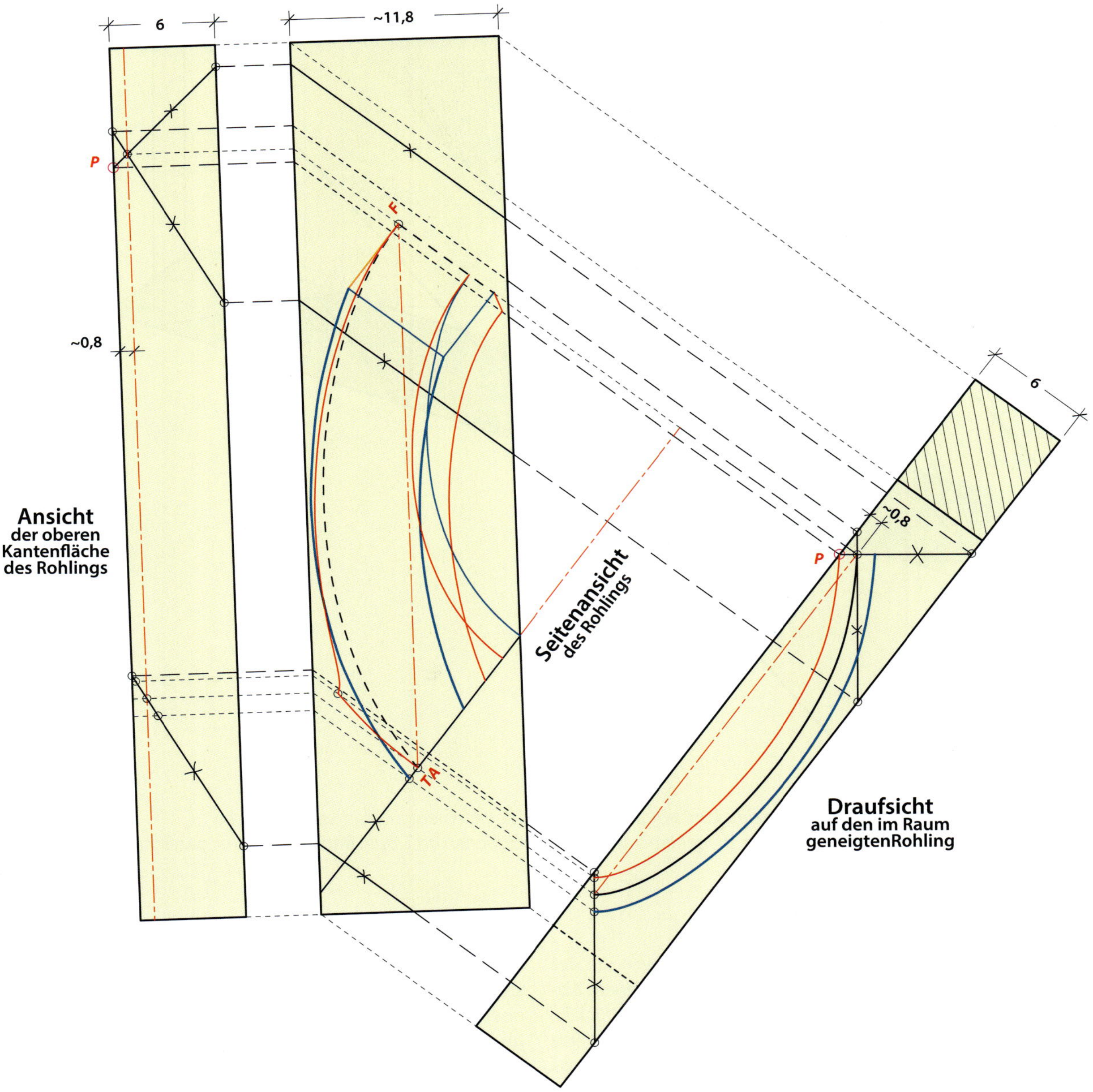

6

~11,8

P

F

~0,8

Ansicht
der oberen
Kantenfläche
des Rohlings

Seitenansicht
des Rohlings

TA

6

~0,8

P

Draufsicht
auf den im Raum
geneigtenRohling

Bild 15: *Anpassung eines Rohlings an den Bauteilkörper des Kehlelementes. Das Rohlingsholz sollte nicht zu klein bemessen sein, damit Hilfsrisse (zum Beispiel Verlängerungen von Abschnittsrissen) in ganzer Länge am Holz angerissen werden können. Die Achse des quaderförmigen Rohlingsholzes liegt räumlich parallel zur Verbindungslinie TA – F.*

Die Abschnittsrisse in der Ansicht der oberen Kantenfläche des Rohlings, und die senkrechten/waagerechten Abschnittsrisse auf den Seitenflächen lassen sich ebenfalls recht bequem auf das aufgelegte Holz übertragen. Die Lage der Abschnittsebenen im Rohling zeigt **Bild 16**.

Das Übertragen der in der *Seitenansicht* des Rohlings gerissenen Abschnittsrisse gestaltet sich weniger einfach, weil es sich nicht nur um Geraden, sondern auch um Kurven handelt.

Die Kurven lassen sich rationell nur mittels Schablone übertragen.

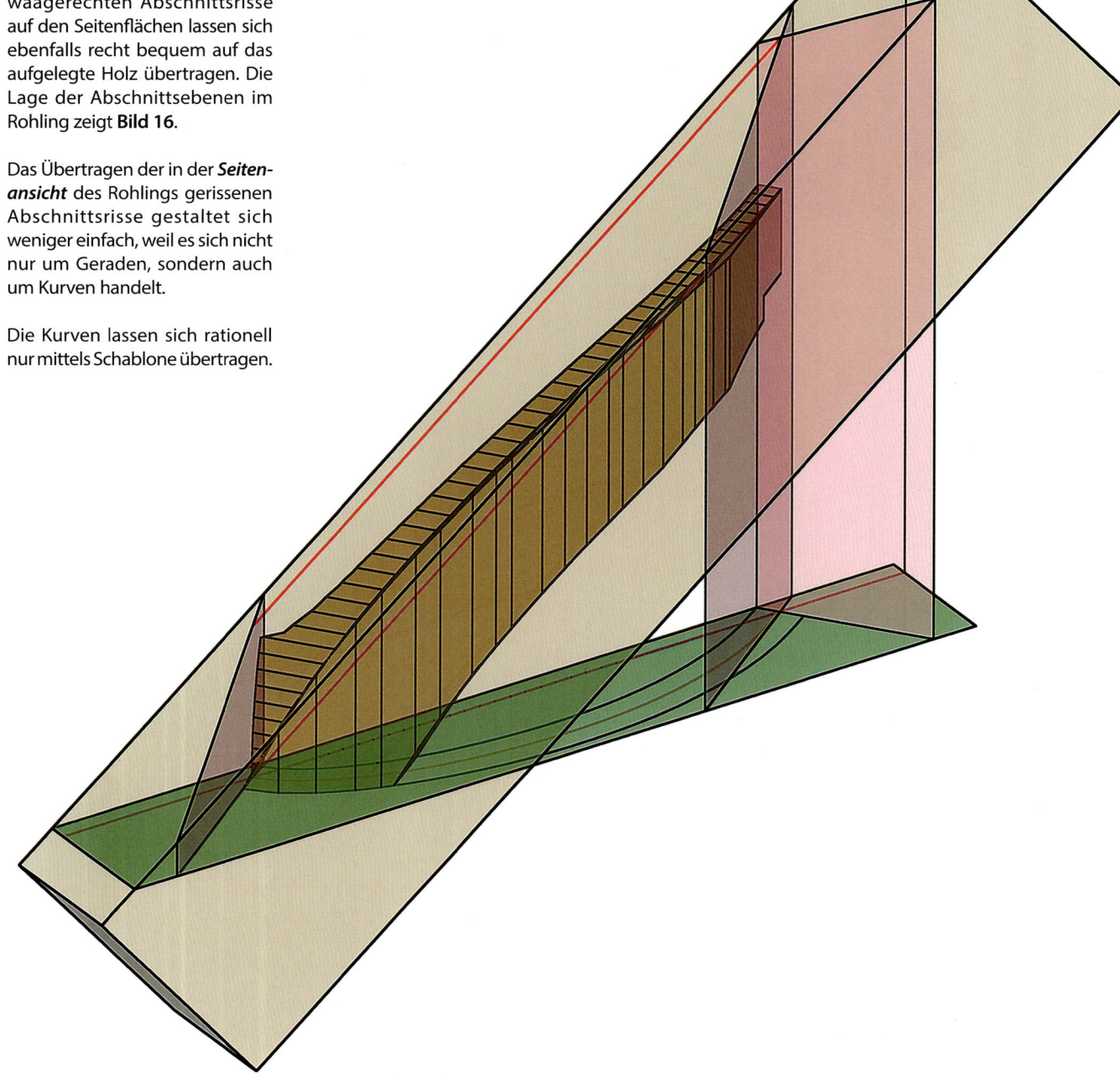

Bild 16: *Der transparent gezeichnete Rohling mit dem „eingeschlossenen" Kehlelement in einer Schrägansicht. Die waagerechte Traufabschnittsebene ist* **grün***, die senkrechten Abschnittsebenen an Traufe und First sind* **rot** *gezeichnet.*

Wurde die Konstruktion mit CAD durchgeführt, so lässt sich die Seitenansicht möglicherweise im Maßstab 1:1 auf dem Endlospapier des Plotters ausgeben.
Dann wird die Schablone am besten an First- und Traufabschnitt zugeschnitten, mit Nadeln oder dünnen Nägeln auf dem Rohling

befestigt und die Kurven mit der Reißnadel in angemessenem Abstand markiert („durchgedrückt"). Um die Kurven in dieser Weise auf beiden Seiten des Rohlings antragen zu können, empfiehlt sich die Verwendung von Transparentpapier.

Wie nun die Kurven der Seitenkanten des Kehlelementes auf die obere Kantenfläche des Rohlings übertragen werden, zeigt **Bild 17**. Das Anreißen der Kehllinie ist nicht sinnvoll, weil sie für das Ausarbeiten vorerst nicht benötigt wird.
Für die Vergatterungslinien wird hier die Grundmaßlatte des Ton-

nendachprofils aus **Bild 8** herangezogen.

Die Vergatterungslinien schneiden die Außenkanten in **rot** (Tonnendachseite) und **blau** (Anbaudachseite) gekennzeichneten Punkten. Diese werden rechtwinklig in die Seitenansicht und von dort wie-

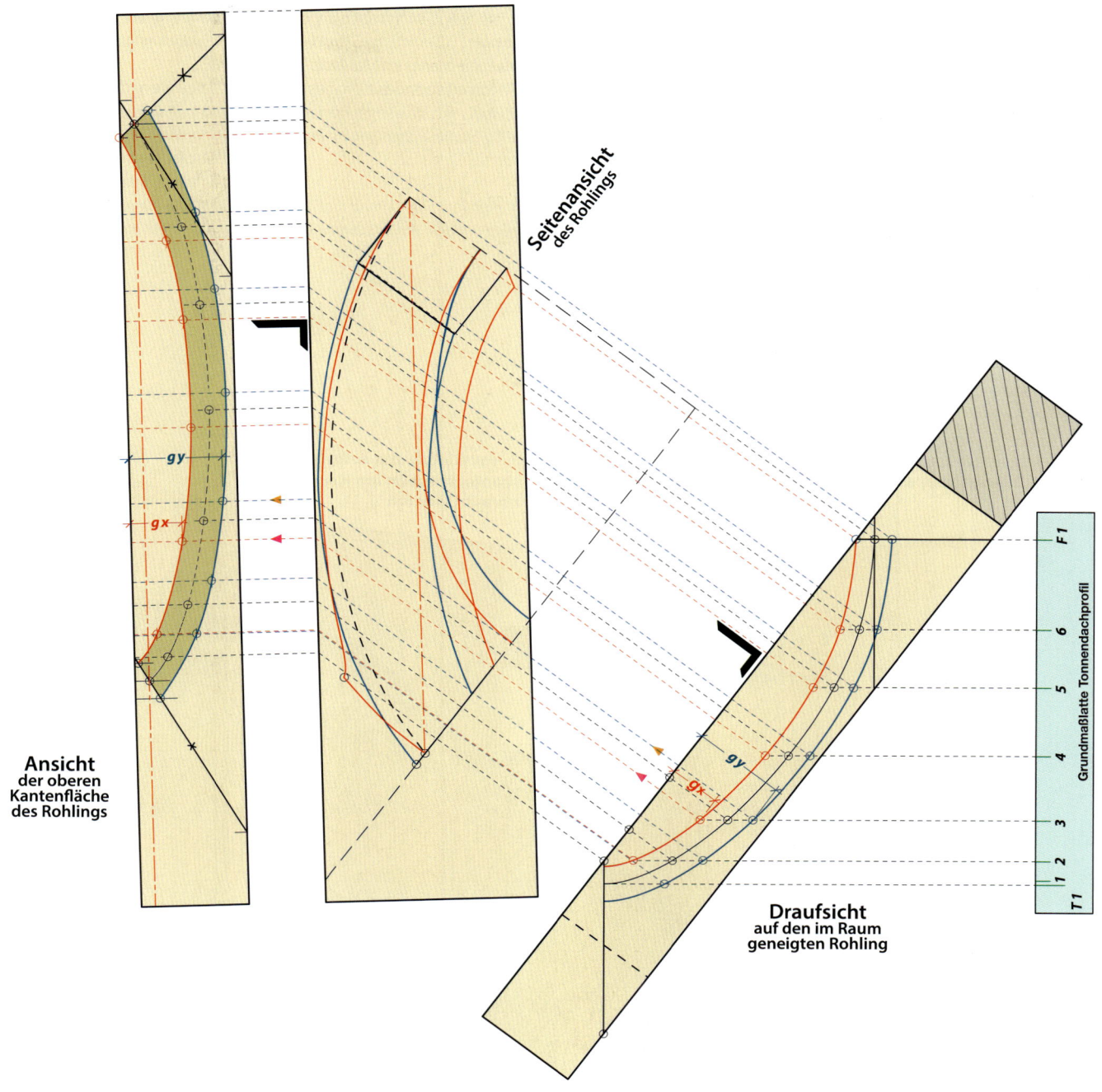

Seitenansicht des Rohlings

Ansicht der oberen Kantenfläche des Rohlings

Draufsicht auf den im Raum geneigten Rohling

Grundmaßblatte Tonnendachprofil

Bild 17: *Übertragung der Seitenkanten des Kehlelementes auf die obere Kantenfläche des Rohlings. Für das Ausarbeiten ist es sinnvoll, die Vergatterungslinien auf allen Rohlingsflächen durchzuziehen.*

derum rechtwinklig in die Ansicht der oberen Kantenfläche des Rohlings übertragen. Nun muss noch aus dem Grundriss der jeweilige rechtwinklige Abstand (g_x, g_y und so fort) gemessen und in der Ansicht wieder angetragen werden. Die fertigen Kurven können mit Transparentpapier kopiert und da-

mit auf der unteren Kantenfläche angerissen werden.

Sind alle Abschnittsrisse und Kurven angerissen, kann der Rohling ausgearbeitet werden. Hierfür sind Überlegungen erforderlich, in welcher Reihenfolge die Bearbeitungsschritte zu erfolgen

haben, damit keine später noch erforderlichen Risse weggeschnitten werden.

Das Ausarbeiten derartiger Holzbauteile ist sehr aufwendig und zeitraubend. Dies ist sicherlich auch der Grund dafür, dass nur sehr wenige Projekte ausgeführt

werden. Am ehesten sind ähnliche Bauteile im Holztreppenbau anzufinden. Dort jedoch werden heute solche Formen mit CNC-Bearbeitungszentren hergestellt. Gekrümmte Wangen werden nach wie vor an einem Kerngestell (Korpus) schichtverleimt.

Basiswissen Vergatterung

Für das hier gezeigte Modell ist dies auch eine Möglichkeit der Herstellung.

2. Schichtverleimung am Kerngestell

Das Verfahren ist nicht neu. Eine ausführliche Darstellung ist im *„Grundwissen des handwerk-*

lichen Holztreppenbauers" von *Franz Krämer* zu finden (leider vergriffen und nur noch antiquarisch erhältlich, beispielsweise über www.zvab.de) .

Es sollen deshalb hier nur einige Hinweise zum Anreißen des verleimten Rohlings gegeben werden.

Bild 18 zeigt schematisch die Situation: über dem Grundriss des Kehlelements im Maßstab 1:1 ist ein formgebendes Kerngestell errichtet. An diesem können bereits Senkelrisse angetragen werden.

Nun werden Schicht für Schicht Furniere oder Vollholzlamellen

aufeinandergeleimt, bis die Dicke des Kehlelementes erreicht ist.

Das Anreißen der Kurven auf Anbau- und Tonnendachseite erfolgt entweder mit Schablonen (ein Beispiel zeigt **Bild 19**) oder mit Koordinaten (Grund- und Höhenmaßen), die aus dem CAD-Aufriss herausgemessen werden.

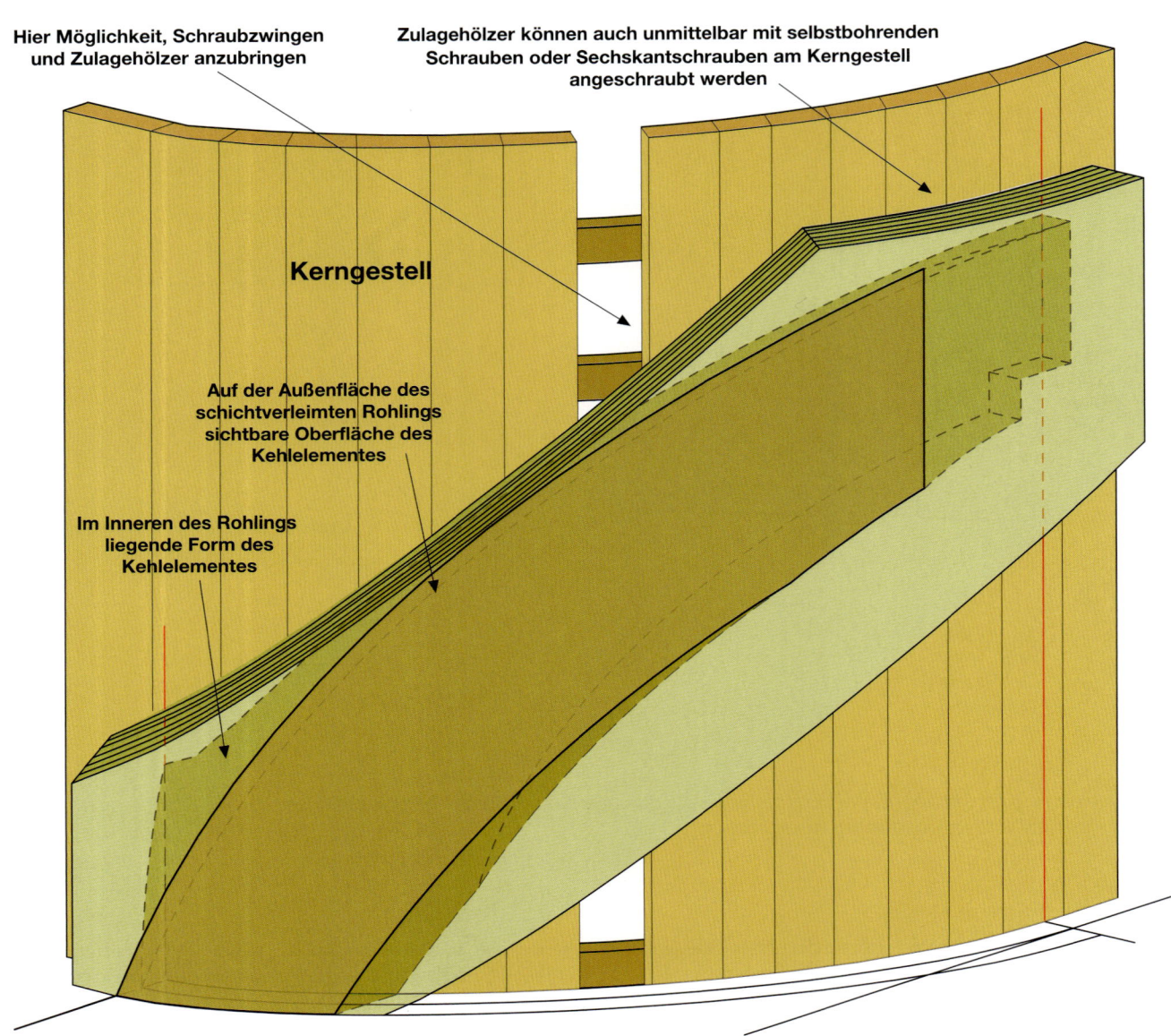

Bild 18: *Schematische Darstellung der Herstellung eines formgepressten Kehlelementes am Kerngestell (ausführliche Informationen zu dem Verfahren finden sich im* **„Grundwissen des handwerklichen Holztreppenbauers"** *von* **Franz Krämer***)*

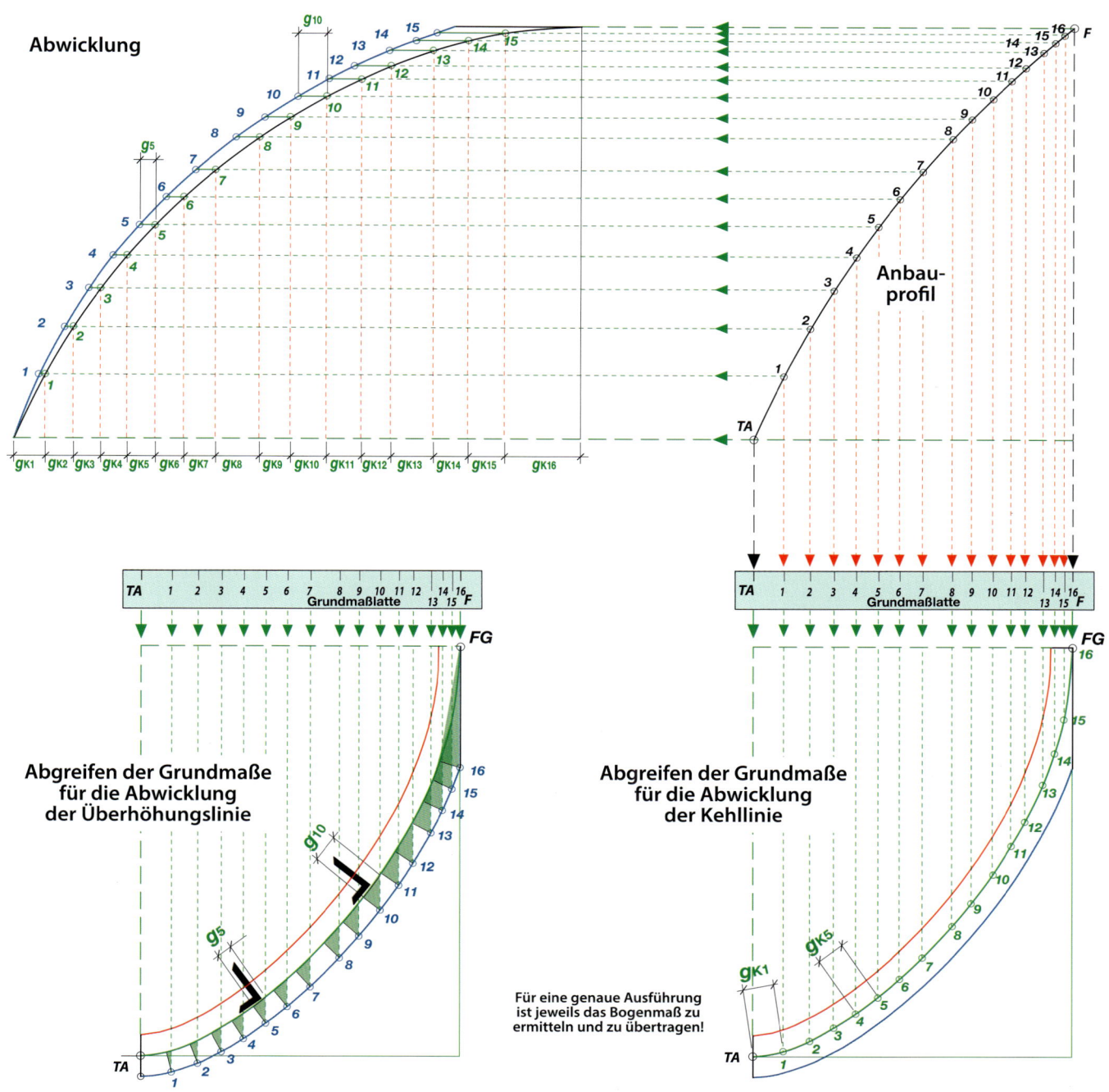

Bild 19: *Abwicklung der Kehllinie und der Überhöhungslinie auf der Anbauseite für eine Papierschablone. Die Maße g_1 bis g_{16} beziehungsweise g_{K1} bis g_{K16} sind herausgemessene Grundverstichmaße. Sie werden deshalb waagerecht von der Abwicklungslinie der Kehllinie verstochen!*

Aufgabe 8: Rundgaube mit Kehlbohle

Das Modell

Bild 1 zeigt ein Pultdachmodell mit Rundgaube in Draufsicht, Vorderansicht, Ansicht von rechts und in einer Schrägansicht.

Die Holzdimensionen:

Sparren: $b_s = 3$ cm, $h_s = 5$ cm, rechtwinkliges **Obholz**: 3,5 cm, senkrechter **Traufabschnitt**: 2 cm, **Fußpfette**: $b = 4$ cm, $h = 6$ cm,

Firstpfette: $b = 4$ cm, $h = 6$ cm, **Pfosten**: $b = 4$ cm, $h = 4$ cm, **Stirnrahmendicke** ❶: 4 cm. **Innenrahmendicke** ❷: 4 cm,

Kehlbohlendicke ❸: $h_K = 2$ cm, Dicke der **Dachschalung**: (Holzwerkstoffplatte): 1 cm.

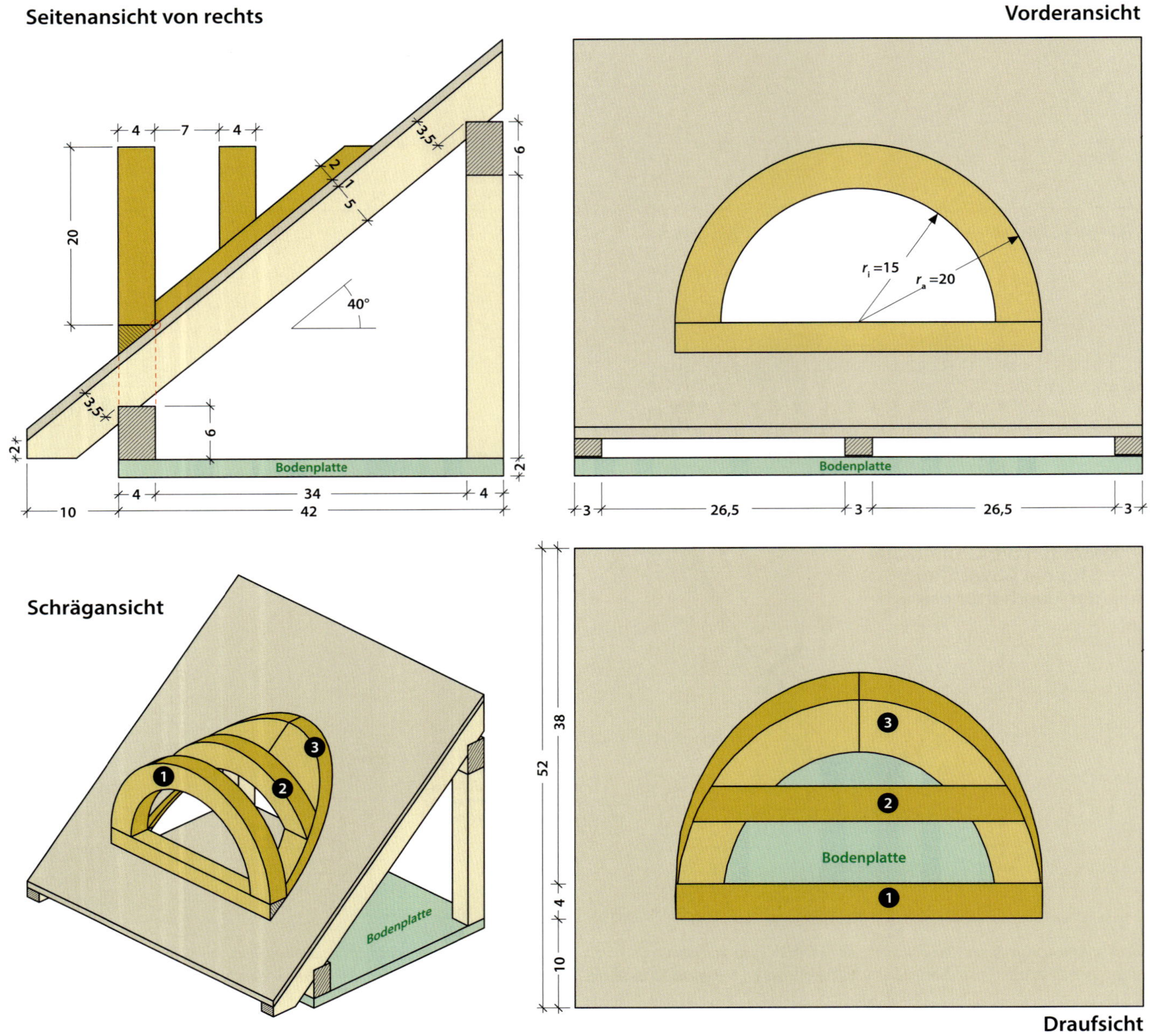

Seitenansicht von rechts

Vorderansicht

Schrägansicht

Draufsicht

Bild 1: Maßliche Beschreibung des Modelles mit Grundriss, Vorderansicht, Seitenansicht von rechts und einer dreidimensionalen Ansicht mit „Dachhaut".

Ermittlung der Plattenrohlinge für die Gaubenrahmen

Zunächst soll festgestellt werden, wie groß die Holzwerkstoffplatte mindestens sein muss, aus der die beiden Gaubenrahmen (**Bilder 1** und 2: Stirnrahmen ❶ und Innenrahmen ❷) herausgeschnitten werden können. Dabei soll möglichst wenig Verschnitt anfallen.

Für die Verschnittoptimierung gibt es unterschiedliche Verfahrensweisen. Leistungsfähige EDV-Programme erledigen dies mit der speziellen Funktionen, wobei ausgewählte Bauteile platzsparend auf eine maßlich vorgegebene Platte angeordnet

Seitenansicht von rechts

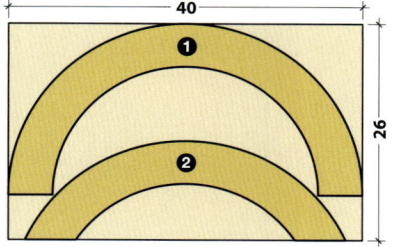

Vorderansicht
Stirnrahmen

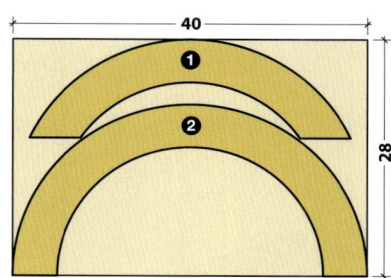

Vorderansicht
Innenrahmen

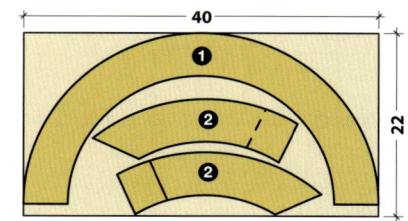

Bild 2: *Maßliche Beschreibung der Gaubenbögen mit einer Seitenansicht von rechts und zwei Vorderansichten*

Ansicht Plattenrohling A

Ansicht Plattenrohling B

Ansicht Plattenrohling C

Bild 4: *Hier wird mit der Teilung von Rahmenbogen 2 Material gespart*

Bild 3: *Mehrere Möglichkeiten der Anordnung der Rahmenteile*

werden. Ohne EDV geschieht das durch entsprechende Anordnung der auszuschneidenden Bauteile. **Bild 2** zeigt, wie die Ansichten der Gaubenrahmen ermittelt werden.

Nun können die Größen der Rahmen durch Anfertigen von Schablonen oder durch zeichnerische oder mathematische Ermittlung der Maße festgelegt werden.

Für die Anordnung der beiden Rahmenteile gibt es mehrere Möglichkeiten. **Bild 3** (**links** und **mitte**) zeigen naheliegende Zusammenstellungen.

Entschließt man sich, den Innenrahmen zu teilen und mit Überblattung zu verbinden, entsteht mehr Arbeit, aber es kann Material gespart werden (**Bild 4**).

Profil   Vorderansicht

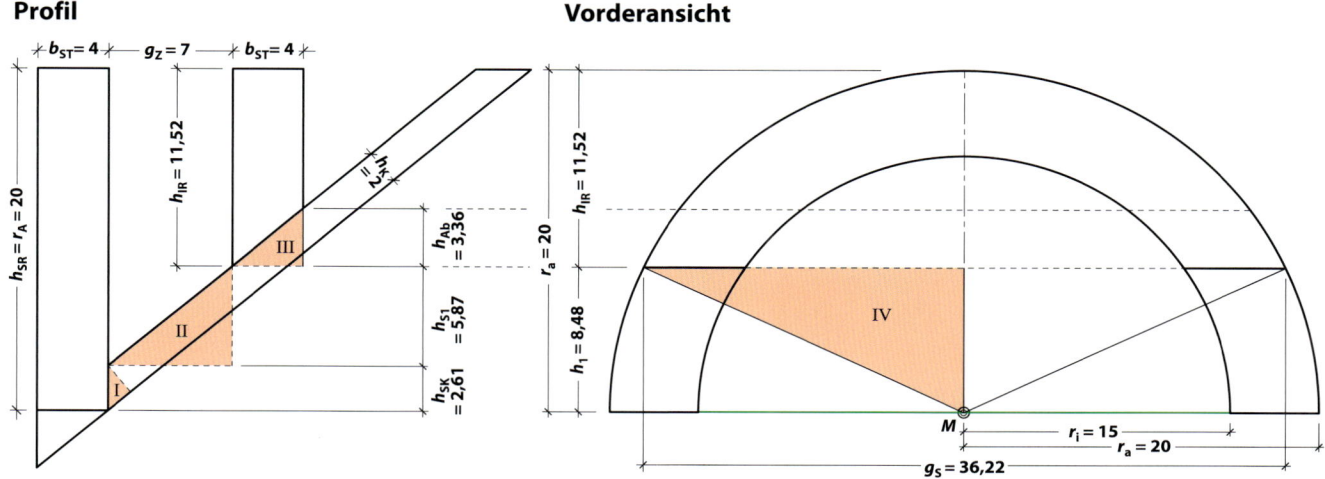

Bild 5: *Hilfestellung für die rechnerische Ermittlung der Abbundmaße für die Rahmenteile*

Abbundmaße des Gauben-Innenrahmens

Nun werden die Abbundmaße des Gauben-Innenrahmens ❷ (**Bilder 1** und **2**) zeichnerisch ermittelt. Danach ist eine bemaßte Werk-

zeichnung zu erstellen, mit der jeder Zimmermann in der Lage ist, das Rahmenholz anzureißen. **Bild 5** zeigt die für die Ermittlung der

Abbundmaße erforderliche Vorder- und Seitenansicht der Gaube mit einigen bekannten und bereits errechneten/ermittelten Maßen.

Berechnungen führen zu größerer Genauigkeit als das Herausmessen von Maßen aus einem Aufriss 1:2 oder gar 1:10. Deshalb sollen die

Basiswissen Vergatterung

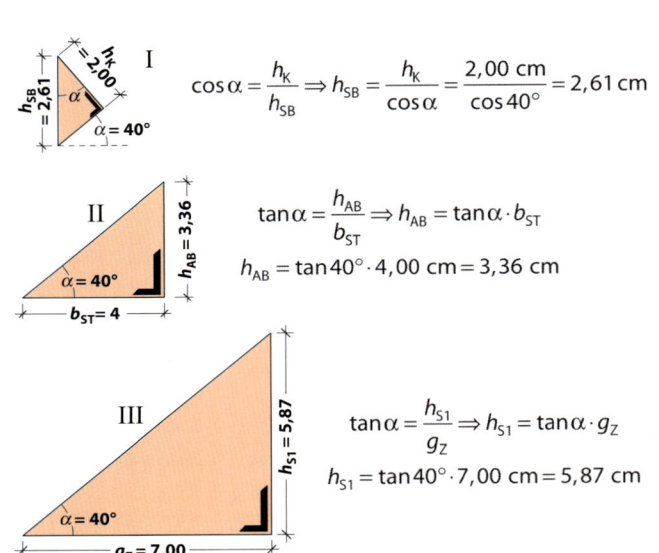

I

$$\cos\alpha = \frac{h_K}{h_{SB}} \Rightarrow h_{SB} = \frac{h_K}{\cos\alpha} = \frac{2,00\ \text{cm}}{\cos 40°} = 2,61\ \text{cm}$$

II

$$\tan\alpha = \frac{h_{AB}}{b_{ST}} \Rightarrow h_{AB} = \tan\alpha \cdot b_{ST}$$

$$h_{AB} = \tan 40° \cdot 4,00\ \text{cm} = 3,36\ \text{cm}$$

III

$$\tan\alpha = \frac{h_{S1}}{g_Z} \Rightarrow h_{S1} = \tan\alpha \cdot g_Z$$

$$h_{S1} = \tan 40° \cdot 7,00\ \text{cm} = 5,87\ \text{cm}$$

IV

$$h_1 = h_{SK} + h_{S1}$$

$$h_1 = 2,61\ \text{cm} + 5,87\ \text{cm} = 8,48\ \text{cm}$$

$$\cos\beta = \frac{h_1}{r_a} = \frac{8,48\ \text{cm}}{20,00\ \text{cm}} = 0,424 \Rightarrow \beta = 64,91°$$

$$h_{IR} = r_A - h_1 = 20,00\ \text{cm} - 8,48\ \text{cm} = 11,52\ \text{cm}$$

$$\sin\beta = \frac{\left(\frac{g_S}{2}\right)}{r_a} \Rightarrow \frac{g_S}{2} = \sin\beta \cdot r_a$$

$$\frac{g_S}{2} = \sin 64,9° \cdot 20\ \text{cm} = 18,11\ \text{cm} \Rightarrow g_S = 2 \cdot 18,11\ \text{cm} = 36,22\ \text{cm}$$

Bild 6: *Rechnerische Ermittlung der Abbundmaße für die Rahmenteile mit den in Bild 4 dargestellten Dreiecken*

Rechengänge für die Dreiecke I bis IV in **Bild 6** dargestellt werden.

Wird der Aufriss mittels CAD erledigt, so ist die Bemaßung des Profils und der Vorderansicht die Sache einiger Mausklicks.

Ist das Bauteil nicht zu groß, kann die Abbundzeichnung eventuell auf einem Plotter im Maßstab 1:1 als Schablone herausgezeichnet und auf die Rohplatte aufgelegt und übertragen werden.

Anreißen der Bogenlinie

Die Schwierigkeit bei gekrümmten Bauteilen, vor allem wenn sie größer sind, liegt im Anreißen der Bogenlinien.

Diese können bei Kreisbögen und bei Teilen von Kreisbögen mit improvisierten Zirkelkonstruktionen (zum Beispiel Leisten) ausgeführt werden (**Bild 7**).

Ellipsen lassen sich mit sogenannten „Ellipsenzirkeln" anreißen, aber freie Kurven lassen sich sinnvoll nur mit Koordinaten näherungsweise beschreiben.

In **Bild 8** ist eine Werkzeichnung aus einem CAD-Programm dargestellt, in der die erforderlichen Maße in cm) und Koordinaten aufgeführt sind. Die Kreiskurve ist durch Anlegen einer biegsamen Latte auszuführen. Bei größeren Konstruktionen sind Nägel hilfreich, die in den durch die Koordinaten festgelegten Punkten eingeschlagen werden und als Anschläge für die biegsame Latte dienen.

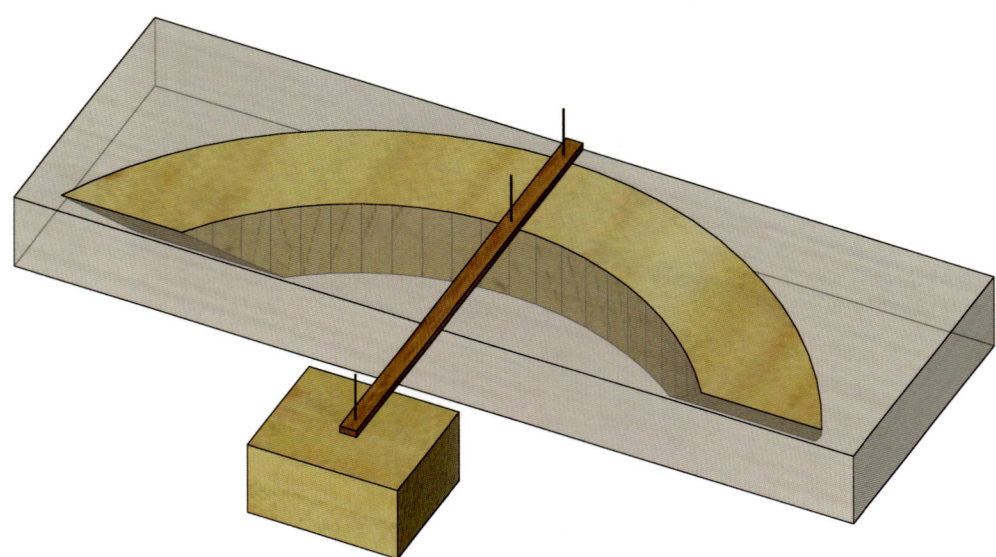

Bild 7: *Anreißen des Rohlings mittels improvisierter Zirkelvorrichtung*

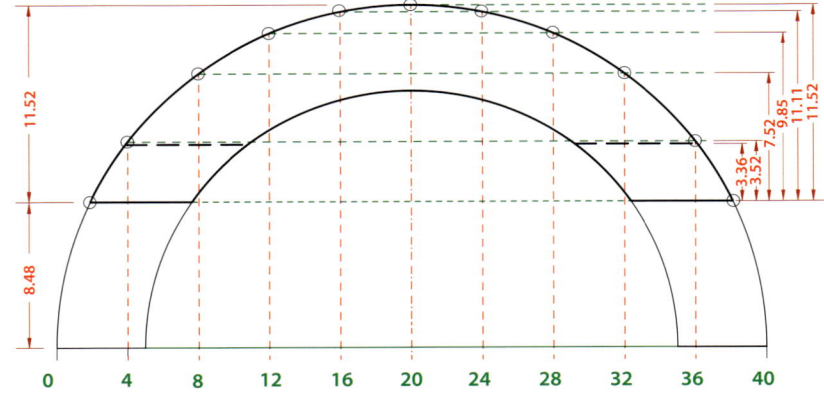

Bild 8: *Anreißen des Rohlings mit errechneten oder mit CAD ermittelten Stichmaßen*

Austragung der Kehlbohle

Nun soll der rechte Teil der Gauben-Kehlbohle (❸ in **Bild 1** auf **Seite 68** und in **Bild 9**) ausgetragen (vergattert) und so aufgerissen werden, dass ein aufgelegter Rohling angerissen werden kann.

Die **Bilder 10** und **11** (auf **Seite 72**) verdeutlichen die Austragung beziehungsweise Vergatterung der Außen- und Innenfläche der Kehlbohle mit den entsprechenden Verschneidungslinien.

Hierzu werden in der Vorderansicht waagerechte Höhenlinien gerissen, die im Profil die Oberkante (außen) und die Unterkante (innen) schneiden.

Die Lage der Schnittpunkte in der Vorderansicht werden auf die Grundmaßlatte übertragen und in der Austragung angelegt.
Beim Aufriss auf Papier oder Reiß-

platte führt die Vielzahl der Linien gerne zu Fehlern. Deshalb ist anzuraten, für obere und untere Fläche eigene Risse anzufertigen.
Im CAD-Programm kann dies auf unterschiedlichen Layern erfolgen.

Die einfachste und genaueste Übertragung der Risse auf das Holz erfolgt sicherlich mit Papierschablonen. Die Größe des Modelles lässt dies zu.

Bei größeren Kehlbohlen können die Kurven durch Übertragen der Vergatterungslinien vom Aufriss auf das Holz erfolgen (**Bild 12** auf **Seite 72**).
Dazu wird ein Rohling (der schon in eine geeignete Form gesägt werden kann) auf den Aufriss gelegt und die zueinander gehörenden Vergatterungslinien auf dem Rohling miteinander verschnitten.

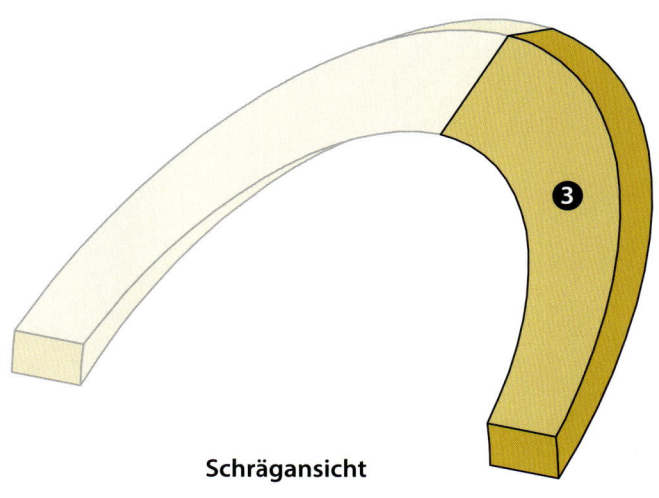

Schrägansicht

Bild 9: Die Kehlbohle der Rundgaube wird meist zweigeteilt konstruiert.

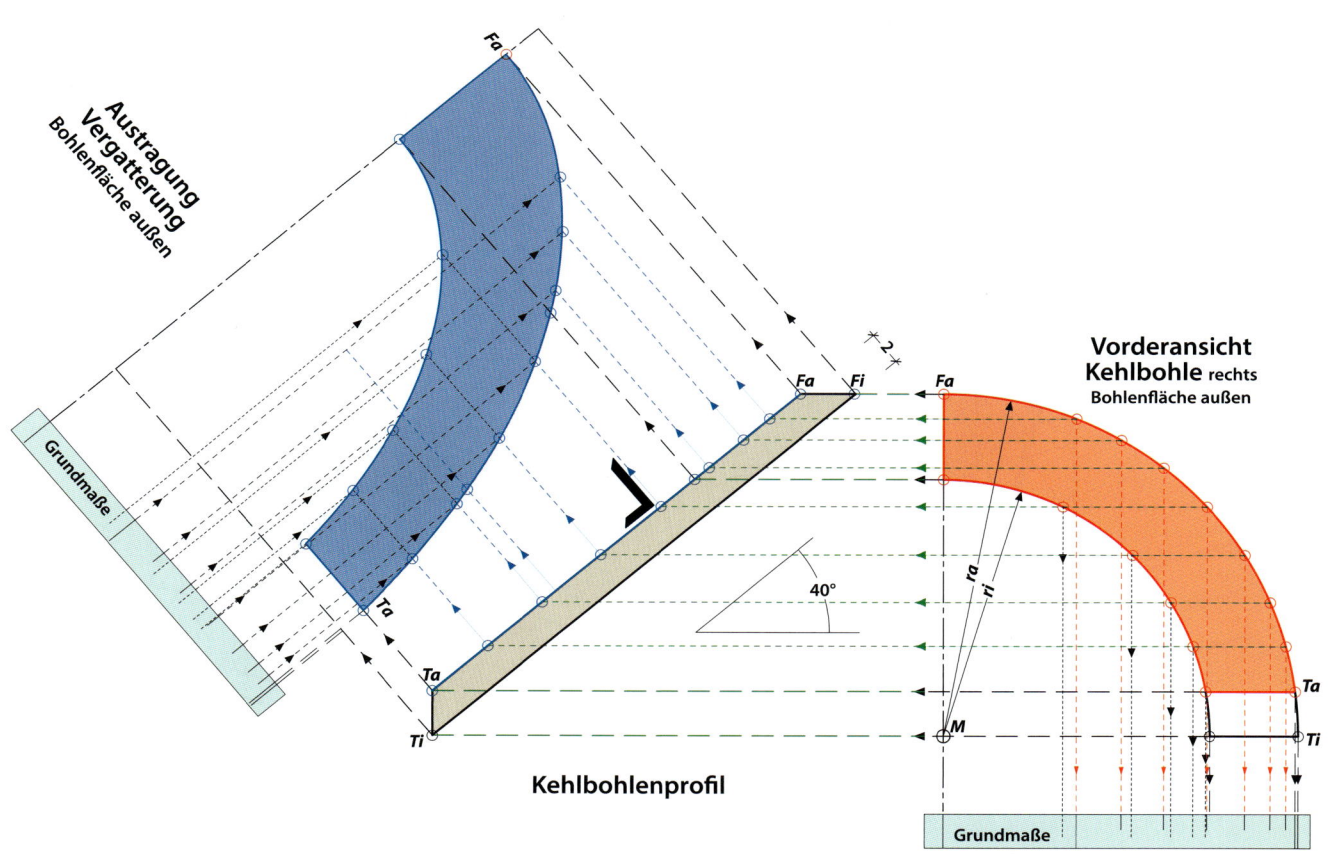

Bild 10: Austragung der außen liegenden Bohlenfläche

Basiswissen Vergatterung

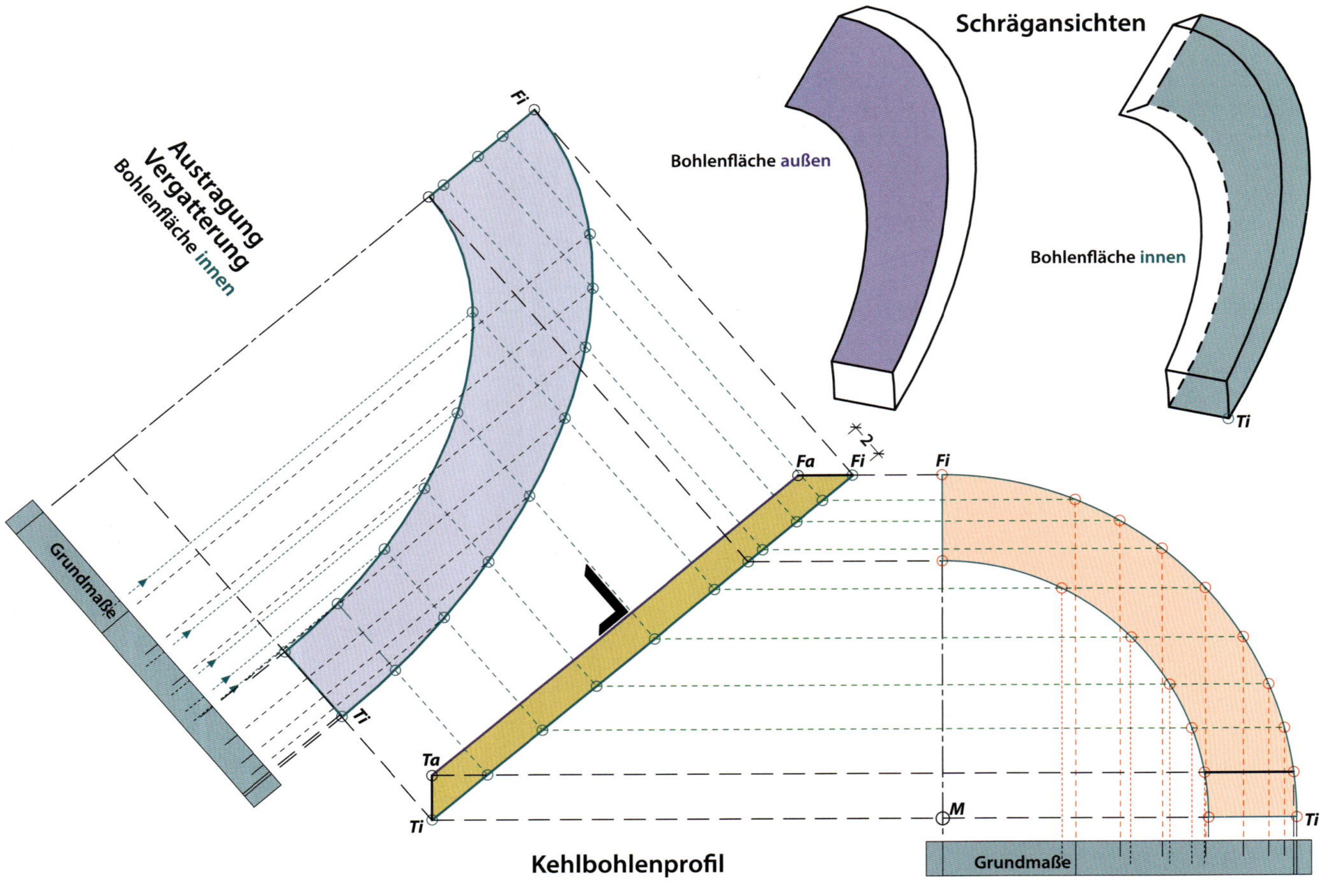

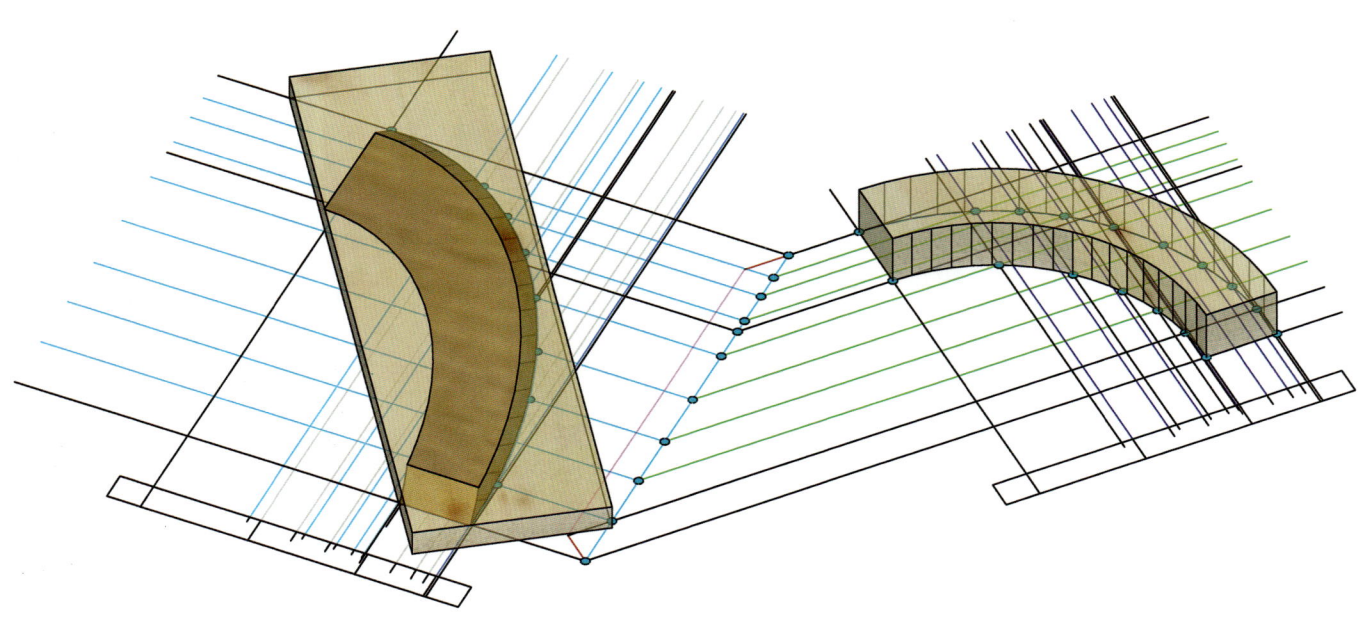

Schrägansichten

Bohlenfläche **außen**

Bohlenfläche **innen**

Austragung
Vergatterung
Bohlenfläche **innen**

Grundmaße

Kehlbohlenprofil

Grundmaße

Bild 11: Austragung der innen liegenden Bohlenfläche

Bild 12: Ausgearbeitetes Bogen-Teilelement (rechts dargestellt) und Kehlbohlen-Rohling (mit innen liegend dargestellter Kehlbohle), jeweils auf dem Aufriss aufgelegt

Aufgabe 9: Laubengang mit gekrümmten Trägern

Der Bau einer Pergola oder eines Laubengangs ist für Zimmerleute keine sehr große Herausforderung. Die Wünsche der Bauherren werden jedoch zunehmend anspruchsvoller. Zu einer derart anspruchsvollen Aufgabe gehört ein Laubengang mit gekrümmten Trägern.

Der in **Bild 1** in einer Schrägansicht gezeigte Laubengang folgt einem Weg, der eine Richtungsänderung um 120° (Innenwinkel) beschreibt. Die Dimensionen sind so gewählt, dass die Konstruktion für den Bau eines Modells – beispielsweise im Maßstab 1:10 – geeignet ist.

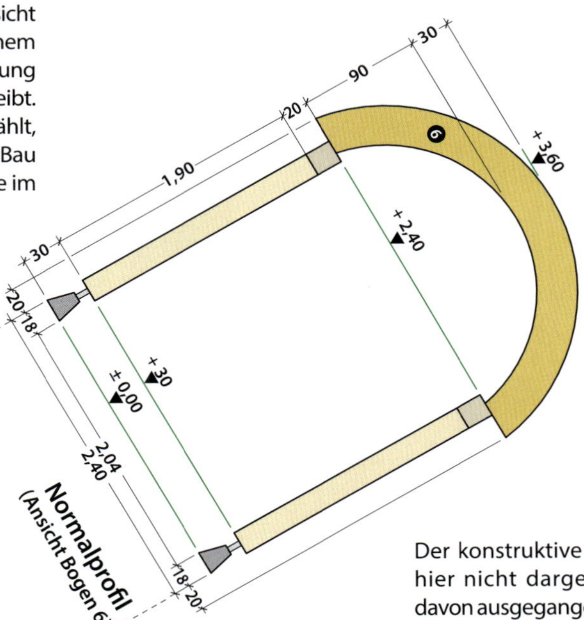

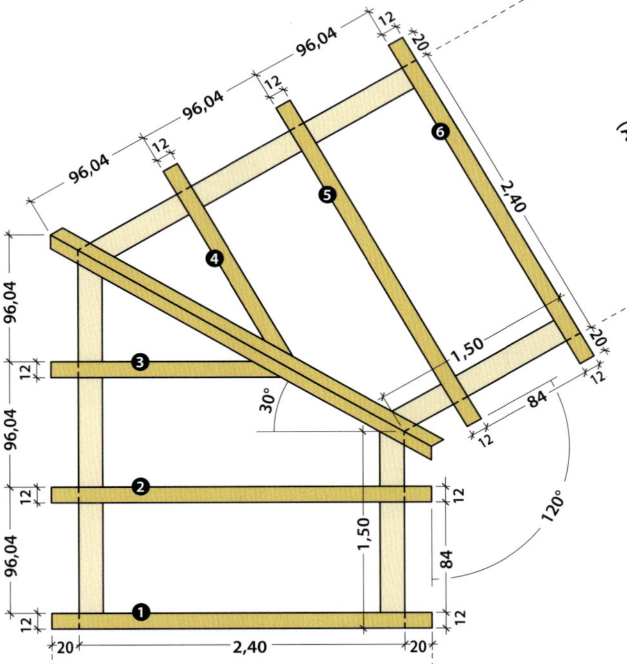

Normalprofil
(Ansicht Bogen 6)

Der konstruktive Holzschutz ist hier nicht dargestellt. Es wird davon ausgegangen, dass im Endzustand Pfetten und Träger durch Blechprofile vor der Bewitterung geschützt werden und bei den Pfosten unten ein Abstand von 30 cm zu Oberkante Gelände eingehalten wird (Spritzwasserschutz).

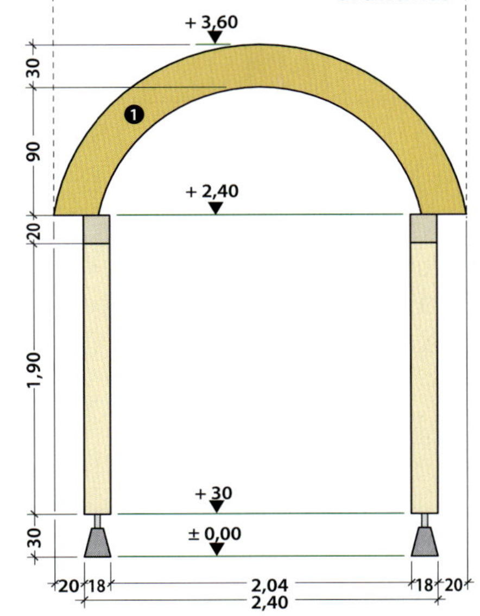

Grundriss

Schrägansicht

Normalprofil
(Ansicht Bogen 1)

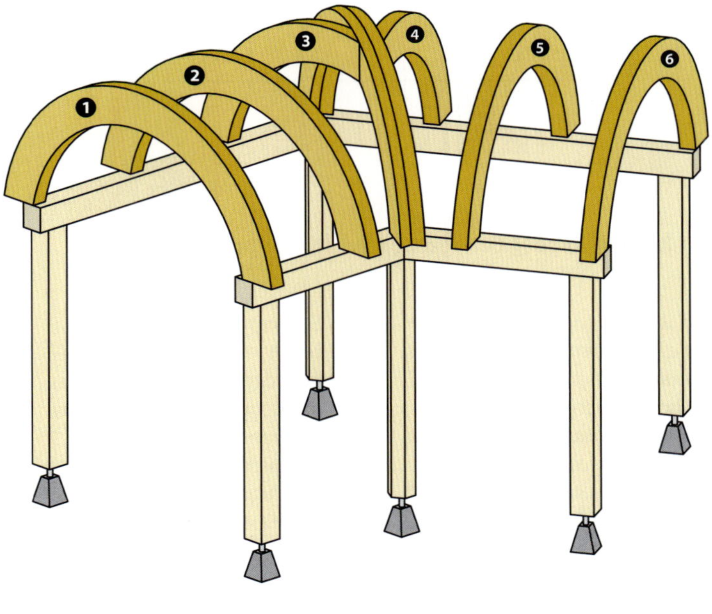

Bild 1: *An diesem Laubengang mit gekrümmten Trägern (oder „Reitern")
ist besonders die Ermittlung der Abbundmaße des Grat-/Kehlelementes
interessant.*

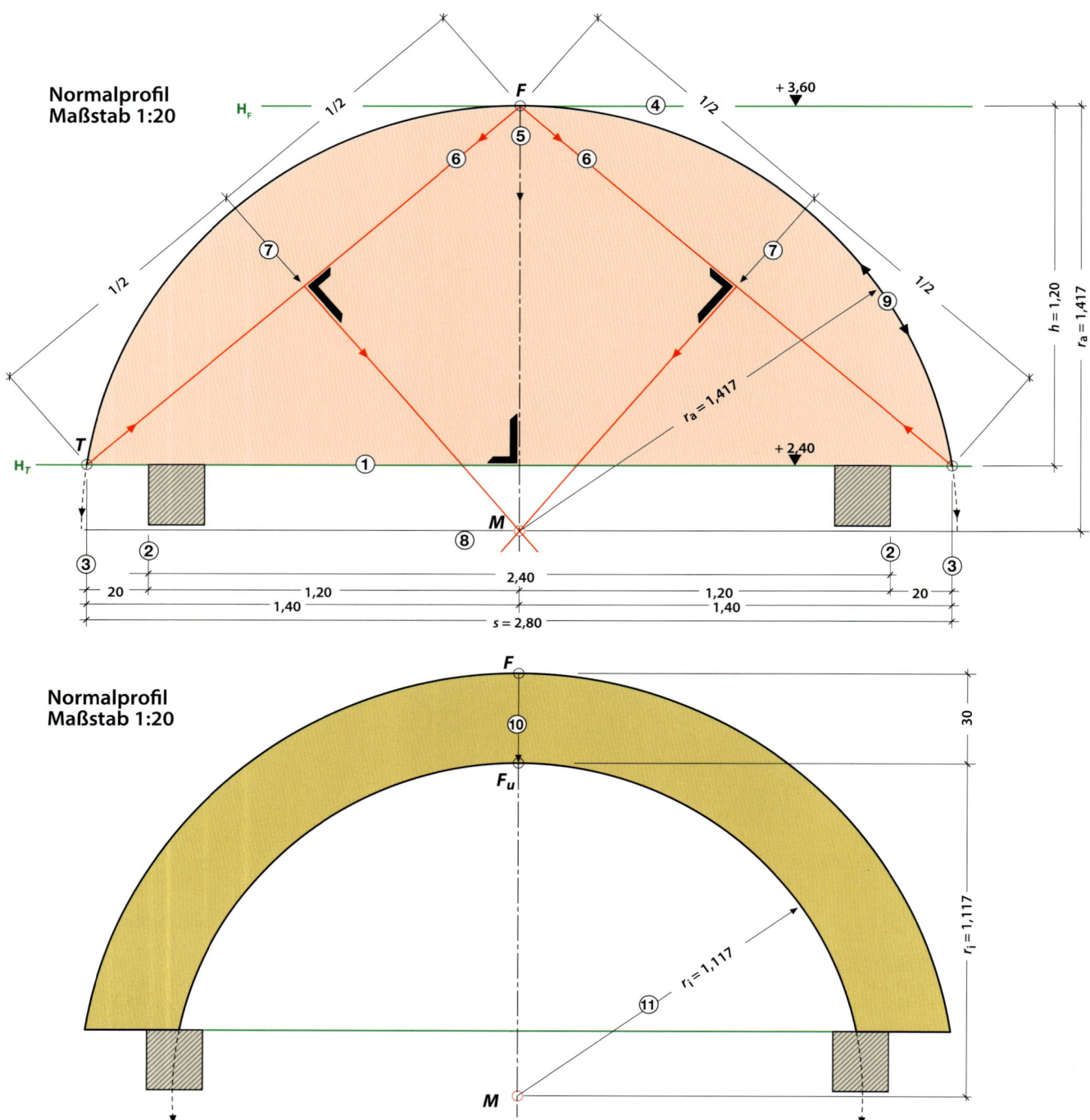

Bild 2: *Anreißvorgang beim gebogenen „Normalträger"*

Bild 2 zeigt, wie der Mittelpunkt *M* der Segmentkreisbögen von Oberkante und Unterkante Träger zeichnerisch ermittelt wird.

Bei der gekrümmten Oberkante des Normalprofils handelt es sich um einen Kreissegmentbogen mit der Sehnenlänge *s* = 2,80 m und der Segmentbogenhöhe *h* = 1,20 m (siehe auch **Bild 1**).

Wenn die halbe Sehnenlänge, in diesem Fall **2,80 m/2 = 1,40 m** gleich der Segmentbogenhöhe wäre, würde es sich um einen Halb-

kreis-Segmentbogen handeln. Da die Höhe *h* jedoch nur **1,20 m** beträgt, liegt der Mittelpunkt *M* unterhalb der Segment-Abschnittslinie (hier der Traufhöhe).

Eine mögliche Vorgehensweise zur Ermittlung der Lage des Kreismittelpunkts *M* auf zeichnerische Weise ist in **Bild 2** schrittweise mit den schwarz umrandeten Ziffern verdeutlicht.

Die Kreisradien r_a (außen) und r_i (innen) lassen sich jedoch auch rechnerisch ermitteln:

$$r_a = \frac{h}{2} + \frac{s^2}{8 \cdot h} = \frac{1,20 \text{ m}}{2} + \frac{2,80^2 \text{ m}^2}{8 \cdot 1,20 \text{ m}} = 0,60 \text{ m} + \frac{7,84 \text{ m}^2}{9,60 \text{ m}}$$

$$r_a = 0,60 \text{ m} + 0,8166 \text{ m} = 1,41666 \text{ m} \sim \boxed{1,417 \text{ m}}$$

$$r_a = \frac{\left(\frac{s}{2}\right)^2 + h^2}{2 \cdot h} = \frac{\left(\frac{2,80 \text{ m}}{2}\right)^2 + 1,20^2 \text{ m}^2}{2 \cdot 1,20 \text{ m}} = \frac{1,96 \text{ m}^2 + 1,44 \text{ m}^2}{2,40 \text{ m}}$$

$$r_a = \frac{3,40 \text{ m}^2}{2,40 \text{ m}^2} = 1,4166 \text{ m} \sim \boxed{1,417 \text{ m}}$$

$$r_i = r_a - 0,30 \text{ m} = 1,417 \text{ m} - 0,30 \text{ m} = \boxed{1,117 \text{ m}}$$

Für das Anreißen des Schifters Nr. ❸ steht ein Modellholz-Rohling mit den Maßen b = 1,2 cm, h = 7 cm und ℓ = 21 cm zur Verfügung (**Bild 3 rechts**). Er wird auf den Aufriss aufgelegt und angerissen.

Zunächst ist die Ermittlung des Schifterprofils und der Backenschmiege an das Gratbauteil durchzuführen.

Bild 3 zeigt den Vorgang in Grundriss und Schifterprofil. Das Bezeichnen der Schifterseiten mit *L* (Links) und *R* (Rechts) und die Benutzung von Farben ist hilfreich. Im Profil liegt der Schifter bereits in einer Anreißebene vor, weil hier alle wahren Maße zu entnehmen sind.

Die Anforderungen beim Anreißen des gekrümmten Schifters liegen darin, dass folgende Risse auf das Holz (den Rohling) übertragen werden müssen:
- der Abschnitt an der Traufe,
- der Abschnitt an der Schmiege
- die gekrümmte Oberkante,
- die gekrümmte Unterkante.

Dies kann mit unterschiedlichen Vorgehensweisen bewerkstelligt werden. Ein recht aufwendiges, aber auch bei unregelmäßig gekrümmten Bauteilen funktionierendes Verfahren zeigt **Bild 4**.

Dabei werden mit einer Vergatterung die Anfallspunkte an den Abschnitten und beliebig viele Punkte auf den gekrümmten Bauteilbegrenzungslinien festgelegt.

Das Rohbauteil, aus dem der Schifter abgebunden werden soll, wird am besten so auf den fertigen Aufriss gelegt, dass der Traufpunkt T_a (außen), der Traufpunkt T_i (innen) und der Anfallspunkt rechts unten Are_u der Schmiege <u>an der Kante des aufgelegten Rohlings</u> anliegen.

Nun werden jeweils an den Kanten die Hilfslinien für die Abschnittsrisse nach oben gewinkelt und auf die oben liegende rechte Seite *R* des Schifters übertragen.
Bei sorgfältigem Zusammenführen der Hilfslinien entstehen so die Punkte der gekrümmten Linien auf dem Rohling, die dann noch miteinander verbunden werden müssen.

Basiswissen Vergatterung

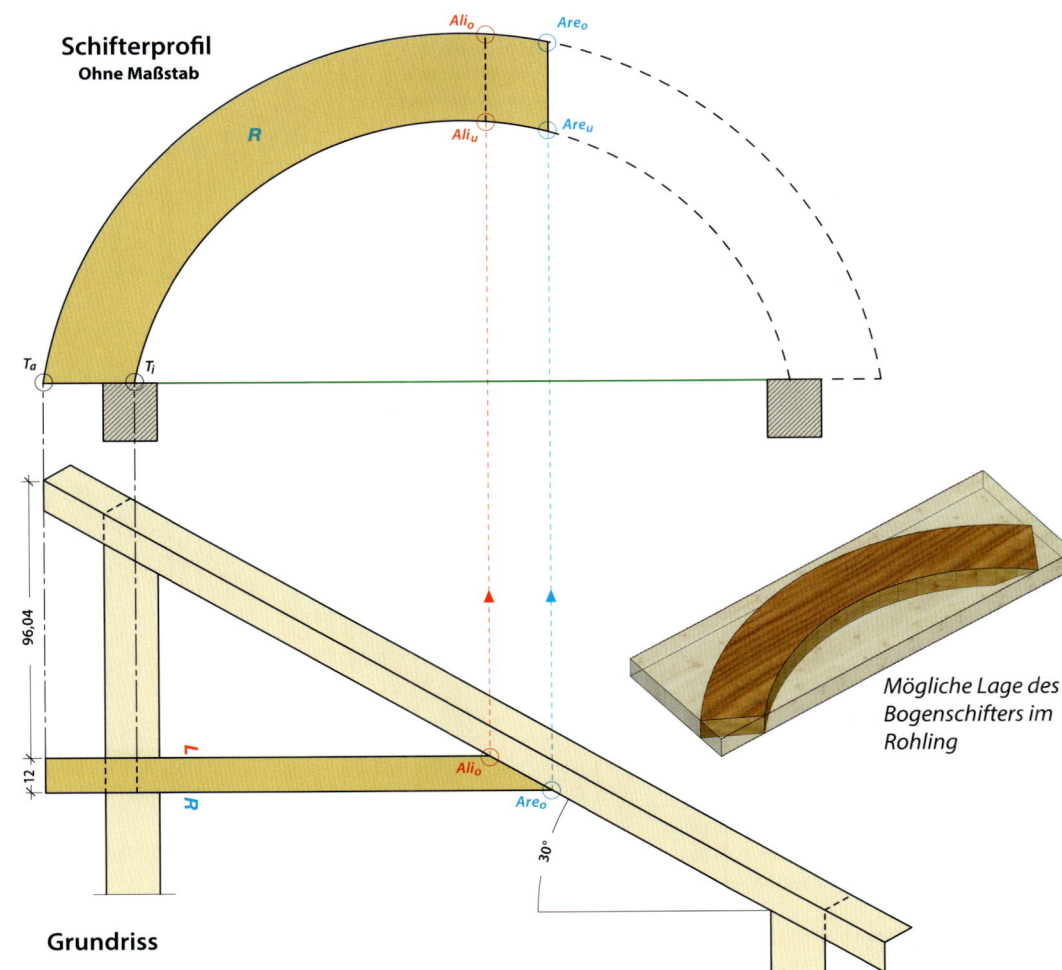

Bild 3: Ermittlung der Backenschmiege

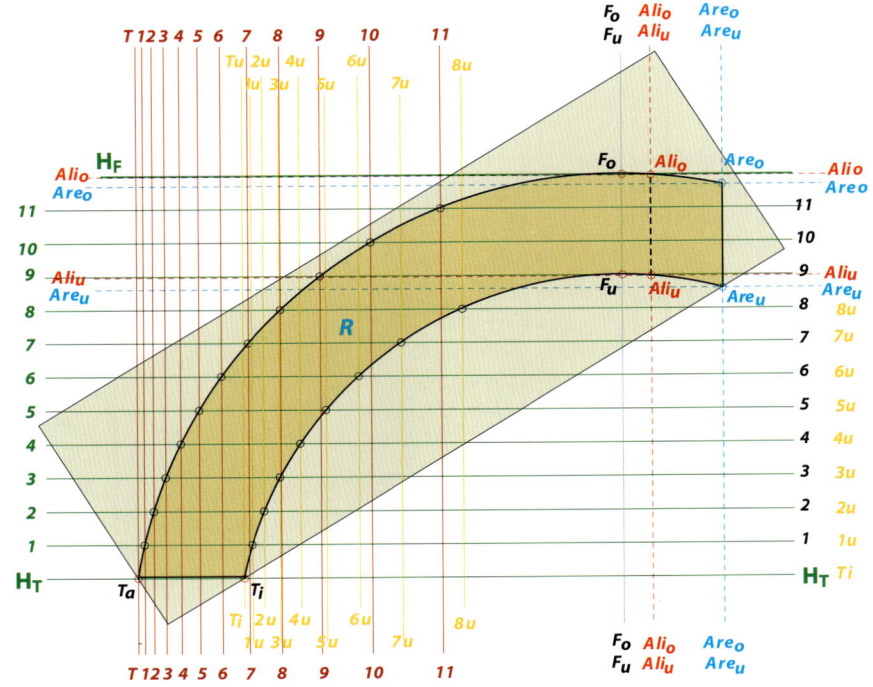

Bild 4: Anreißen des Schifterbogens: Die Vergatterungslinien werden auf den Rohling übertragen und auf diese Weise die Punkte auf den Krümmungslinien festgelegt.

Etwas einfacher und vor allem bei der Ausführung mehrerer Schifter um einiges wirtschaftlicher ist die Vorgehensweise mit behelfsmäßigem Zirkel (**Bild 5**).

Das anzureißende Holz wird wie oben beschrieben auf den Aufriss gelegt und die Anfallspunkte T_a, T_i, Are_u, Are_o, Ali_u und Ali_o der Abschnitte festgelegt. Mit einem Zwischenholz wird der Mittelpunkt *M* auf dem Anriss „höher gelegt" und mit einem behelfsmäßigen Zirkel (Holzleiste mit zwei Bleistiften) Oberkante und Unterkante des Schifters gerissen, wie dies in **Bild 6** verdeutlicht ist.

Vergatterung des Grat-/Kehlträgers

Nun soll der gekrümmte Grat-/Kehlträger (Breite *b* = **18 cm**) mittels Vergatterung ausgetragen und die Grat-/Kehllinie zeichnerisch dargestellt werden.

Die Lösung ist eine „klassische" Vergatterung, bei der es darauf ankommt, eine gekrümmte Kante aus dem Normalprofil in ein Grat- oder Kehlprofil zu übertragen.

Eine Besonderheit bei diesem Beispiel liegt in der Tatsache, dass bei dem gekrümmten – nennen wir es „Verschneidungsbauteil" – gleichzeitig eine Grat- und eine Kehlsituation auftritt.

Ermittlung der Grat-/Kehllinie

Für die Vergatterung der Grat-/Kehllinie ist dies nicht wichtig, bei der vollständigen Austragung des „Verschneidungsbauteils" jedoch schon, weil auf der Gratseite Abgratungen und auf der Kehlseite Überhöhungen zu ermitteln sind

Dabei werden im Normalprofil beliebig viele Höhenlinien eingezeichnet, die das Normalprofil hier in den *Punkten 1* bis *10* schneiden (**Bild 7**).

Die Lage der Punkte wird senkrecht auf die grundrissbezogen gerissene Grat-/Kehlgrundlinie übertragen und von dort rechtwinklig in das Grat-/Kehlprofil. Werden sie dort miteinander verbunden, entsteht die Grat/Kehllinie.

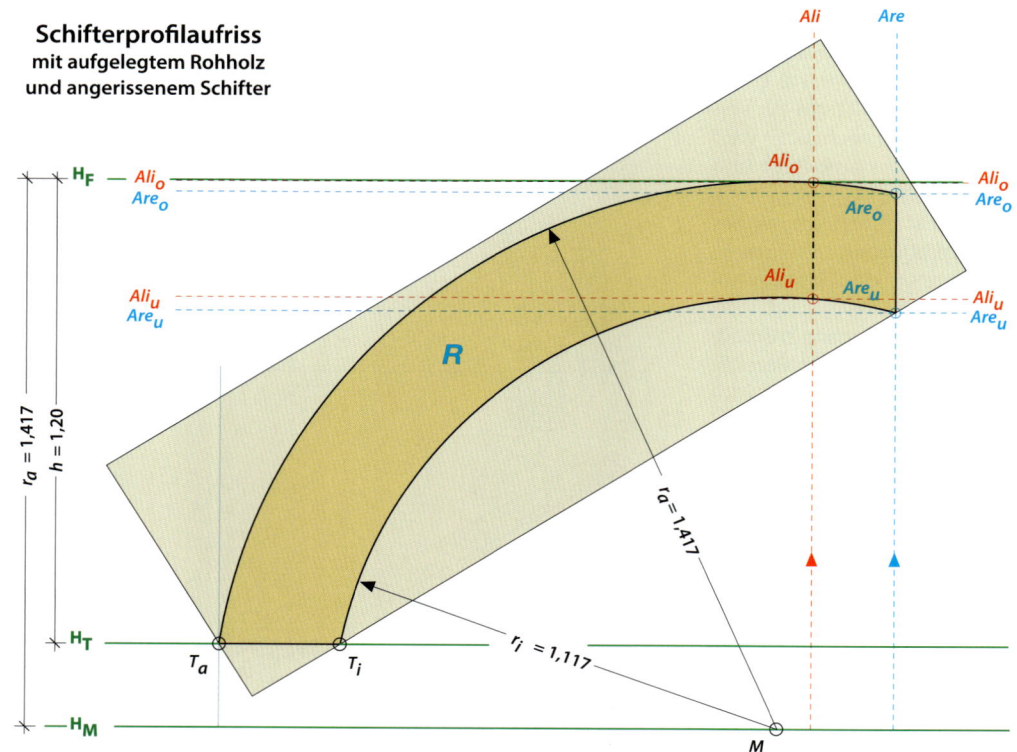

Schifterprofilaufriss
mit aufgelegtem Rohholz und angerissenem Schifter

Bild 5: *Anreißen des Bogenschifters mit behelfsmäßigem Zirkel*

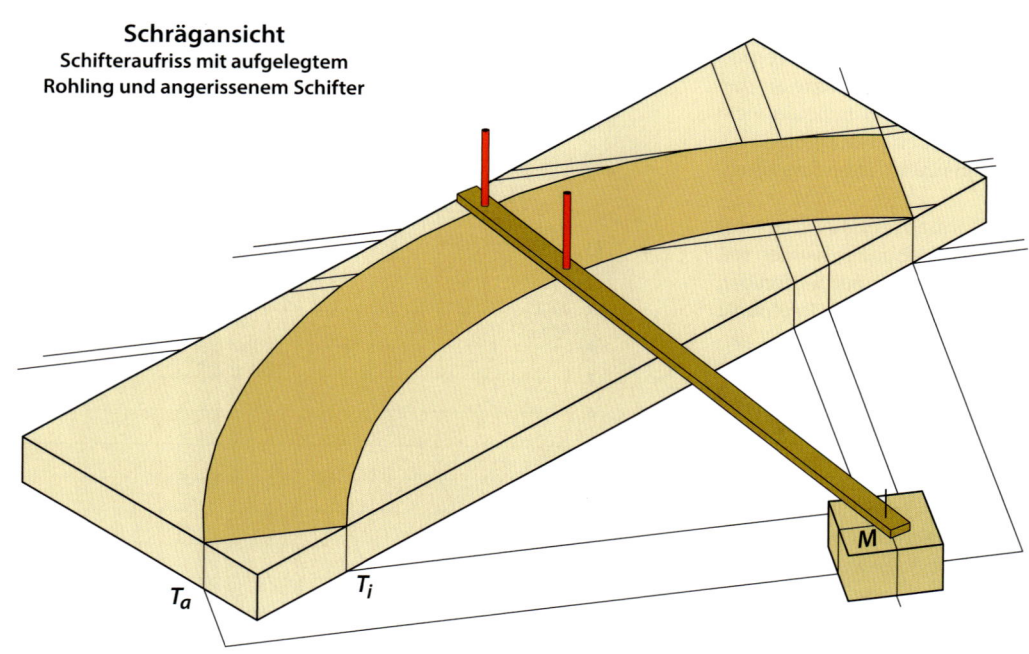

Schrägansicht
Schifteraufriss mit aufgelegtem Rohling und angerissenem Schifter

Bild 6: *Am Mittelpunkt der beiden Anreißradien wird ein Hilfsholz untergelegt, das die gleiche Höhe wie der Rohling aufweist.*

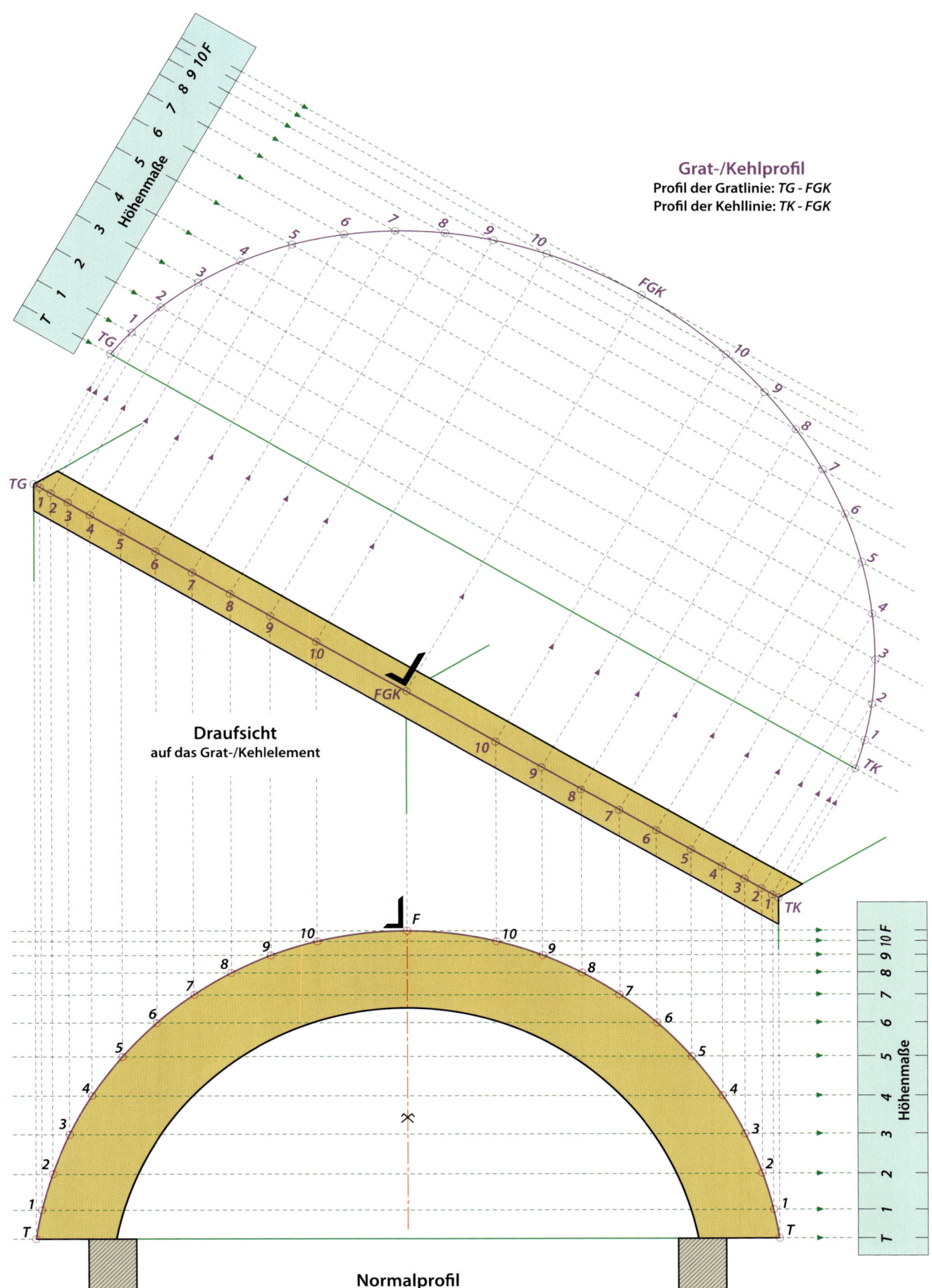

Grat-/Kehlprofil
Profil der Gratlinie: *TG - FGK*
Profil der Kehllinie: *TK - FGK*

Höhenmaße

T 1 2 3 4 5 6 7 8 9 10 F

TG

FGK

TK

Draufsicht
auf das Grat-/Kehlelement

Normalprofil

Höhenmaße

Bild 7: Vergatterung der Grat- beziehungsweise Kehllinie des gekrümmten Grat-/Kehlelementes

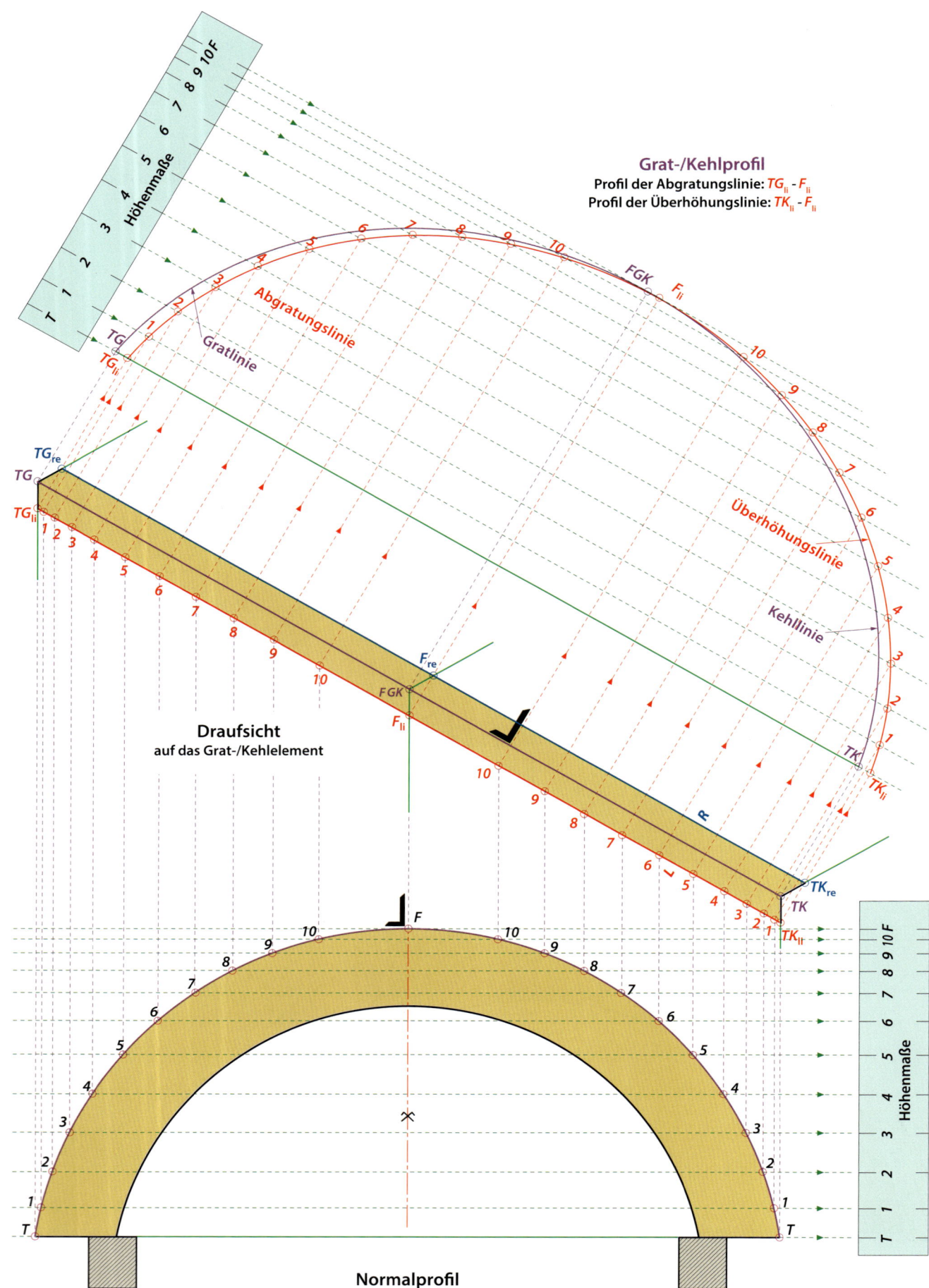

Grat-/Kehlprofil
Profil der Abgratungslinie: $TG_{li} - F_{li}$
Profil der Überhöhungslinie: $TK_{li} - F_{li}$

Höhenmaße

Abgratungslinie
Gratlinie

Überhöhungslinie

Kehllinie

FGK

TG
TG_li

TG_re
TG
TG_li

F_re
FGK
F_li

Draufsicht
auf das Grat-/Kehlelement

R

TK_re
TK
TK_li

Höhenmaße

Normalprofil

Bild 8: *Konstruktion der Abgratungs- beziehungsweise Überhöhungslinie im Grat-/Kehlprofil des gekrümmten Grat-/Kehlelementes*

In **Bild 8** ist die Konstruktion der Abgratungslinie (von TG_{li} bis F_{li}) und der Überhöhungslinie (von TK_{li} bis F_{li}) auf der linken Seite (**L**) des Trägers dargestellt.

In der Draufsicht ist erkennbar, dass die Übertragungslinien aus den Punkten TG_{li}, F_{li} und TK_{li} die rechte Begrenzung des Trägers in den Punkten TG_{re}, F_{re} und TK_{re} schneiden.
Dies bedeutet, dass die Abgratungs- beziehungsweise Überhöhungslinie auf der **rechten** Seite (**R**) des Trägers genau hinter der Abgratungs- beziehungsweise Überhöhungslinie **links** liegen und deshalb mit ihnen kongruent sind.

Wird der Grat-Kehlbogenträger auch auf seiner Unterseite bearbeitet, so entsteht unter der Abgratung (oben) eine Auskehlung (unten) und unter der Überhöhung (oben) eine Abgratung (unten).

Bild 9 verdeutlicht in einer Schrägansicht, wie die Abgratung beziehungsweise die Auskehlung von den Traufpunkten TG (Grat) beziehungsweise TK (Kehle) nach oben stetig abnimmt, um schließlich am Grat-/Kehlfirstpunkt FGK auf Null auszulaufen.

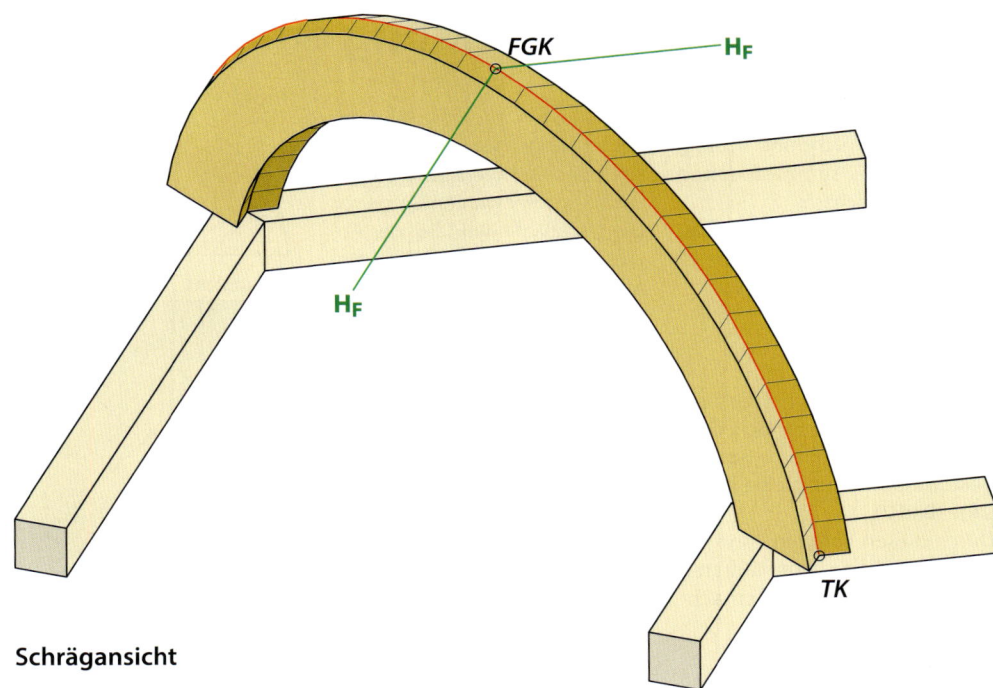

Schrägansicht

Bild 9: Schrägansicht des Grat-/Kehlbogenträgers. Hier wird der Übergang zwischen Kehl- und Gratbereich deutlich.

Die Firstlinie (H_F) ist waagerecht und stellt die Grenze zwischen Auskehlung und Abgratung dar. Wird der Grat-Kehlbogenträger an seiner Ober- und an seiner Unterseite abgegratet beziehungsweise ausgekehlt, so sieht er in der Ansicht aus wie in **Bild 10** dargestellt.

Bild 10: Seitenansicht des fertig auf Ober und Unterseite bearbeiteten Grat-/Kehlbogenträgers

Aufgabe 10: Die Abwicklung einer Zeltdachfläche

Bild 1 zeigt Grundriss, Vorderansicht, Seitenansicht und Schrägansicht eines symmetrischen „Tonnenzeltdaches".
Es soll die Abwicklung der **blau** angelegten Mantelfläche zeichnerisch durchgeführt werden.

Abwicklung

Unter der *Abwicklung* versteht man bei gekrümmten Flächen die Übertragung der Fläche aus der gekrümmten Lage in eine ebene Lage (**Bild 2**).
Durch diesen Vorgang kann die wahre Fläche in einer Darstellungsebene sichtbar gemacht werden.

Dabei liegen auch die Flächenbegrenzungslinien – in der Regel sind dies Dachverschneidungslinien – in ihrer wahren Länge vor. Die Dachfläche wird bei der Abwicklung mit Hilfe einer Vergatterung „verstreckt".
Bild 2 zeigt die Vergatterung, wie sie bei gekrümmten Flächen üblich ist. Die Vorgehensweise kann schrittweise so aussehen:

① Der Dachkörpergrundriss mit der Dachausmittlung wird aufgerissen.
② Das Dachkörper-Profil wird grundrissbezogen aufgerissen.
③ Einzeichnen der Höhenlinien H_1 bis H_7 (dies entspricht der

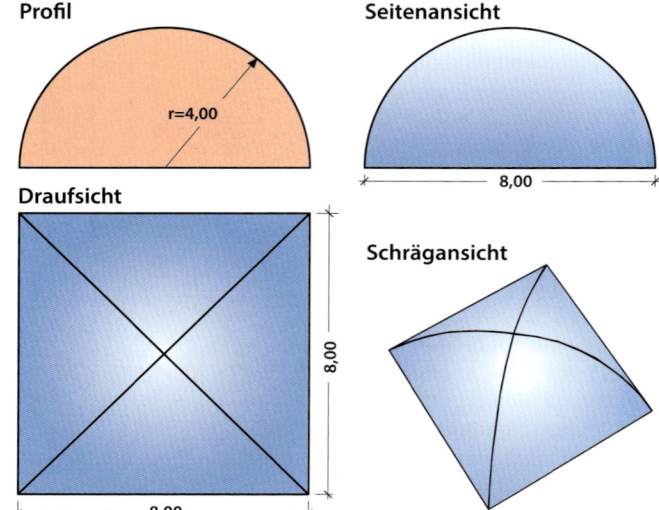

Bild 1: *Das Modell*

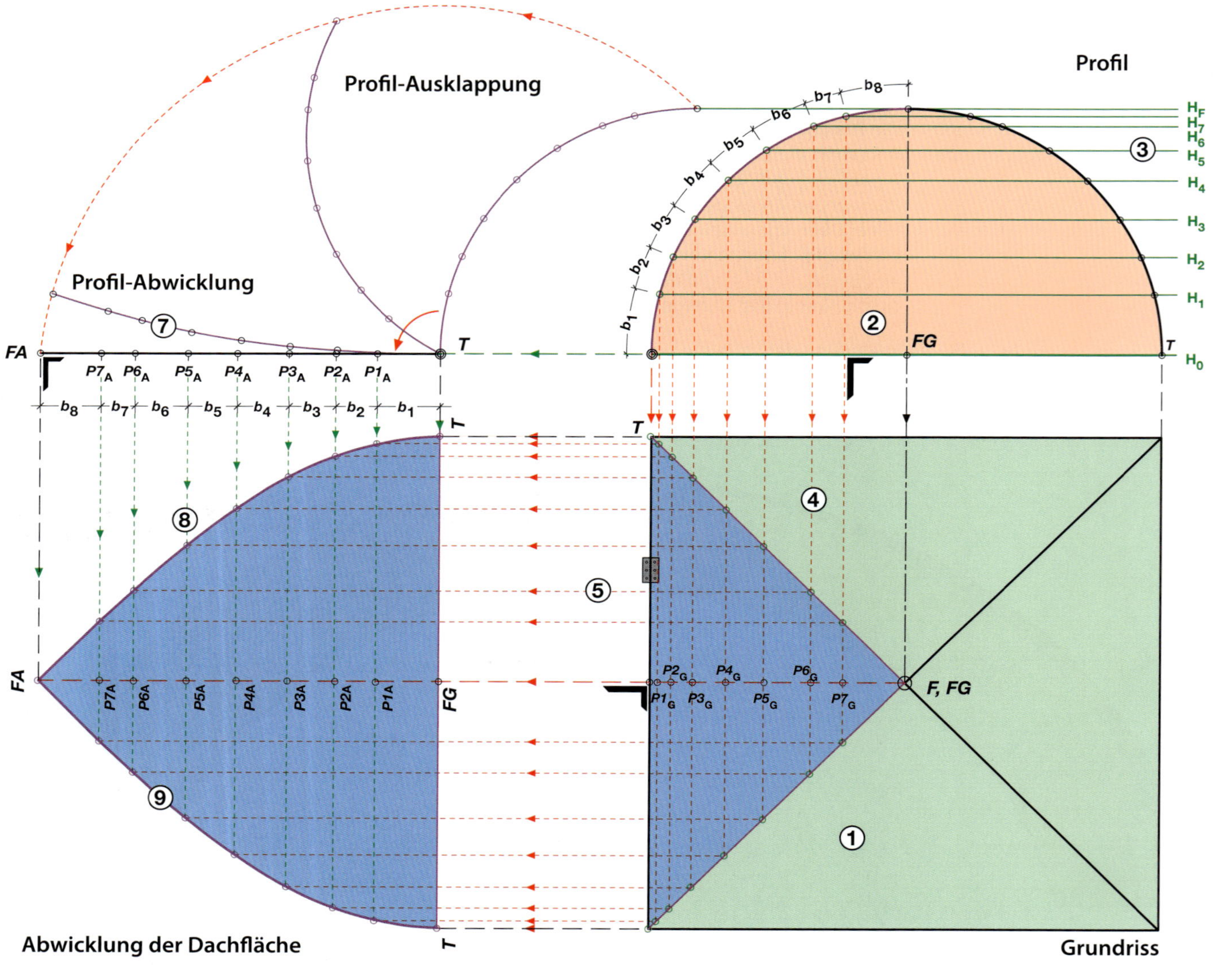

Bild 2: *Für die Darstellung der gekrümmten Dachfläche in der ebenen Lage der Abwicklung werden die Bogenmaße b_1 bis b_8 herangezogen*

Anlage von Höhenebenen). Je größer die Anzahl an Höhenlinien ist, umso genauer wird die Abwicklung. Es empfiehlt sich, an den „flachen" Bogenteilen die Höhenlinien enger einzuteilen. Die Höhenlinien schneiden die Profillinie in den Punkten P_1 bis P_7.

④ Die Lage der Punkte P_1 bis P_7 wird in den Grundriss übertragen. Im Grundriss sind die

Übertragungslinien Höhengrundlinien. Sie schneiden dort die Dachverschneidungsgrundlinien (Gratgrundlinien) in den Punkten P_{1G} („Punkt 1 im Grundriss") bis P_{7G}.

⑤ Aus den Punkten T, P_{1G} bis P_{7G} und FG werden rechtwinklig zur Traufgrundlinie Vergatterungslinien in die Abwicklung gezogen.

⑥ Die durch die Höhenlinien geteilten Bogenteile weisen die Bogenmaße b_1 bis b_8 auf.

⑦ Diese Bogenmaße werden in die Waagerechte „gestreckt" und hintereinander angetragen. **Bild 2** zeigt den Vorgang der Profil-Abwicklung. Zur Übertragung in die gestreckte, gerade Form müssen die einzelnen Bogenmaße mit einer biegsamen Leiste aufgenommen werden. Es entstehen auf der waagerechten Linie T–FA die Punkte P_{1A} („Punkt 1 in der Abwicklung") bis P_{7A}.

⑧ Aus diesen Punkten werden Hilfslinien rechtwinklig zur Waagerechten in die Abwicklung gerissen. Sie schneiden sich dort mit den Vergatterungslinien aus dem Grundriss in den „abgewickelten" Punkten P_{1A} bis P_{7A}.

⑨ Die Punkte werden mit einer Kurve miteinander verbun-

den. Die Kurve stellt die wahre Länge der Gratlinie dar.

In der Regel ergeben sich die meisten Ungenauigkeiten – auch beim Zeichnen mit CAD – beim Vergattern und Abwickeln beim Übertragen der gekrümmten Bogenmaße in die Ebene. Bei einer Aufgabenstellung wie der vorliegenden kann diese Ungenauigkeit durch kleine Rechenoperationen vermieden werden.

In **Bild 4** ist die Vorgehensweise dargestellt. Die gekrümmte Profillinie besteht aus einem Viertelkreisbogen. Die Länge dieses Viertelkreisbogens kann mit den gegebenen Maßen (Radius r = **4,00 m** beziehungsweise Durchmesser d = **8,00 m**) berechnet werden:

$$U = \pi \cdot d = 3{,}14159 \cdot 8{,}00 \text{ m}$$
$$= 25{,}1327 \text{ m}$$
$$U/4 = 25{,}1327 \text{ m} / 4 = 6{,}2832 \text{ m}$$

① Der Viertelkreis mit der **Bogenlänge 6,2832 m** wird beispielsweise in 10 gleiche Strahlen geteilt. Der Innenwinkel zwischen den Strahlen beträgt 90°/10 = **9°**. Die Bogenlänge b jedes Kreisausschnitts ist demgemäß: **6,2832 m/10 = 0,6283 m.**

② Dieses exakte Maß kann ohne Ungenauigkeiten in der Abwicklung rechtwinklig zur Traufgrundlinie 12-mal abgetragen werden. Aus den jeweiligen Endpunkten werden Hilfslinien rechtwinklig in die Abwicklung gerissen.

③ Aus den Schnittpunkten der Strahlen mit der Profillinie werden Senkrechte in den Grundriss gerissen.

④ Sie schneiden dort die beiden Gratgrundlinien.

⑤ Rechtwinklig zur Traufgrundlinie werden Höhengrundlinien in die Mantelfläche gezeichnet, wo sie sich mit den Vergatterungslinien aus der Abwicklung schneiden.

⑥ Die Verbindungslinien der Schnittpunkte ergeben die beiden Gratlinien in ihrer wahren Länge.

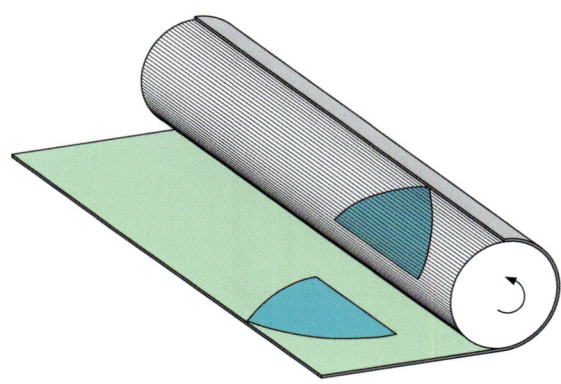

Bild 3: Der Vorgang der „Abwicklung" lässt sich beispielhaft anhand einer Hülse aus Karton (dem Zylinder) darstellen, deren oberste Papierlage abgewickelt wird und dann eben auf der Tischplatte liegt.

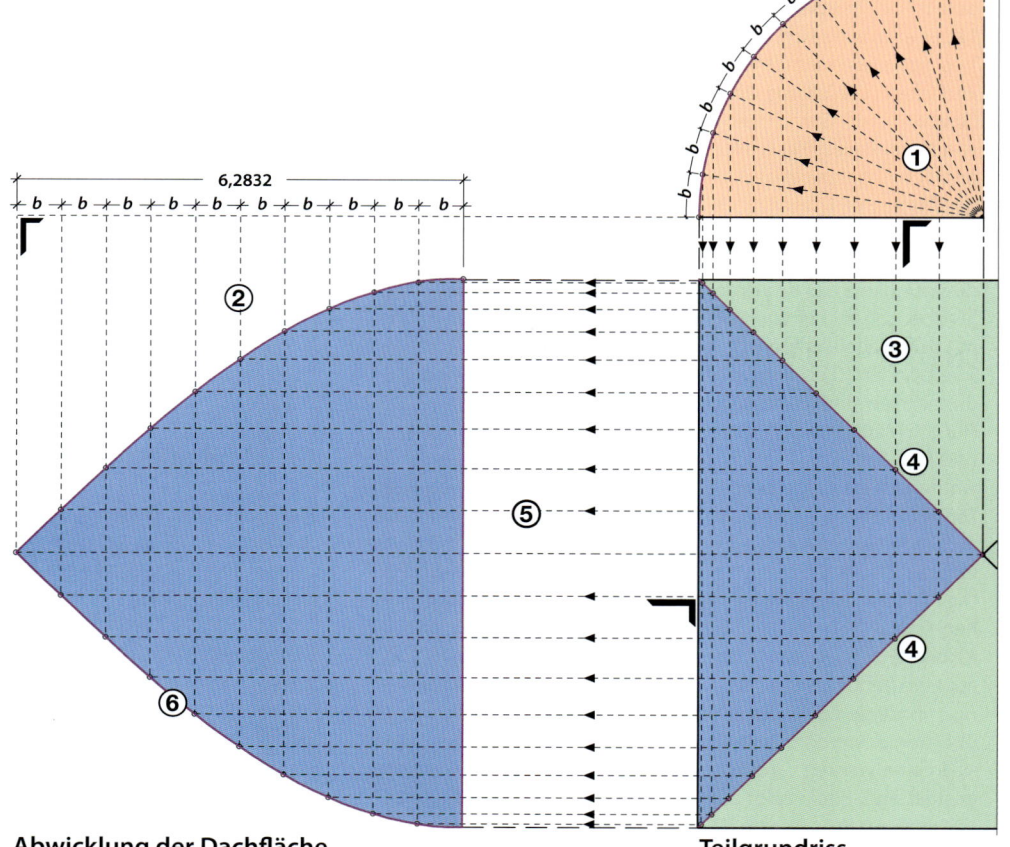

Profil

Abwicklung der Dachfläche

Teilgrundriss

Bild 4: Hier kann das berechnete Bogenmaß b in der Abwicklung genau angetragen werden.

Basiswissen Vergatterung

Aufgabe 11: Die Mantelfläche eines Kreiskegelstumpfes

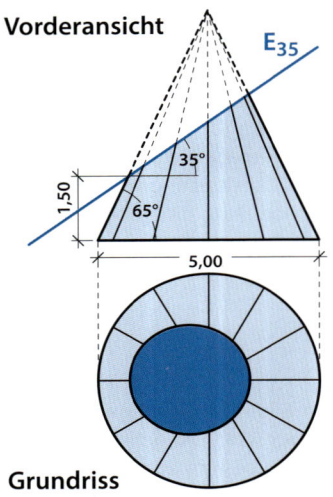

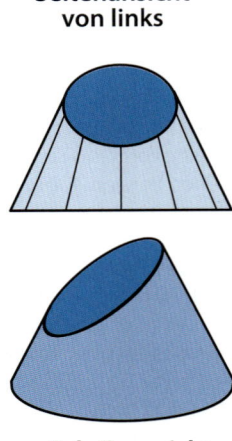

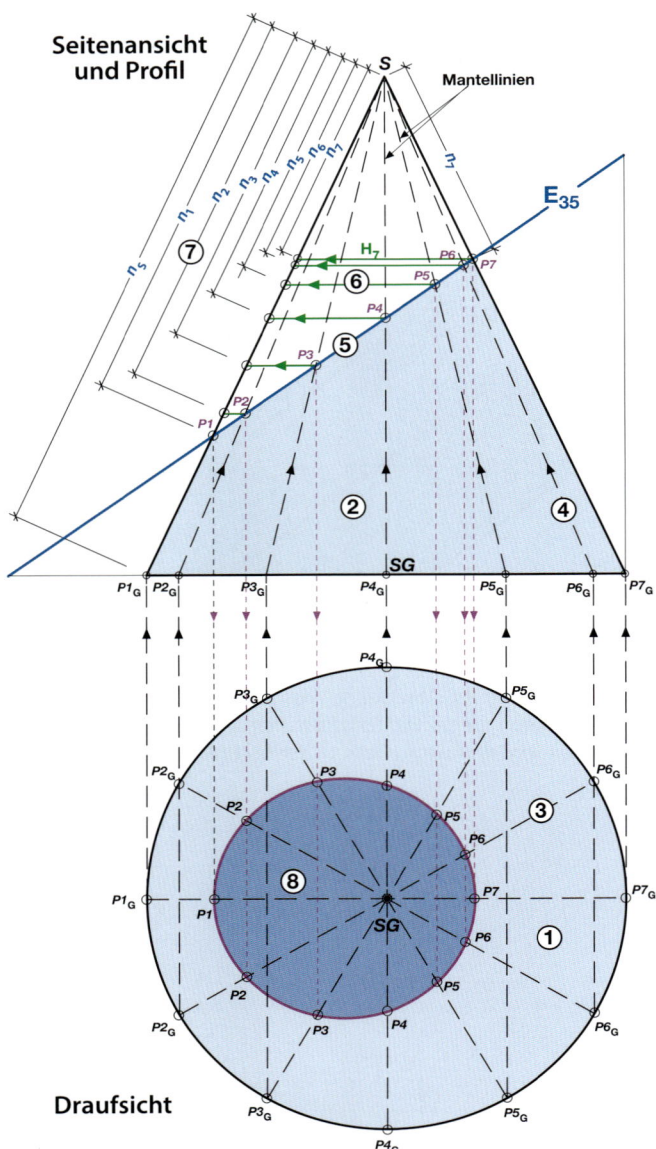

Bild 1: Das Modell

Bild 2: Mantellinienverfahren

Bild 1 zeigt ein schräg abgeschnittenes Kreiskegeldach in verschiedenen Ansichten.

Es soll die Abwicklung der hellblau angelegten Mantelfläche zeichnerisch durchgeführt werden.

Für die grafische (zeichnerische) Abwicklung der Mantelfläche eines durch eine schiefe Ebene geschnittenen Kreiskegels bietet sich das sogenannte *Mantellinienverfahren* an. Diese Methode ist eine Näherungsmethode. Bei sorgfältiger Ausführung werden jedoch praktisch gut verwertbare Ergebnisse erzielt.

Das Mantellinienverfahren

Der Name dieser Methode kommt von den Mantellinien, die vom Grundkreis des Kreiskegels zu seiner Spitze gezeichnet werden. In der Regel wird der Grundkreis in eine gerade Anzahl von symmetrisch angeordneten Sektoren aufgeteilt.

In **Bild 2** sind dies 12 Sektoren, deren Teillinien die Punkte P_{1G} bis P_{7G} auf der Grundkreislinie festlegen. Für die Ausführung ist der Grundriss des Kreiskegels und die Vorderansicht mit dem Profil der unter 35° schneidenden Ebene **E35** erforderlich (**Bild 2**). Die Vorgehensweise kann so aussehen:

① Der Kreiskegelgrundriss wird mit Radius $r = 2,50$ m aufgerissen.

② Das Kreiskegelprofil mit der unter **35°** geneigten Schnittebene **E35** wird grundrissbezogen aufgerissen.

③ Der Grundrisskreis wird –ausgehend vom Kegelspitzen-Grundpunkt S_G – in beliebig viele Sektoren aufgeteilt (hier beispielsweise 12). Es empfiehlt sich, die Teilungslinien symmetrisch anzulegen. Die Teilungslinien (Strahlen) sind Grundlinien von Mantellinien. Sie schneiden den Kegelgrundkreis in den Punkten P_{1G} bis P_{7G}.

④ Die Lage der Grundpunkte P_{1G} bis P_{7G} wird senkrecht auf die Grundlinie des Kegelprofils übertragen und von dort mit dem Kegelspitzpunkt S verbunden. Diese Verbindungslinien sind Mantellinien. Nur die Mantellinien P_{1G}–S und P_{7G}–S werden in ihrer wahren Länge dargestellt.

⑤ Die Mantellinien schneiden die Schnittebene **E35** in den Punkten $P1$ bis $P7$.

⑥ Die Längenmaße von der Kegelspitze S zu den Punkten $P2$ bis $P6$ müssen waagerecht auf eine der beiden Profilneigungslinien des Kegels übertragen werden, damit sie in ihrer wahren Länge dargestellt sind. **Bild 3** zeigt den Vorgang am Beispiel von $P7$ in einer Schrägansicht.

⑦ Die Längenmaße n_1 bis n_7 der waagerecht ausgetragenen

Schnittpunkte $P1$ bis $P7$ werden gemessen oder auf eine Längenmaßlatte übertragen.

⑧ Anmerkung: In **Bild 2** ist die Lage der Punkte $P1$ bis $P7$ von der Schnittebene senkrecht nach unten in den Grundriss übertragen. Die senkrechten Übertragungslinien schneiden die Mantelgrundlinien. Auf diese Weise kann die Draufsicht auf die Schnittfläche konstruiert werden. Dieser Vorgang ist jedoch für die Austragung der Mantelfläche nicht erforderlich.

Die Mantelfläche

Der Mantel des Kreiskegelstumpfes wird beim gezeigten Beispiel an der Mantellinie P_{1G}–$P1$ aufgeschnitten (**Bild 3**).

Sämtliche Punkte des Kegelgrundkreises haben von der Spitze S die gleiche Entfernung. Sie liegen in der Abwicklung auf einem Kreis um S mit dem Mantel-Radius:

$$P_{1G}\text{–}S = n_S \text{ (Bild 4).}$$

Dieser Radius lässt sich aus der Kegelneigung 65° und dem Kegelgrundkreisradius $r=2,50$ m errechnen:

$$\cos 65° = \frac{r}{n_S} \Rightarrow n_S = \frac{r}{\cos 65°} = \frac{2{,}50\ \text{m}}{0{,}42262} = 5{,}9155\ \text{m}$$

Die Länge des Kreisbogens der Abwicklung ist gleich dem Umfang **U** des Kegelgrundkreises. Dieser und damit auch die Maße der Teilkreisbögen lassen sich unschwer berechnen:

$$d = 2 \cdot r = 5{,}00\ \text{m}$$

$$U = \pi \cdot d = 3{,}14159 \cdot 5{,}00\ \text{m} = 15{,}708\ \text{m}$$

$$\frac{U}{12} = \frac{15{,}708\ \text{m}}{12} = 1{,}309\ \text{m}$$

Bild 4 zeigt den gesamten Ablauf:

① Zunächst wird von **S** aus mit Radius n_S=5,9155 m der Kreisbogen mit der Länge **U**=15,708 m gezogen. Die Endpunkte des Kreisbogens sind jeweils Punkt **P1**$_G$ (die Strecke **P1**$_G$–**P1** ist die Stelle, an der der Kegelstumpfmantel aufgeschnitten ist).

② Der Kreisbogen wird in zwölf gleiche Teile geteilt. Das kann durch Abtragen des Teilbogenmaßes **U/12 = 1,309 m** mit einem biegsamen Messband oder Messstab oder durch Abgreifen am Kegelgrundkreis und Übertragen mittels biegsamer Leiste in die Abmantelung erfolgen.

③ Von **S** aus werden die Maße n_1 bis n_7 an den jeweiligen Mantellinien abgetragen. Es entstehen – auch in der Symmetrie – wieder die Punkte **P1** bis **P7**.

④ Die Punkte werden mittels Kurvenlineal oder biegsamer Leiste durch eine gleichmäßig geschwungene Kurve miteinander verbunden.

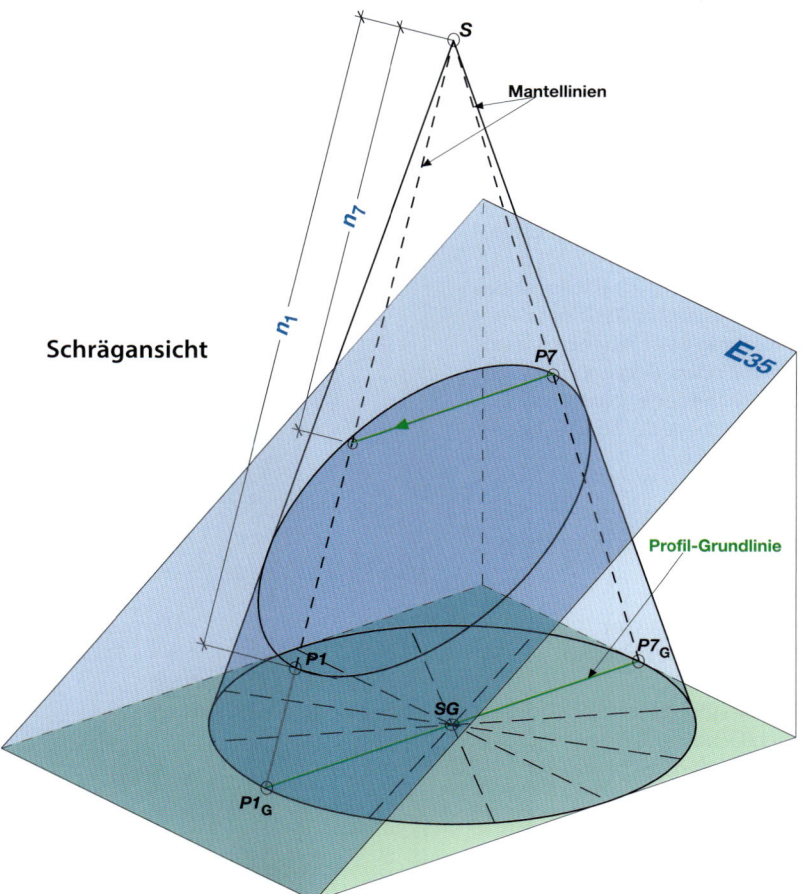

Schrägansicht

Bild 3: Lage der Schnittebene E35 (35° geneigt) und Schnittfläche am Kegel

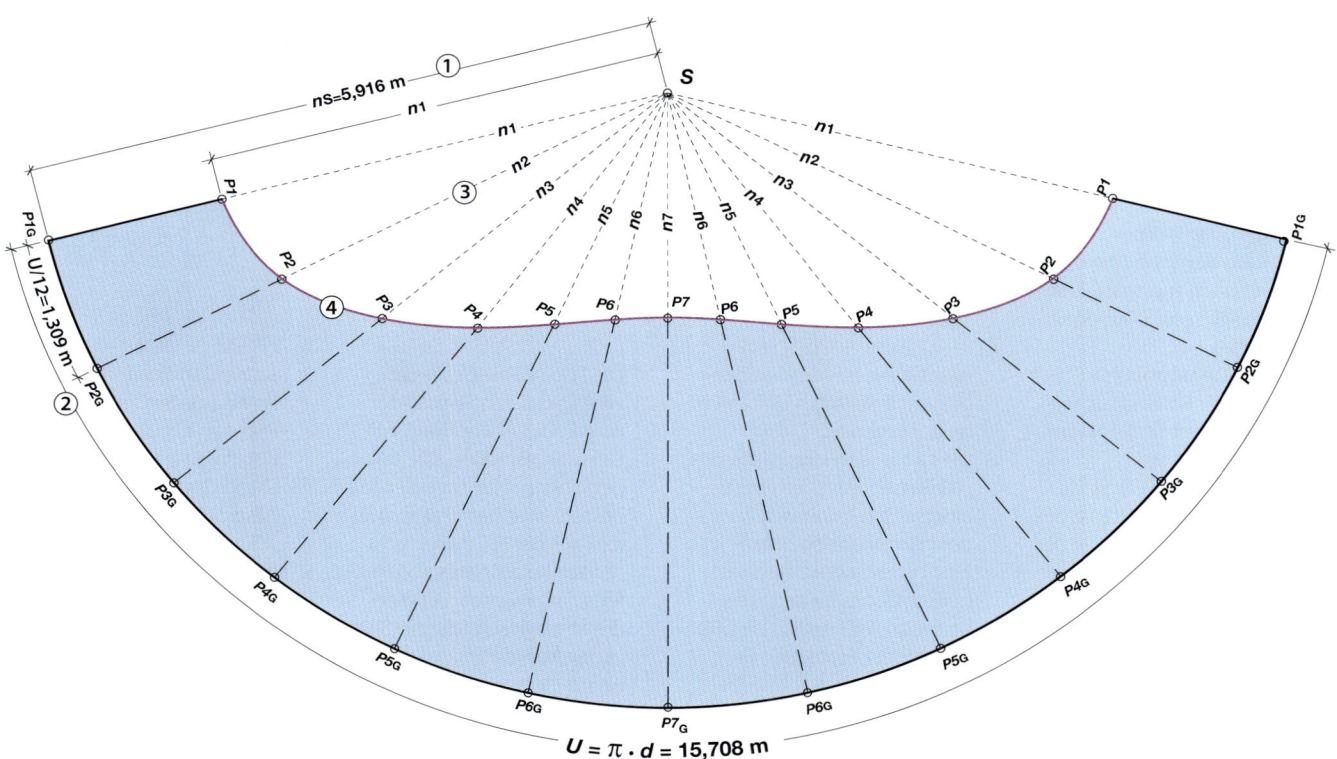

Bild 4: Die Abwicklung der Mantelfläche des Kegelstumpfes

Aufgabe 12: Die Dachfläche einer „hängenden Tonnengaube"

Bild 1 zeigt das Modell eines Pultdaches mit einer „hängenden Tonnengaube", auch „hängende zylindrische Gaube" genannt in vier unterschiedlichen Ansichten.

Geometrisch ist eine „hängende Tonnengaube" ein Teil eines zweimal schräg geschnittenen halben Kreiszylinders, der zum einen von der Dachebene, zum anderen von der Ebene der Stirnfläche geschnitten ist.

Es soll die Abwicklung der Gaubendachfläche zeichnerisch dargestellt werden.

Abwicklung der Gaubendachfläche

Für die Abwicklung der Gaubendachfläche werden benötigt:
- die Seitenansicht (das Pultdach-/Gaubenprofil),
- die rechtwinklige Flächenansicht der Gaubenöffnung (der rechtwinklige Schnitt durch den zylindrischen Körper)

Der Aufreißvorgang kann folgendermaßen aussehen:
① Aufreißen der Seitenansicht (des Profils) mit den gegebenen Maßen (**Bild 2**).
② Herauszeichnen der Flächenansicht des rechtwinkligen Schnittes durch die gedachte Verlängerung des zylinderförmigen Dachkörpers. Vergatterung der Schnittlinie und der Gaubenortganglinie mit Parallelen zur Gaubenneigungslinie.
③ Die Vergatterungslinien bilden in der Seitenansicht Schnittpunkte mit der Hauptdachneigungslinie.
④ Sie bilden ebenfalls Schnittpunkte an der Schnittlinie des rechtwinkligen Schnitts in der Flächenansicht.
⑤ Rechtwinklig zur Gaubenneigungslinie werden nun die Schnittpunkte der Vergatterungslinien mit der Hauptdachneigungslinie durch Hilfslinien herausgezogen.
⑥ Genau so werden nun die Schnittpunkte der Vergatte-

Vorderansicht

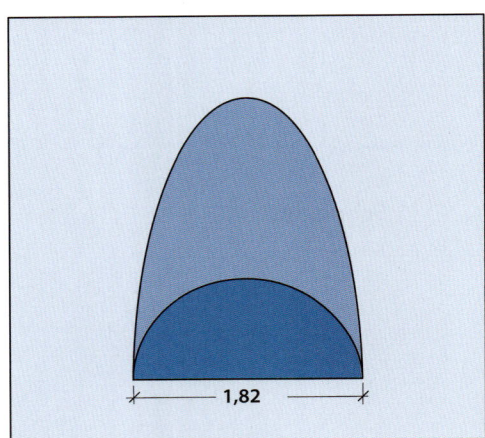

Seitenansicht

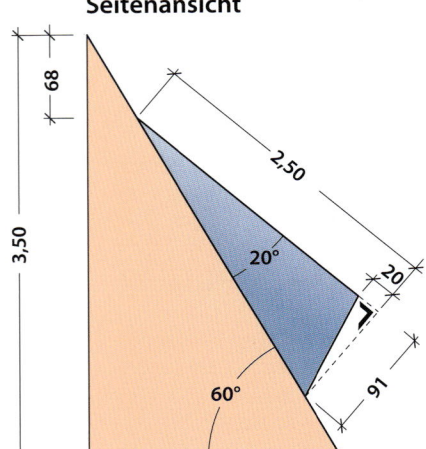

Rechtwinklige Draufsicht auf die Pultdachfläche

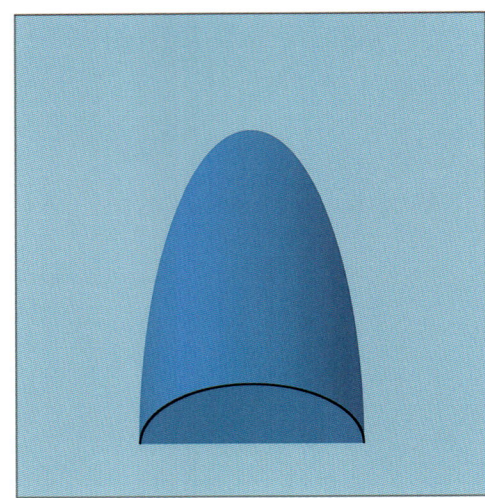

Schrägansicht

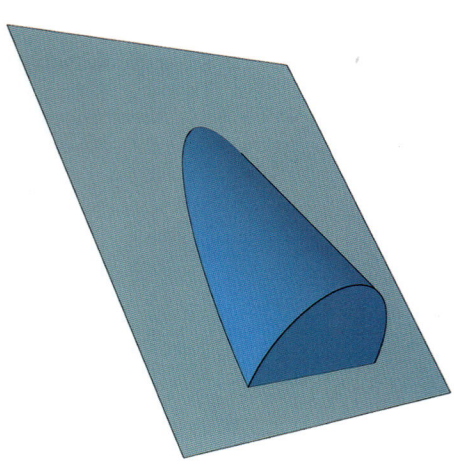

Bild 1: Das Modell

rungslinien mit der Gaubenortganglinie durch Hilfslinien herausgezogen.
⑦ Die Länge der Schnittlinie des „Winkelschnittes" ergibt sich einerseits zeichnerisch aus der Flächenansicht (Maße *a* bis *f*) oder andererseits rechnerisch als Hälfte des Kreisumfanges mit Radius *d*=1,82 m nach der Formel für den Kreisumfang:
$$U = p \cdot d$$
$$= 3,1416 \cdot 1,82$$
$$= 5,718 \text{ m}$$
$$U/2 = 2,859 \text{ m}$$

Die Schnittlinie des rechtwinkligen Zylinderschnitts wird in der Abwicklung zur Geraden verzogen. Die Teilbogenlängen *a* bis *f* werden (am besten mit einem Papierstreifen) aus der Flächenansicht des Winkelschnittes abgegriffen („abgewickelt") und an die abgewickelte Schnittlinie in der Abwicklung angetragen.
⑧ Aus den entstandenen Punkten werden rechtwinklig zur abgewickelten Schnittlinie Hilfslinien gezogen. Diese

schneiden sich mit den Hilfslinien aus der Seitenansicht in Punkten der abgewickelten Kehllinie.
⑨ Die in 6 erzeugten Vergatterungslinien des Ortganges schneiden sich mit den Hilfslinien aus **8** zu Punkten auf der abgewickelten Gaubenortganglinie. Die Punkte werden zu einer Kurve verbunden.

Der **blau** hinterlegte Bereich in der Abwicklung stellt die Fläche der abgewickelten Gaubendachfläche dar.

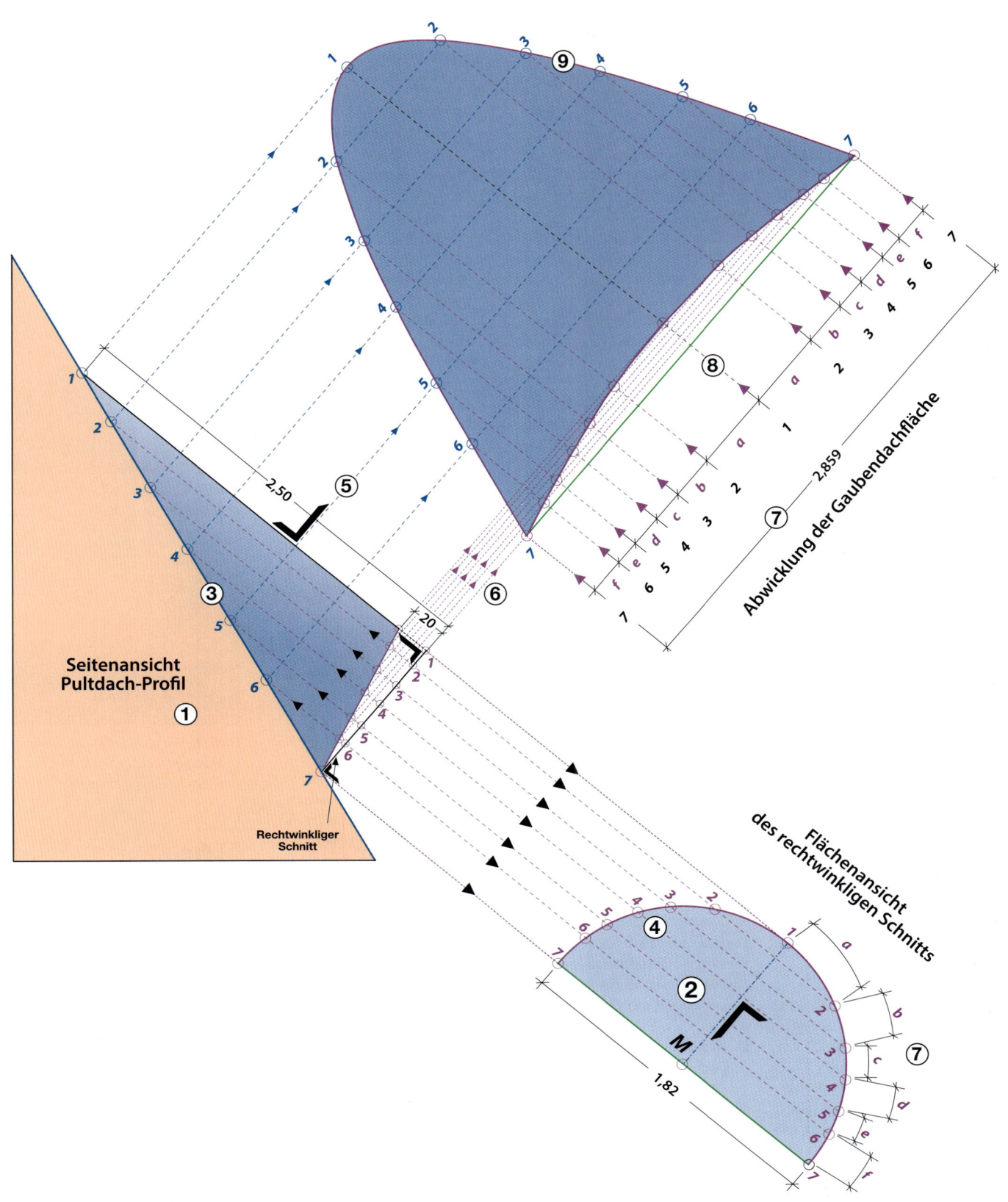

Bild 2: Zeichnerische Austragung der wahren Dachfläche der „hängenden Tonnengaube" durch eine Vergatterung

Windschiefe Dachflächen – Einführung

Was heißt „windschief"

Für die Lage von zwei Geraden im Raum sind drei Fälle möglich: Sie schneiden sich in einem Punkt, sie sind parallel oder sie sind windschief. Dabei heißen zwei Geraden windschief, wenn sie sich nicht schneiden und nicht parallel sind. Die Fläche zwischen zwei windschiefen Geraden nennt man „windschiefe Fläche".

Ursachen und Wirkungen

Windschiefe Dachflächen findet man vorwiegend bei älteren Gebäuden (**Bild 1**).
Besonders in Städten mit gut erhaltener mittelalterlicher Bausubstanz stehen Bauwerke, die aus Gründen der Platzausnutzung schiefwinklige Grundrisse und entsprechend „verzogene" Dachflächen aufweisen.
Bei der Sanierung derartiger Objekte müssen windschiefe Flächen oft aus denkmalschützerischen Gründen erhalten bleiben (**Bild 2**).

Im modernen Ingenieurholzbau sind Projekte mit windschiefen Dachflächen als Hallen mit sogenannten HP-Schalen (hyperbolisches Paraboloid) und Freiformflächen anzutreffen.
Aber auch kleine Bauwerke werden aus gestalterischen oder repräsentativen Gründen mit windschiefen Dachflächen gebaut (**Bild 3**).

Im Folgenden werden am Beispiel und am Modell eines unregelmäßigen trapezförmigen Dachkörpergrundrisses (**Bild 4**)
- die Merkmale von windschiefen Dachflächen dargestellt,
- Möglichkeiten aufgezeigt, wie windschiefe Dachflächen vermieden werden können,
- die Überprüfung der Ebenheit von Dachflächen herausgearbeitet, und
- Tipps für den Abbund der Sparren einer windschiefen Dachfläche gegeben.

Das Aufreißen der Ansichten, Profile und Austragungen des Modelles und das Ausarbeiten ausgewählter Hölzer, zum Beispiel im Maßstab 1:50, erleichtern das Verständnis.
Der Dachkörper soll eine waagerechte Firstlinie und eine waagerechte Trauflinie aufweisen. Die beiden Ortganggrundlinien der Giebel verlaufen rechtwinklig zur Firstgrundlinie und sind deshalb parallel.

Ursache für das Entstehen der windschiefen Fläche ist die Tatsache, dass Trauf- und Firstlinie waagerecht, aber im Grundriss nicht parallel sind. Die in gleichmäßigen Abständen angelegten Schnitte (Normalprofile) in **Bild 4** zeigen die Auswirkung: Alle Neigungslinien weisen unterschiedliche Neigungen auf.

Allgemein ist festzustellen:

Eine windschiefe Fläche liegt dann vor, wenn sich innerhalb der Dachfläche die Neigungen der Normalsparren ändern.

Alternative Dachausmittlungen

Windschiefen Dachflächen geht man wegen des hohen Arbeitsaufwandes und wegen der hohen Kosten gerne aus dem Wege.
Deshalb soll zunächst festgestellt werden, welche alternativen Dachausmittlungen bei abweichenden Bedingungen möglich sind:

- **Bild 5** zeigt die Isometrie des Dachkörpers mit windschiefer Dachfläche.
- In **Bild 6** ist die Neigung der unteren Ortganglinie über die Länge der waagerechten Trauflinie geführt. Es ergibt sich eine waagerechte Abschlussfläche nach oben („Dachterrasse").
- In **Bild 7** ist die Neigung der oberen Ortganglinie über die Länge der waagerechten

Trauflinie geführt. Es ergibt sich eine geneigte Firstlinie.
- In **Bild 8** ist die Neigung der oberen Ortganglinie entlang der Firstlinie geführt. Es entsteht ein senkrechter Wandteil unter der geneigten Trauflinie.
- In **Bild 9** ist die Dachfläche durch eine Diagonale in zwei dreieckförmige (und damit ebene) Teilflächen geteilt. Es entsteht eine Kehllinie.
- In **Bild 10** ist die Diagonale in der anderen Richtung angelegt. Es entstehen zwei ebene dreieckförmige Teilflächen mit einer Gratlinie.

Eben oder windschief?

Bei vier- oder mehreckigen Flächen ist es bisweilen nicht klar, ob sie eine *regelmäßig ebene Fläche* sind.
Zur Überprüfung der Ebenheit kann man sich einer Methode bedienen, die auf zwei Grundsätzen beruht:
- Dreiecksflächen mit geraden Kantenlinien sind immer eben.
- Alle Projektionen von ebenen Flächen auf ebene Flächen sind ebenfalls ebene Flächen.
- Daraus lässt sich ableiten: Ist ein Viereck eben, so müssen die Schnittpunkte der Diagonalen in allen Projektionen identische Punkte abgeben (siehe auch **Seite 8**).

Die mögliche Vorgehensweise zeigt **Bild 11**: Die Dachfläche ist durch zwei Diagonalen in vier (jeweils zwei) ebene dreieckförmige Teildachflächen aufgeteilt. Wenn die Dachfläche eben wäre, müssten die Diagonalen 1 und 2 in einer Ebene liegen. Das heißt, ihr Kreuzungspunkt müsste in jeder Abbildungsebene ein *identischer Punkt* sein. Dies ist hier nicht der Fall, die Dachfläche ist deshalb windschief!
In **Bild 12** bleibt die Diagonale 2 unverändert, Diagonale 1 wird angepasst (siehe Schritte a bis e),

Bild 1: Eckhaus mit windschiefer Dachfläche und Walm

Bild 2: Windschiefe Dachfläche mit waagerechter First- und Trauflinie und Aufschieblingen

Bild 3: Seilbahnstation mit windschiefen Dachflächen, geneigter Firstlinie und waagerechter Trauflinie

bis der Schnittpunkt **S** identisch ist. Das Ergebnis entspricht der Darstellung in **Bild 8**.

In **Bild 13** wird von der Seitenansicht ausgegangen. Diagonale 2 bleibt unverändert, Diagonale 1 wird angepasst (siehe Schritte a bis f). Das Ergebnis entspricht der Darstellung in **Bild 6**.

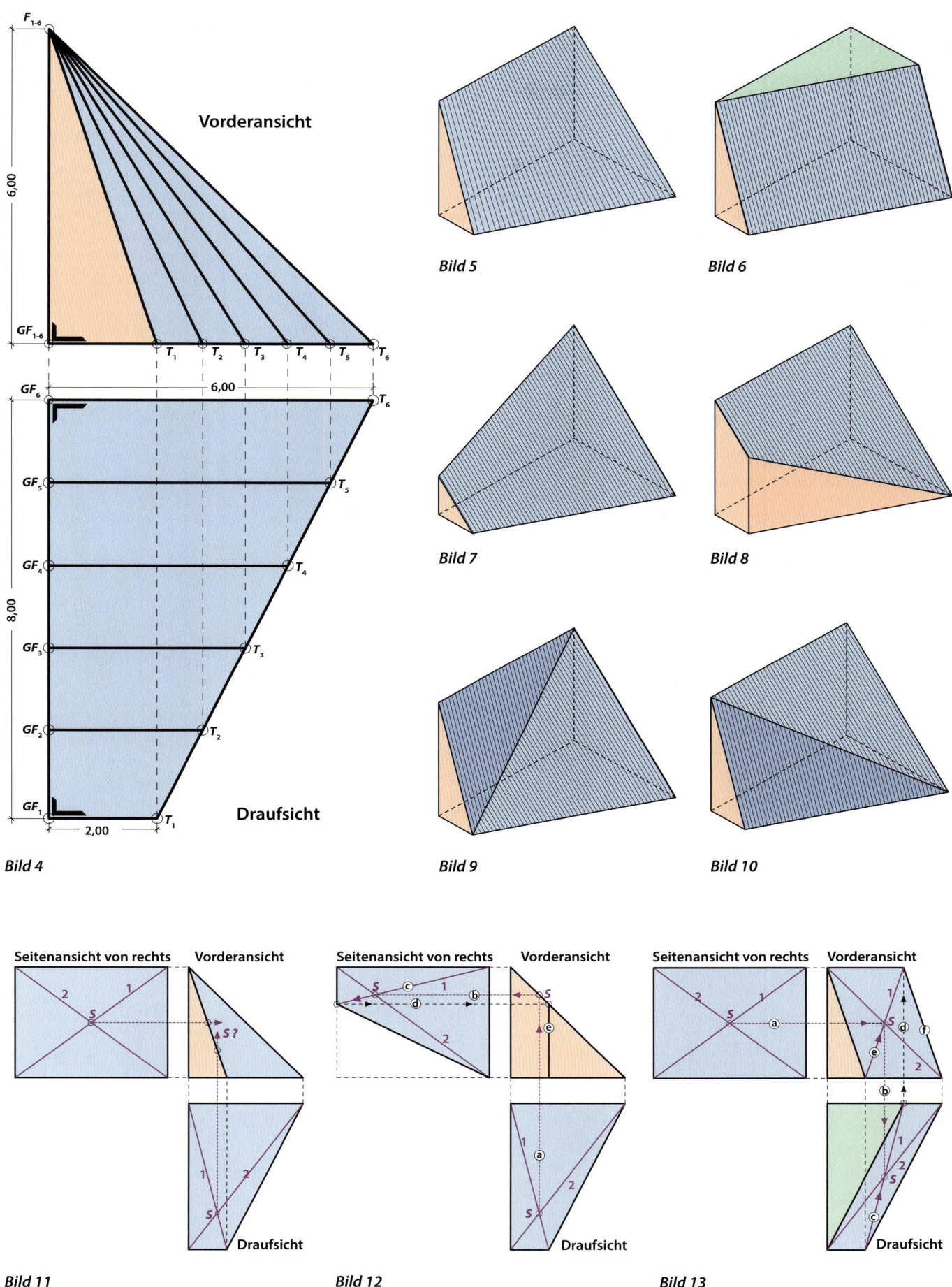

Bild 4

Vorderansicht

Draufsicht

Bild 5

Bild 6

Bild 7

Bild 8

Bild 9

Bild 10

Seitenansicht von rechts   Vorderansicht

Draufsicht

Bild 11

Seitenansicht von rechts   Vorderansicht

Draufsicht

Bild 12

Seitenansicht von rechts   Vorderansicht

Draufsicht

Bild 13

Basiswissen Vergatterung

Aufgabe 13: Windschiefe Dachfläche – Sparrenlage

Einteilung der Sparrenlage

„Windschief" heißt nicht, dass der Wind eine Konstruktion oder Fläche schief gestellt hat, sondern dass sie „verwunden" ist. Den Wortstamm kann man auch in den Begriffen „Schraubengewinde" und „Wendeltreppe" antreffen. Bereits bei der Planung windschiefer Konstruktionen ist die Art der Verwindung sorgfältig zu beurteilen. Nur so kann ein Weg gefunden werden, der die Ausführung mit geringstem Aufwand zulässt.

Hinweise zur Konstruktion

Die Herstellung der Unterkonstruktion windschiefer Dachflächen ist aufwendig und erfordert ein hohes Maß an Genauigkeit – vor allem, wenn die Konstruktion innen sichtbar bleiben soll. Bezüglich des Abbundes derartiger Konstruktionen lohnen sich einige Überlegungen. Hierfür lässt sich ein exakter Aufriss der Ge-gebenheiten nicht vermeiden. Sehr genaue Ergebnisse sind mit 2D-CAD-Programmen zu erzielen.

Wie sehr sich das Herangehen an die Lösung auf die beim Abbund erforderlich werdenden Arbeiten auswirkt, soll nun demonstriert werden.

Sparren rechtwinklig zur Trauflinie

Geht man in „gewohnter" Weise an die Konstruktion und plant die Sparreneinteilung im Grundriss rechtwinklig zur Trauflinie, so erhält man zwei „Typen" von Sparren, nämlich die „schrägen"

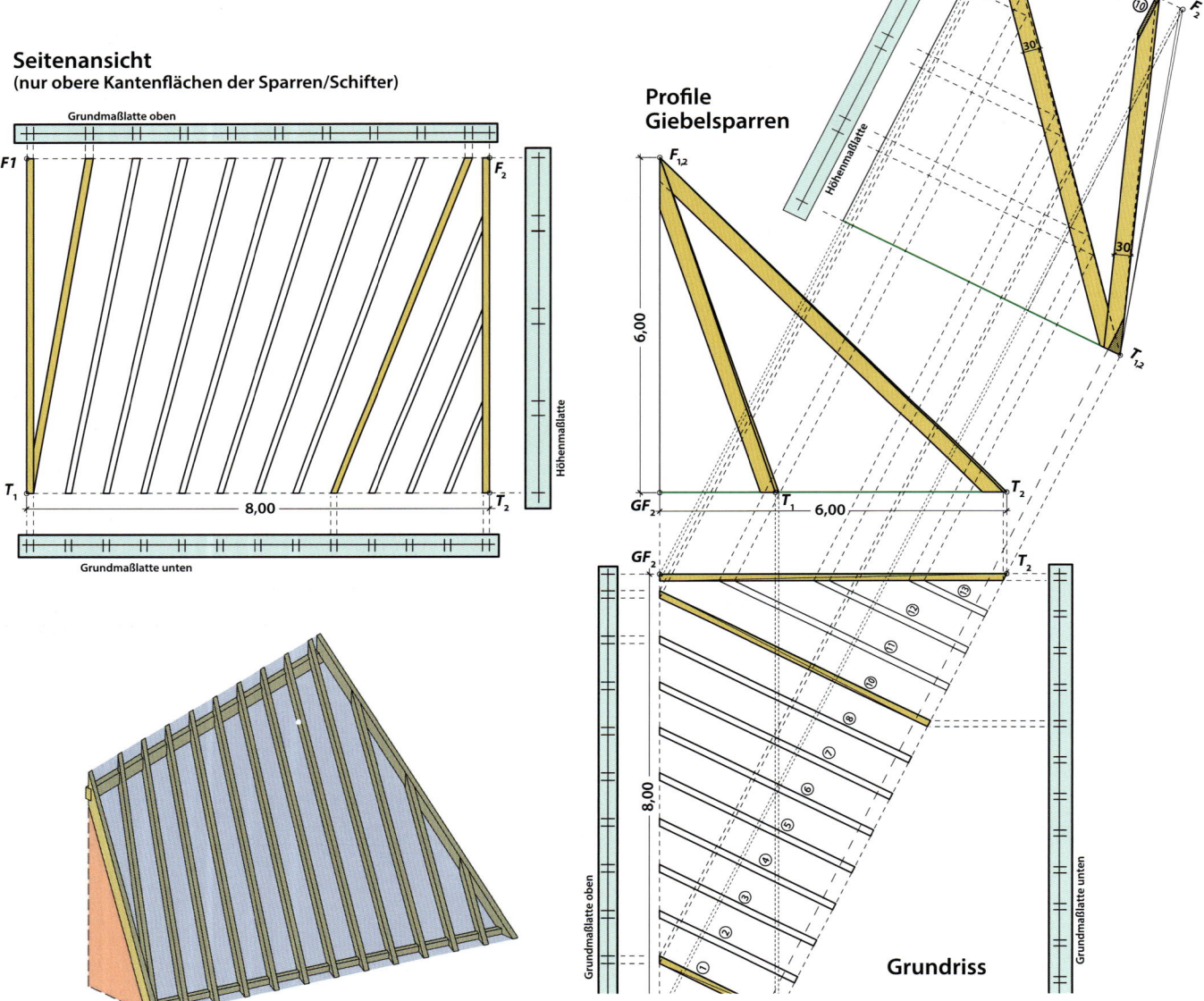

Bild 1: Sparrenlage rechtwinklig zur Trauflinie

Basiswissen Vergatterung

Giebelsparren und die vermeintlichen „Normalsparren".

In **Bild 1** ist diese Sparreneinteilung am Beispiel des in **Bild 4 auf Seite 87** vorgestellten Dachmodells verwirklicht.

Wie der Aufriss zeigt, sind diese „Normalsparren" keine „normalen" Sparren, sondern müssen wie die Giebelsparren abgegratet werden (**Bild 2**).

Es kommt erschwerend hinzu, dass im Bereich der Giebelsparren Schifter entstehen, die alle unterschiedlich anzureißende Schifterschmiegen und Unterklauen unter den Giebelsparren am breiteren Giebel erhalten (**Bild 3**).

Sparren rechtwinklig zur Firstlinie

In **Bild 4** ist dargestellt, wie im gleichen Dachmodell die Sparrenlage *rechtwinklig zur Firstlinie* ausgeführt wird. Es sind hier Sparren 12/30 gewählt, die jeweils an ihrer Oberseite (bei Innenausbau eventuell auch an der Unterseite) abgegratet werden müssen.

Der Einbau gekrümmter Pfetten kann vermieden werden. Eine parallel zur Trauflinie verlegte Fußpfette und eine waagerechte Firstpfette erzeugen in den Sparren einfacher anzureißende und auszuarbeitende Kerven.

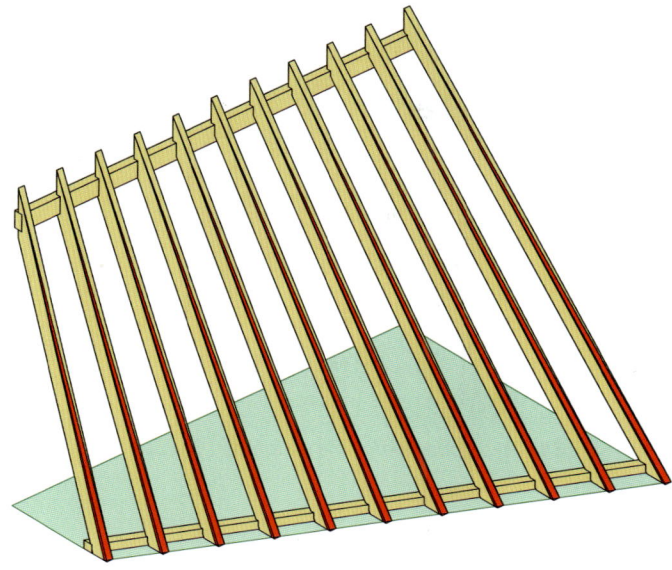

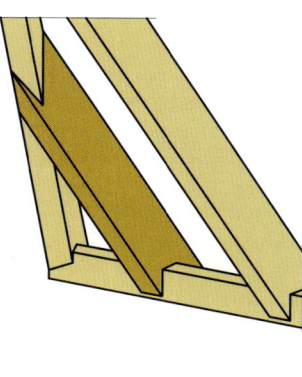

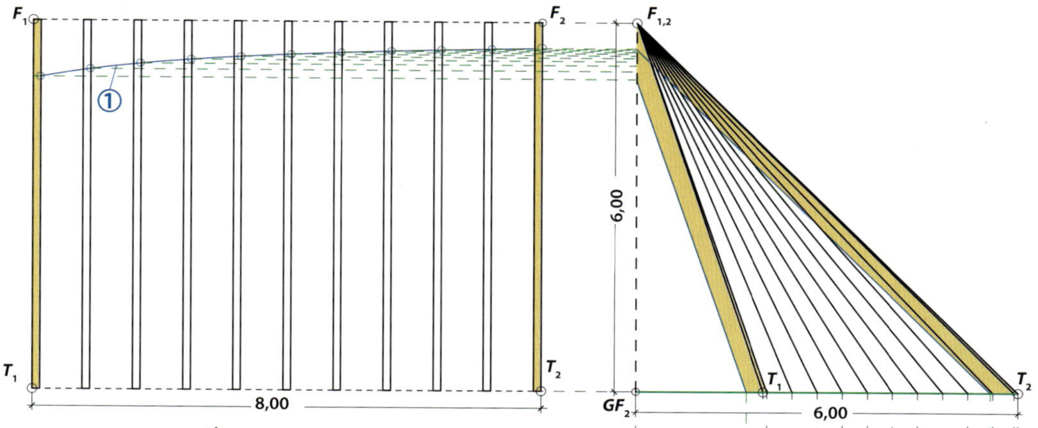

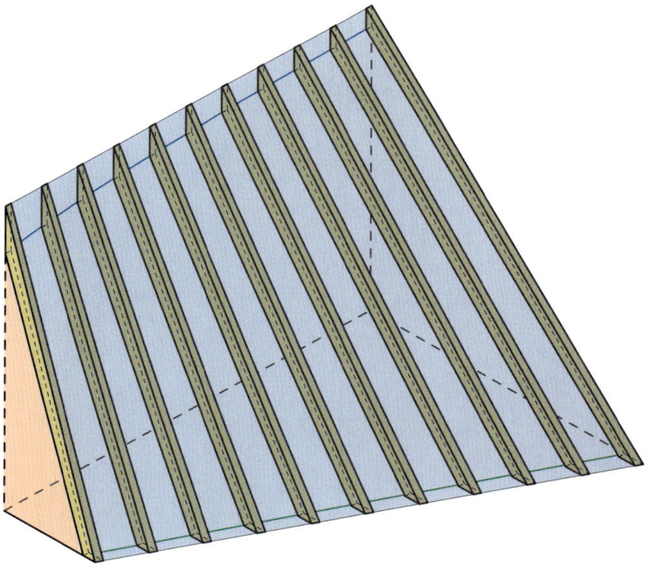

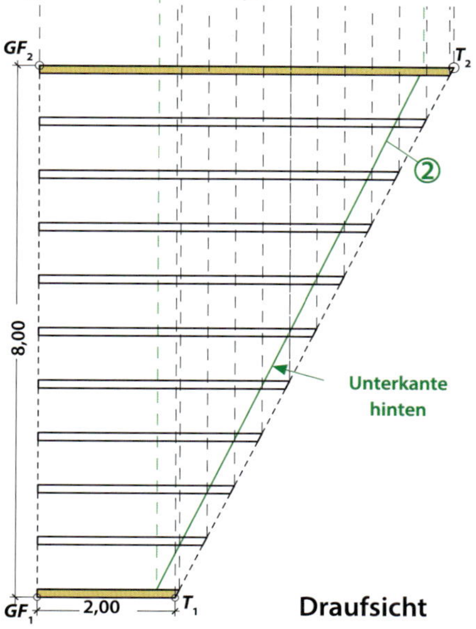

Bild 2: Hier sind die Abgratungen an den einzelnen Sparren rot markiert (bezogen auf die Sparreneinteilung in **Bild 4**).

Bild 3: Schrägansicht von innen/ unten auf den letzten Schifter (Nr. 13) mit Aufklauung auf die Fußpfette und Unterklaue am Giebelsparren.

Seitenansicht von rechts

Vorderansicht

Draufsicht

Unterkante hinten

Bild 4: *Sparrenlage rechtwinklig zur Firstlinie. Jeder Sparren weist eine unterschiedliche Neigung und eine Abgratung auf. Die Firstsenkel-Abschnittshöhe nimmt mit steigender Neigung zu. Die Verbindungslinie der Anfallspunkte der Sparrenunterkanten am senkrechten Abschnitt ① und am waagerechten Abschnitt ② sind nicht linear, sondern beschreiben Kurven!*

Basiswissen Vergatterung

So durchdringt die Firstpfette die Sparren rechtwinklig. Von der Anreiß- und Abbundtechnik her ist dies eine günstige Lösung.

Die Anreißmaße müssen für jeden einzelnen Sparren gesondert vorliegen. Jeder Sparren muss einzeln abgebunden werden. Die Bemaßungsfunktionen von CAD-Programmen vereinfachen den Vorgang erheblich.

Alle Sparren werden als „schräge" Sparren behandelt, weil sie nicht rechtwinklig zur Traufgrundlinie angeordnet sind und deshalb nicht im Normalprofil „stehen". Die Bezeichnung „schräger Sparren" trifft jedoch nur teilweise zu, weil die Sparren ja nur in einem bestimmten Teil abgegratet werden müssen. Wichtig ist, dass alle Sparren gleich „behandelt" werden. Konstruktion und auch Berechnung sind übersichtlich und verhältnismäßig einfach durchzuführen, was in der Folge auch bewiesen werden wird.

Die „einfachere" Lösung

Eine Erkenntnis aus diesen Betrachtungen ist, dass sich die Planung der Sparrenlage bei windschiefen Dachflächen nach den Grundrisskanten richten sollte, die rechtwinklig oder annähernd rechtwinklig zueinander liegen.
Im gezeigten Beispiel sind dies die Firstgrundlinie und die beiden Ortganggrundlinien.
Die Lage der Pfetten beeinflusst das Aussehen der Sparrenkerven. Dabei müssen bei der Firstpfette und bei der Fußpfette unterschiedliche Kriterien beachtet werden.
Bei der Festlegung der **Firstpfette** geht man am besten von der flacher geneigten Seite der Konstruktion aus (**Bild 5**).

Das senkrechte Maß h_{FF} von Firstlinie bis Firstpfetten-Oberkante und das Grundmaß g_{AF} von Firstabschnitt bis Firstpfetten-Außenkante ist bei allen Sparren gleich groß. Diese Maße lassen sich mit dem Alpha-Anreißgerät gut anreißen.
Ähnlich verhält es sich mit den Sparrenkerven an der **Fußpfette** (**Bild 6**). Damit am steileren Giebelsparren eine ausreichend große Sparrenkerve entsteht, ist der rechtwinklige Abstand g_{FR} entsprechend zu wählen. Am schnellsten erhält man praxisgerechte Werte durch Aufreißen der Details im Maßstab 1:2, 1:5 oder am genauesten mit dem CAD-Programm.

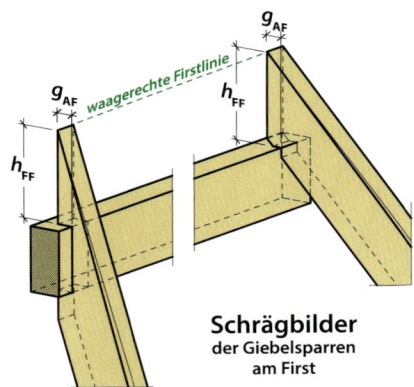

Bild 5: Firstpunktdetail mit Fußpfette

Bild 6: Fußpunktdetail mit Fußpfette

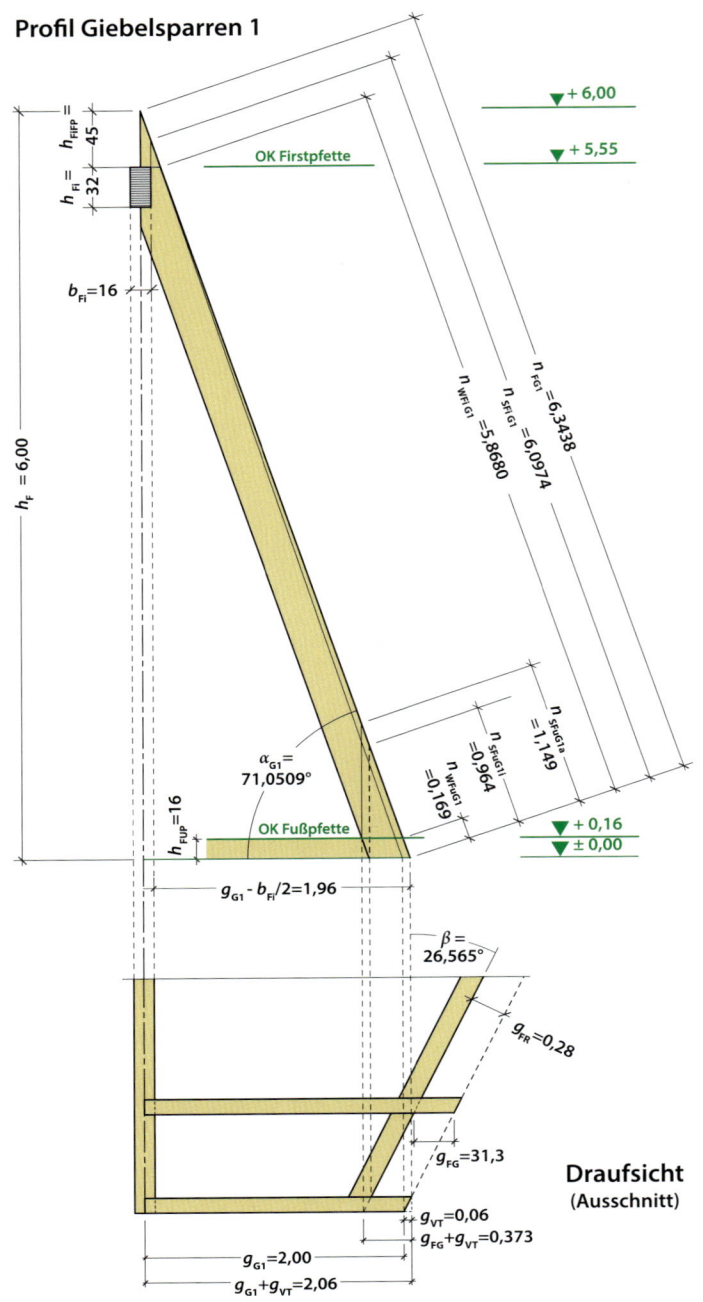

Bild 7: Ergebnisse der Berechnungen an Giebelsparren 1

Berechnung

Die **Bilder 7** und **8** zeigen die Profile der beiden Giebelsparren mit den für das Anreißen der Hölzer erforderlichen Maßen.

Die Berechnung der Maße für den **Giebelsparren 1** kann so aussehen:

Grundwinkel β:

$$\beta = \arctan\left(\frac{g_{G2} - g_{G1}}{g_F}\right) = 26{,}5651°$$

Neigungswinkel α_{G1} des nicht abgegrateten Giebelsparrens Nr.1:

$$\alpha_{G1} = \arctan\left(\frac{h_F}{g_{G1i}}\right) = 71{,}0509°$$

Grundmaß g_{G1i} an der Innenseite des Giebelsparrens Nr. 1:

$$g_{G1i} = g_{G1} + g_{VT} = 2{,}06 \text{ m}$$

Pfettengrundabstand g_{FG} bei gewähltem rechtwinkligem Pfettengrundabstand $g_{FR}=28$ cm:

$$g_{FG} = \frac{g_{FR}}{\cos\beta} = 0{,}3130 \text{ m}$$

Grundverstichmaß g_{VT} der Abgratung:

$$g_{VT} = \tan\beta \cdot b_S = 0{,}06 \text{ m}$$

Neigungsmaß n_{WFuG1} des Fußpfetten-Waagerisses:

$$n_{WFuG1} = \frac{h_{FuP}}{\sin\alpha_{G1}} = 0{,}1691 \text{ m}$$

Neigungsmaß n_{SFuG1a} des Fußpfetten-Senkelrisses außen:

$$n_{SFuG1a} = \frac{g_{FG} + g_{VT}}{\cos\alpha_{G1}} = 1{,}1487 \text{ m}$$

Neigungsmaß n_{SFuG1i} des Fußpfetten-Senkelrisses innen:

$$n_{SFuG1i} = \frac{g_{FG}}{\cos\alpha_{G1}} = 0{,}9640 \text{ m}$$

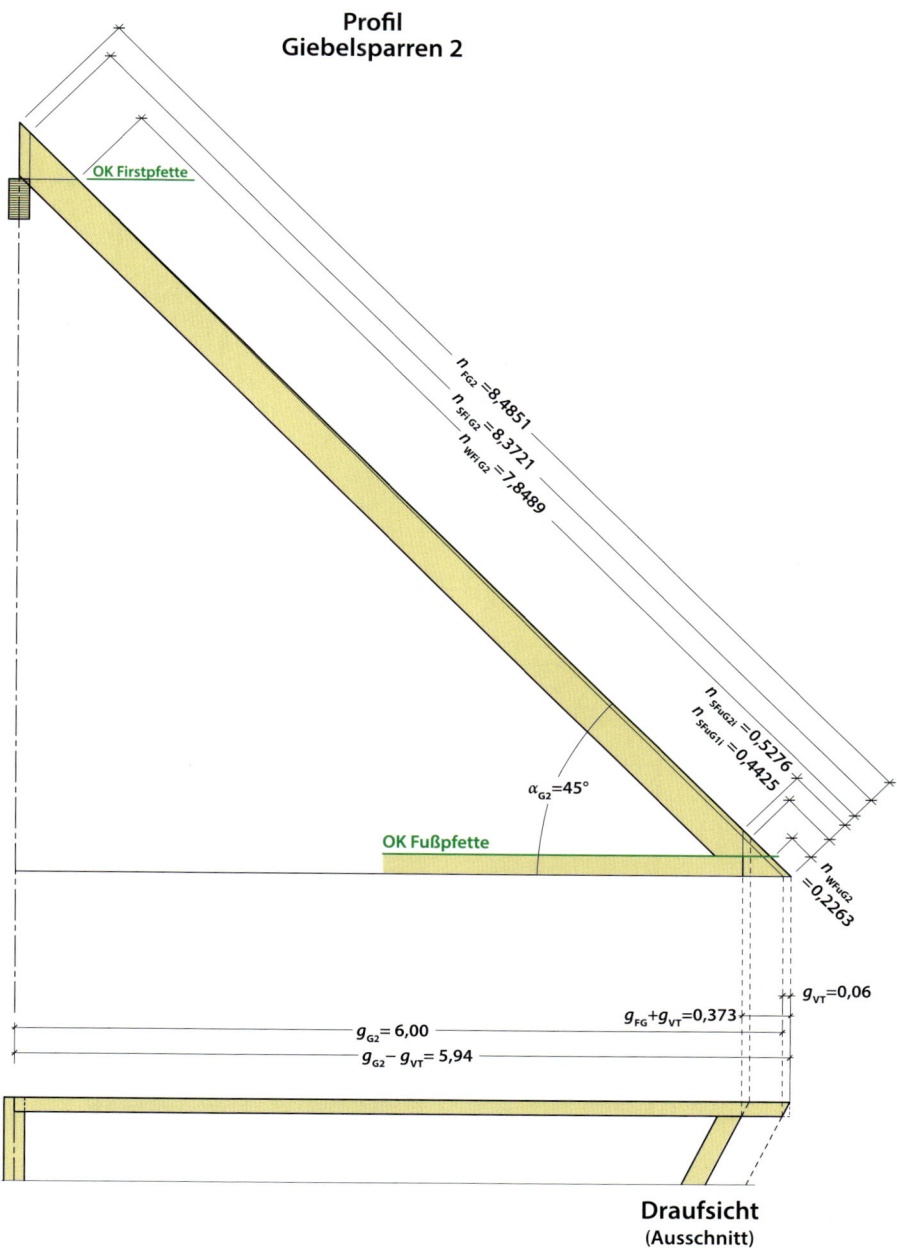

Profil Giebelsparren 2

OK Firstpfette

$n_{FG2} = 8{,}4851$
$n_{SFiG2} = 8{,}3721$
$n_{WFiG2} = 7{,}8489$

$n_{SFuG2j} = 0{,}5276$
$n_{SFuG1} = 0{,}4425$

$\alpha_{G2}=45°$

OK Fußpfette

$n_{WFuG2} = 0{,}2263$

$g_{VT}=0{,}06$

$g_{FG}+g_{VT}=0{,}373$

$g_{G2}= 6{,}00$
$g_{G2} - g_{VT}= 5{,}94$

Draufsicht
(Ausschnitt)

Bild 8: *Ergebnisse der Berechnungen an Giebelsparren 2*

Neigungsmaß n_{SFiFP} des Firstpfetten-Senkelrisses:

$$n_{SFiFP} = \frac{h_F - h_{FiFP}}{\sin\alpha_{G1}} = 5{,}868 \text{ m}$$

Neigungsmaß n_{WFiFP} des Firstpfetten-Waagerisses:

$$n_{WFiFP} = \frac{g_{G1i} - b_{Fi}/2}{\cos\alpha_{G1}} = 6{,}0974 \text{ m}$$

Neigungsmaß n_{FG1} Firstabschnitt Giebelsparren 1:

$$n_{FG1} = \frac{g_{G1i}}{\cos\alpha_{G1}} = 6{,}3437 \text{ m}$$

Für die Berechnung der dazwischen eingeteilten Sparren muss jeweils das Grundmaß zwischen Firstgrundlinie und nicht abgegratetem Traufpunkt (=Sparren-Nullpunkt) und dem daraus resultierenden Sparren-Neigungswinkel berechnet werden.

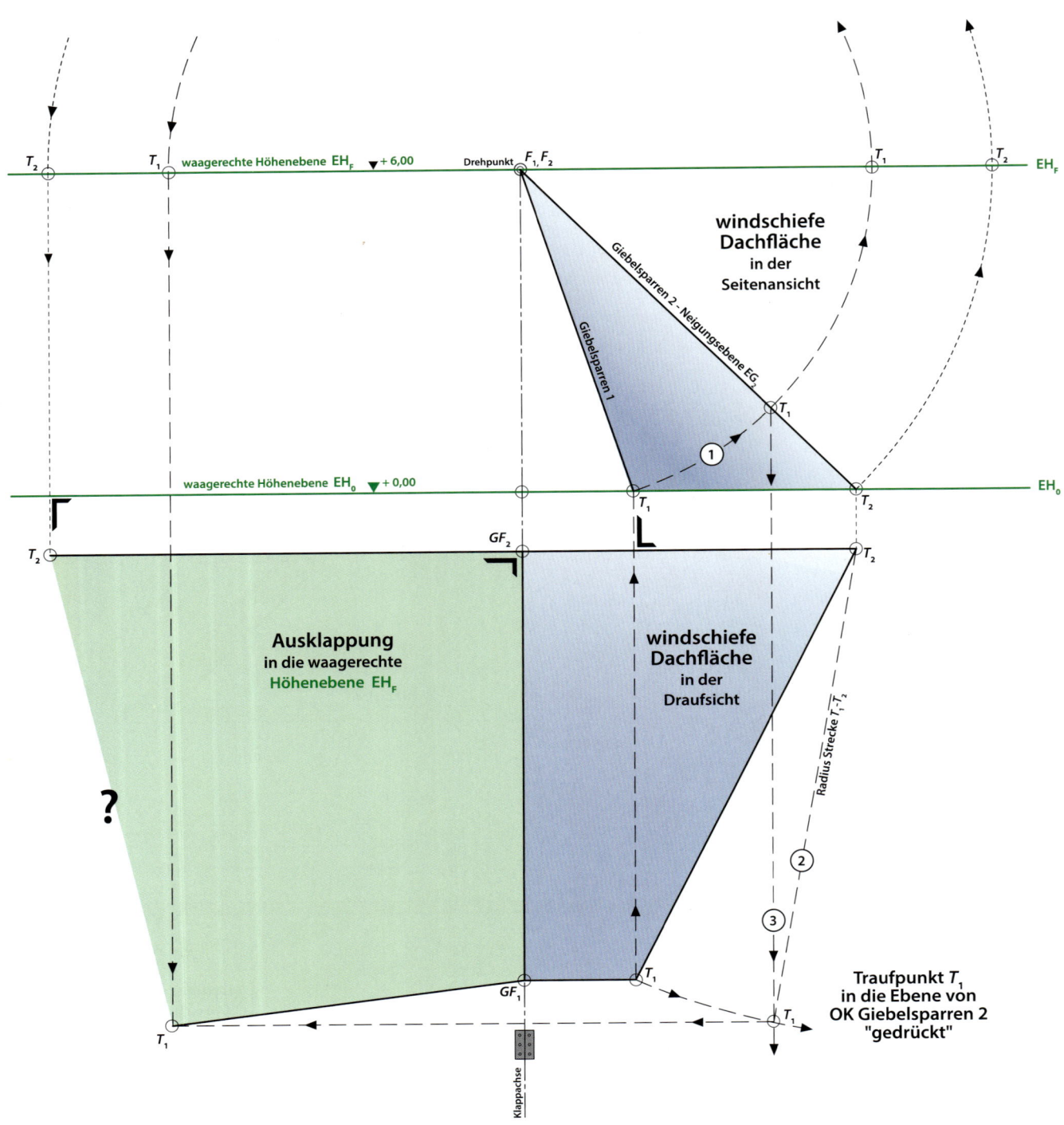

Bild 9: *Will man die wahre Fläche einer windschiefen Dachfläche ermitteln, so muss sie in eine Ebene „gedrückt" (abgewickelt) werden. Dies ist hier beispielhaft am Traufpunkt T_1 demonstriert. Im Profil wird T_1 in die Dachflächenebene von Giebelsparren 1 gedreht ①. Bei diesem Vorgang ② ändert sich jedoch die Trauflänge nicht (sie wird nicht kürzer), deshalb „wandert" T_1 nach „außen" ③. Der Verlauf der ausgeklappten und abgewickelten Trauflinie (?) ist hier noch nicht eindeutig!*

Die wahre Fläche

Die Berechnung der wahren Dachfläche bei windschiefen Konstruktionen ist sehr anspruchsvoll und für den „normalen" Zimmerer nicht ausführbar. Zeichnerisch

wurde und wird oft die mit zunehmender Verwindung der Fläche immer ungenauere geradlinige Ausklappung ausgeführt.

Geometrisch richtig ist die Darstellung der wahren Fläche über

eine Abwicklung. Diese ist jedoch nur eine – je nach Zeichengenauigkeit mehr oder weniger genaue – Näherung.

Da sich der Vorgang der Abwicklung im dreidimensionalen Raum abspielt, ist er zunächst nur schwer

verständlich. **Bild 9** zeigt die Vorgehensweise bei der Abwicklung am Beispiel von Traufpunkt T_1. Dieser wird in die **Neigungsebene EG₂** des **Giebelsparrens 2** „gedrückt". Weil sich dabei die Länge der Trauflinie zwischen T_1 und T_2 nicht

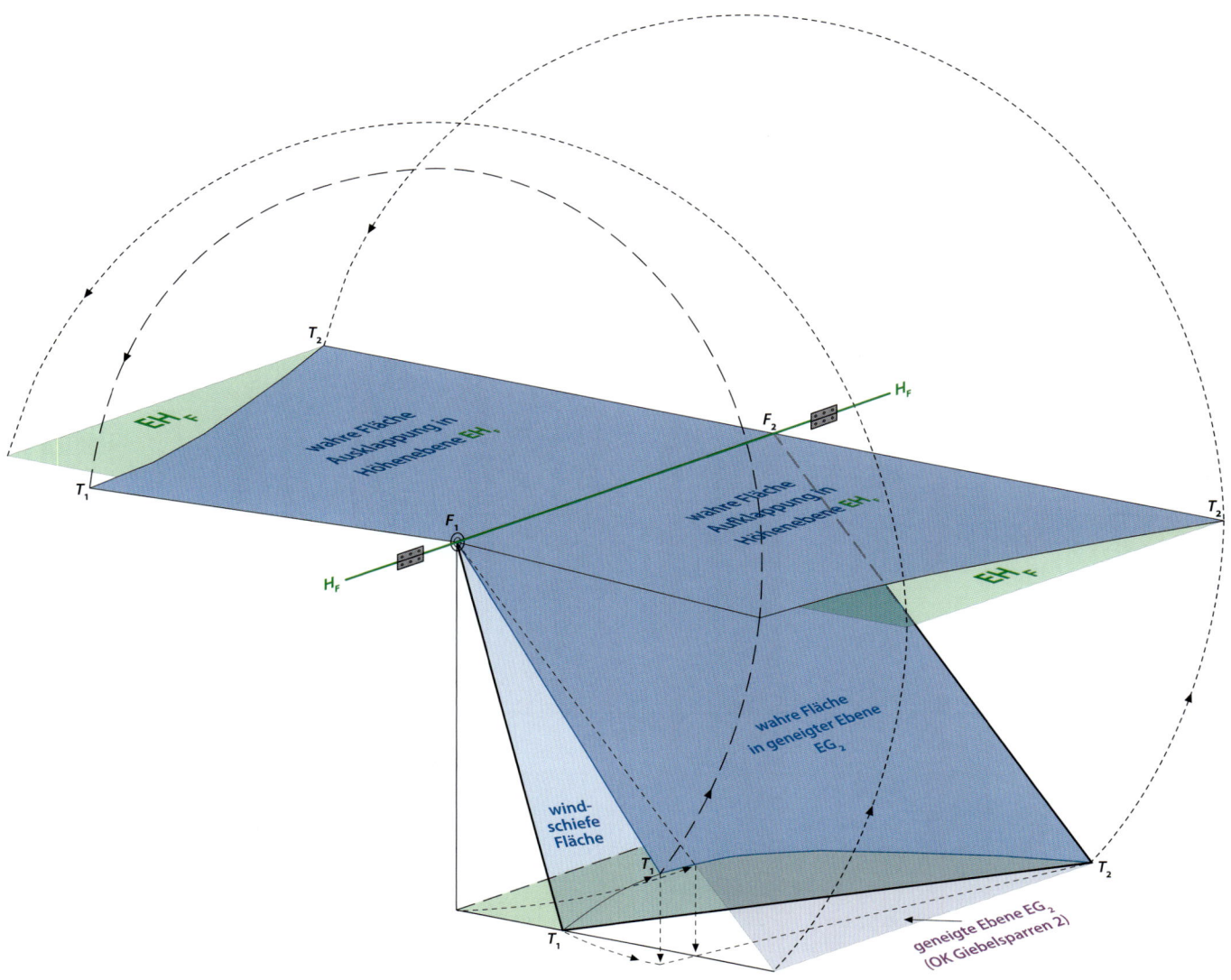

Bild 10

ändern kann, wird T_1 nach „außen"
abgelenkt.
Als Drehachse für die Klappung
wird die waagerechte Firstlinie
herangezogen, weil die Sparren
dort rechtwinklig anschließen.
Traufpunkt T_1 wird zunächst in
der **Neigungsebene EG$_2$** abge-

bildet und dann mit Drehachse
Firstlinie in die **Höhenebene EH$_F$**
aufgeklappt.
Der besseren Übersicht halber
(**Bild 9**) ist er dann weitere 180° in
die waagerechte Ebene **EH$_F$** be-
ziehungsweise **EH$_0$** ausgeklappt.
Bild 10 verdeutlicht den Vorgang

in einer Schrägansicht. Zur Ermittlung der **wahren Trauflinie** in der
Abwicklung muss dieser Vorgang
über mehrere rechtwinklig zur
Firstgrundlinie verlaufende „Vergatterungslinien" (zum Beispiel
die Innenkanten der Sparren)
wiederholt werden.

Bild 11 auf **Seite 94** zeigt diese
Ermittlung der wahren Trauflinie
anhand von vier gleichmäßig
eingeteilten Vergatterungslinien.
Das Ergebnis zeigt, dass die wahre
Trauflinie eine Kurve darstellt!

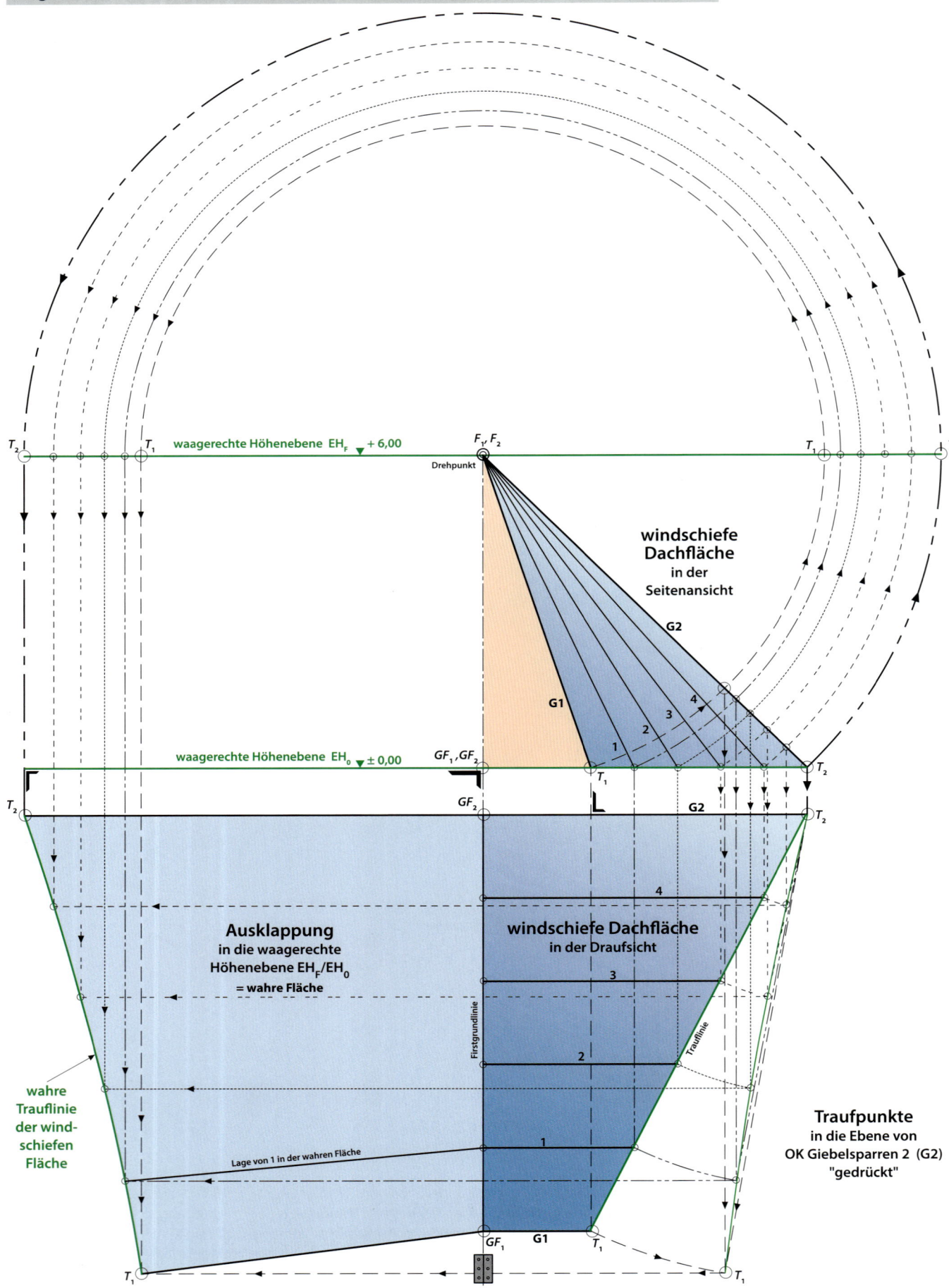

Bild 11: *Ermittlung der wahren Fläche und der wahren Länge der Trauflinie der windschiefen Dachfläche. Zusätzlich ist die wahre Lage der Vergatterungslinie 1 in der Abwicklung (der wahren Fläche) dargestellt. Die ausgeklappte und abgewickelte wahre Trauflinie beschreibt eine Kurve!*

Aufgabe 14: Windschiefe Dachfläche – Gratsparren

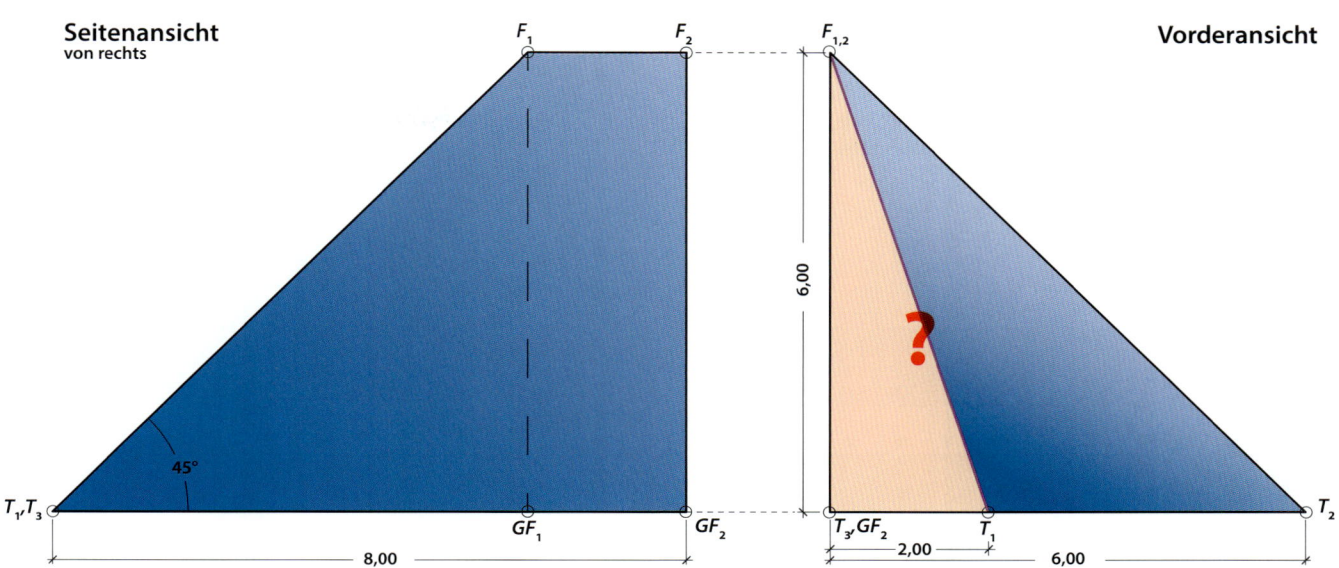

Bild 1: *Vermaßte Seitenansicht und Vorderansicht des abgewalmten Dachkörpers. Die Lage der Verschneidungslinie zwischen der windschiefen Dachfläche und der ebenen und 45° geneigten Walmfläche ist noch nicht bekannt.*

Nachdem in **Aufgabe 13** die Grundlagen zum Verständnis der windschiefen Dachfläche gelegt wurden, sollen nun eine ebene Walmfläche mit einer windschiefen Dachfläche verschnitten werden.

Hierzu wird der Dachkörpergrundriss aus **Aufgabe 13, Bild 1** herangezogen und der Grundlinie mit 2,00 m Länge eine Walmdachfläche von 45° Neigung zugeordnet.

Bild 1 zeigt die Vorgaben für das Dachkörpermodell in der Seitenansicht und der Vorderansicht.

Es liegt nahe, dass die Verschneidungslinie zwischen der ebenen Walmfläche und der windschiefen Dachfläche nicht gerade verläuft, wie sie in der Vorderansicht in **Bild 1** violett eingezeichnet ist.

Die fortlaufende Änderung der Dachneigung wird im Bereich der Verschneidungslinie unweigerlich zu einer Abweichung von der Geraden führen. Da die Walmfläche eben ist, erscheint die Verschneidungslinie in der Seitenansicht als Gerade.

Bild 2: *Ansicht des Dachkörpers in Firstrichtung*

Zum besseren Verständnis zeigen **Bild 2** und **Bild 3** zwei Ansichten des fertig ausgemittelten Dachkörpers mit Sparren und Schiftern.

In beiden Darstellungen ist die Walmdachfläche blau angelegt, die Schifter sind an der Gratlinie senkrecht abgeschnitten. Man erkennt deutlich, wie die unterschiedlich geneigten Schifter die „Ausbeulung" der Gratlinie bewirken.

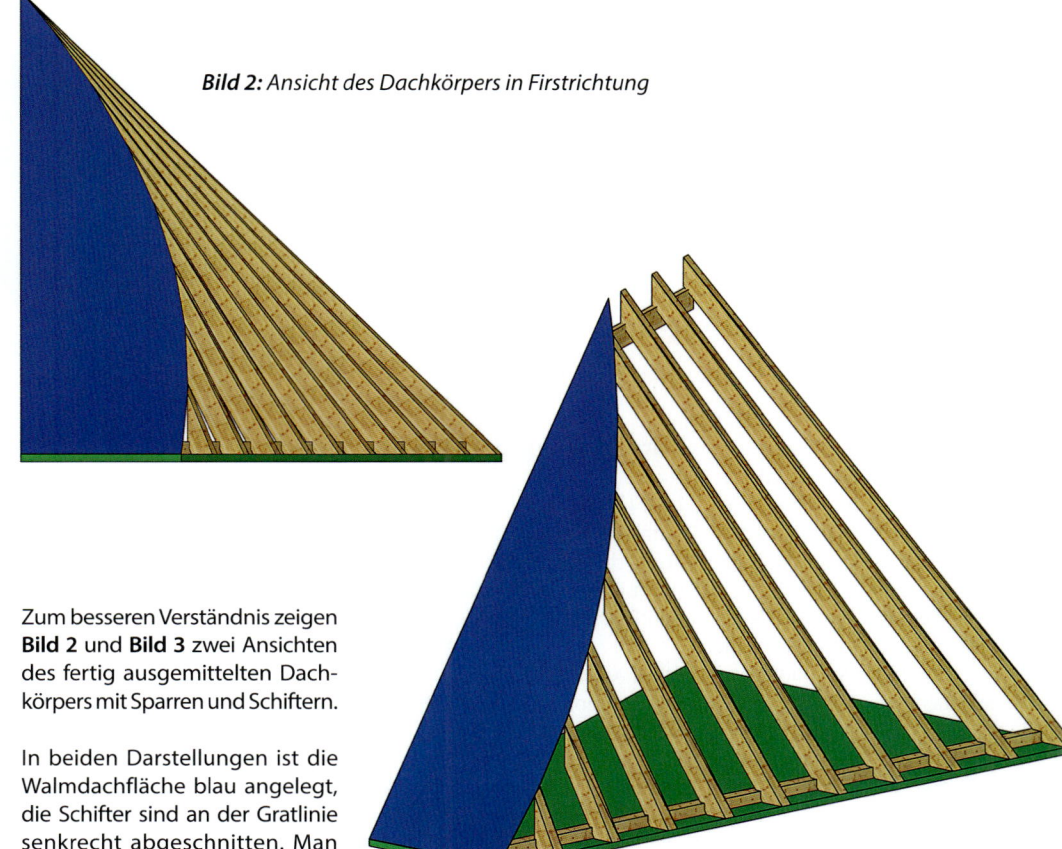

Bild 3: *Schrägansicht mit Walmdachfläche und Sparrenlage rechtwinklig zur Firstlinie*

Verschneidung im Grundriss

Von jeder geneigten Fläche lässt sich die Grundfläche (oder „Grundrissfläche") darstellen. Daraus folgt, dass es auch möglich sein muss, die Grundrissprojektion einer Verschneidungslinie zweier geneigter Flächen im Grundriss darzustellen.

gleichmäßig zwischen der Traufgrundlinie und der Firstgrundlinie. Sie laufen im Schnittpunkt **S** der Verlängerungen von Trauf- und Firstgrundlinie zusammen. Ergebnis dieser „Grundvergatterung" ist eine gekrümmte Grundverschneidungslinie, in diesem Fall eine gekrümmte Gratgrundlinie.

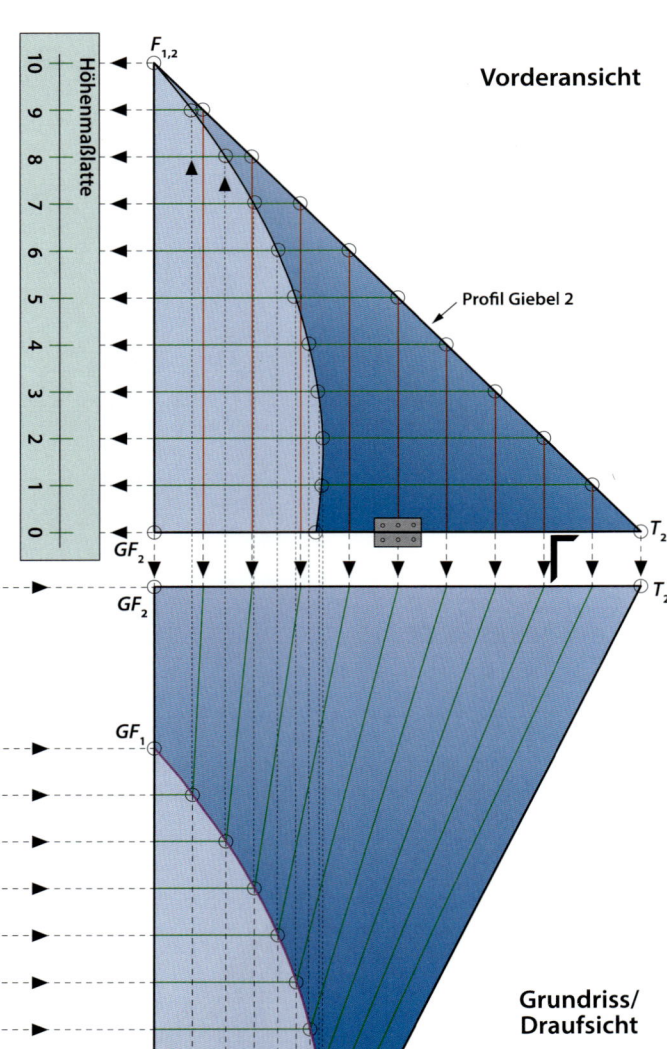

Bild 4 zeigt die Vorgehensweise: die Grundflächen werden gleichmäßig durch die jeweils gleiche Anzahl von Teilerlinien („Vergatterungslinien") aufgeteilt und die zusammen gehörenden Linien miteinander verschnitten. Dabei handelt es sich um nichts anderes als um Grundrissprojektionen von Höhenlinien.

Erste Teilerlinie (mit der Nummer 0) ist die **Traufgrundlinie**. An Traufe T_3–T_1 liegt eine eben geneigte Dachfläche an, deshalb sind die Teilerlinien parallel.
An Traufe T_1–T_2 liegt eine windschiefe Dachfläche an, die Teilerlinien verteilen sich deshalb

Verschneidung im Profil

Nachdem die Lage der Grundverschneidungslinie feststeht, kann auch die Lage der Verschneidungslinie in der Ansicht (im Profil) sichtbar gemacht werden.

Bild 4 verdeutlicht den Vorgang im Zusammenhang aller beteiligter Dachkörperansichten.

Das Profil von **Giebel 1** wird als „Hilfsprofil" verwendet. Es ist hier unterhalb der Draufsicht angeordnet.
Das Profil von **Giebel 2** ist in der oberhalb der Draufsicht angeordneten Vorderansicht angelegt.

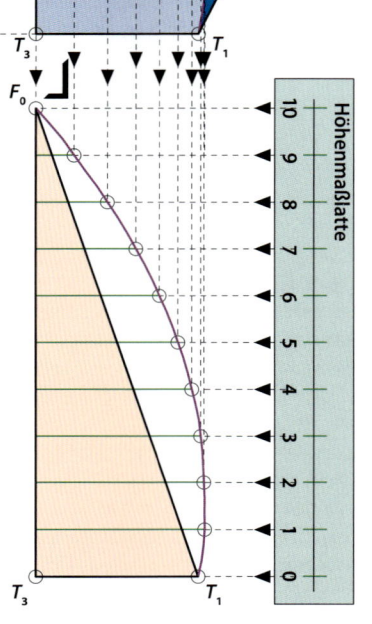

Bild 4: Die Zusammenhänge bei der Ermittlung der Gratgrundlinie

Zweiseitige Gratkrümmung

Die Austragung der Gratlinie erfolgt grundsätzlich gleich wie bei einem Gratsparren zwischen ebenen Dachflächen. **Bild 5** zeigt, dass die Austragung der im Grundriss gekrümmten Gratgrundlinie lediglich eine Seitenansicht rechtwinklig zur Austragungsachse T_1–GF_1 ergibt.

Die Gratlinie ist im Grundriss und in der Seitenansicht gekrümmt. Es handelt sich demnach um eine zweiseitige Krümmung. Diese erfordert beim Austragen, Anreißen und Ausarbeiten des Gratsparrenholzes besondere Maßnahmen.

Die **Bilder 6** bis **8** auf den folgenden Seiten zeigen das Antragen der (für das Beispiel sehr groß gewählten) Holzdimensionen und die Ermittlung der Abgratungslinien.

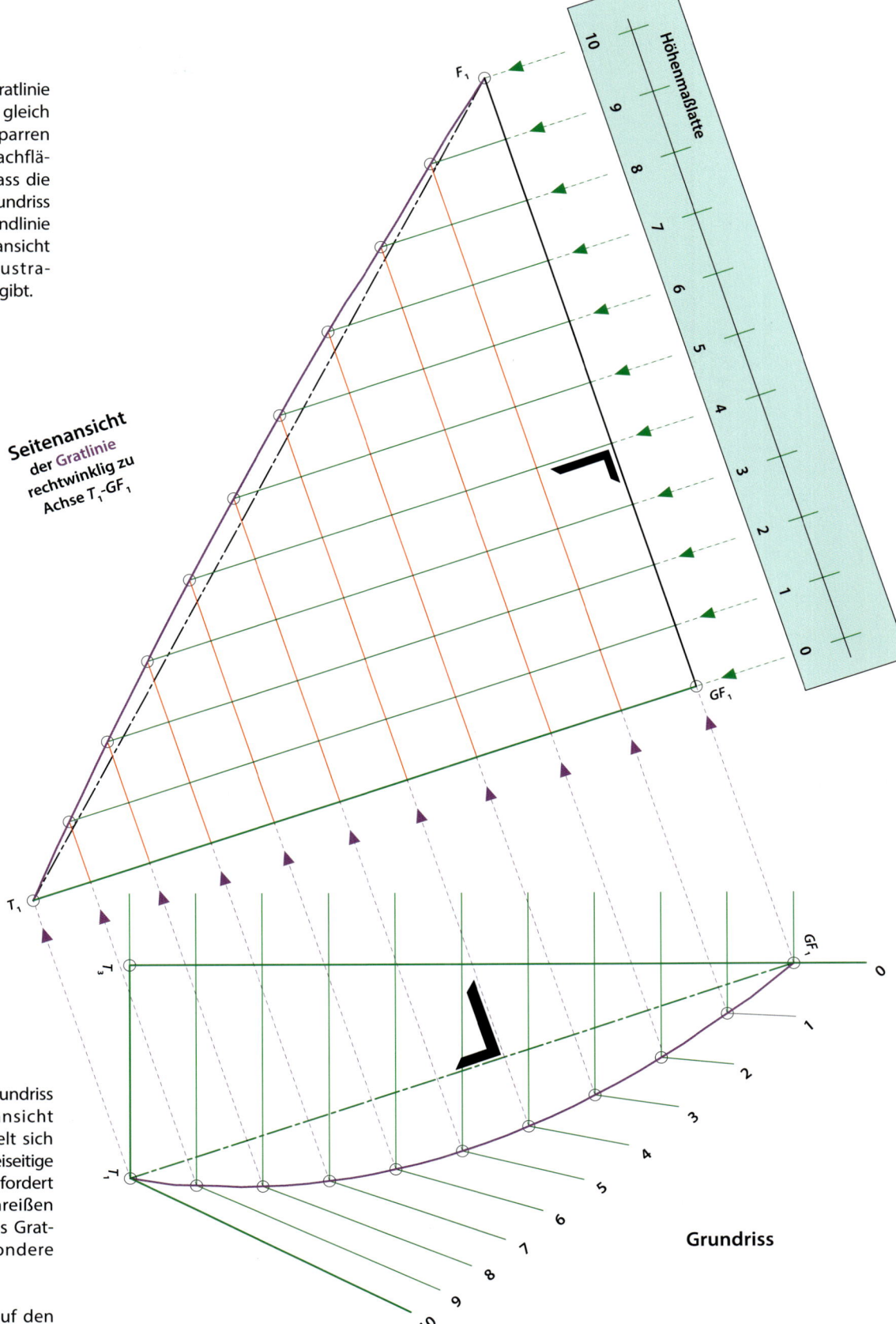

Seitenansicht der Gratlinie rechtwinklig zu Achse T_1-GF_1

Höhenmaßlatte

Bild 5: *Der Grundriss mit der Gratgrundlinie aus **Bild 4** ist um 90° nach rechts gedreht. Rechtwinklig zur Achse T_1–GF_1 ist die Seitenansicht der Gratlinie ausgetragen. Es handelt sich nicht um das Gratprofil! Aus der Seitenansicht kann aber das Maß der Krümmung, bezogen auf die Achse T_1–F_1, entnommen werden.*

Basiswissen Vergatterung

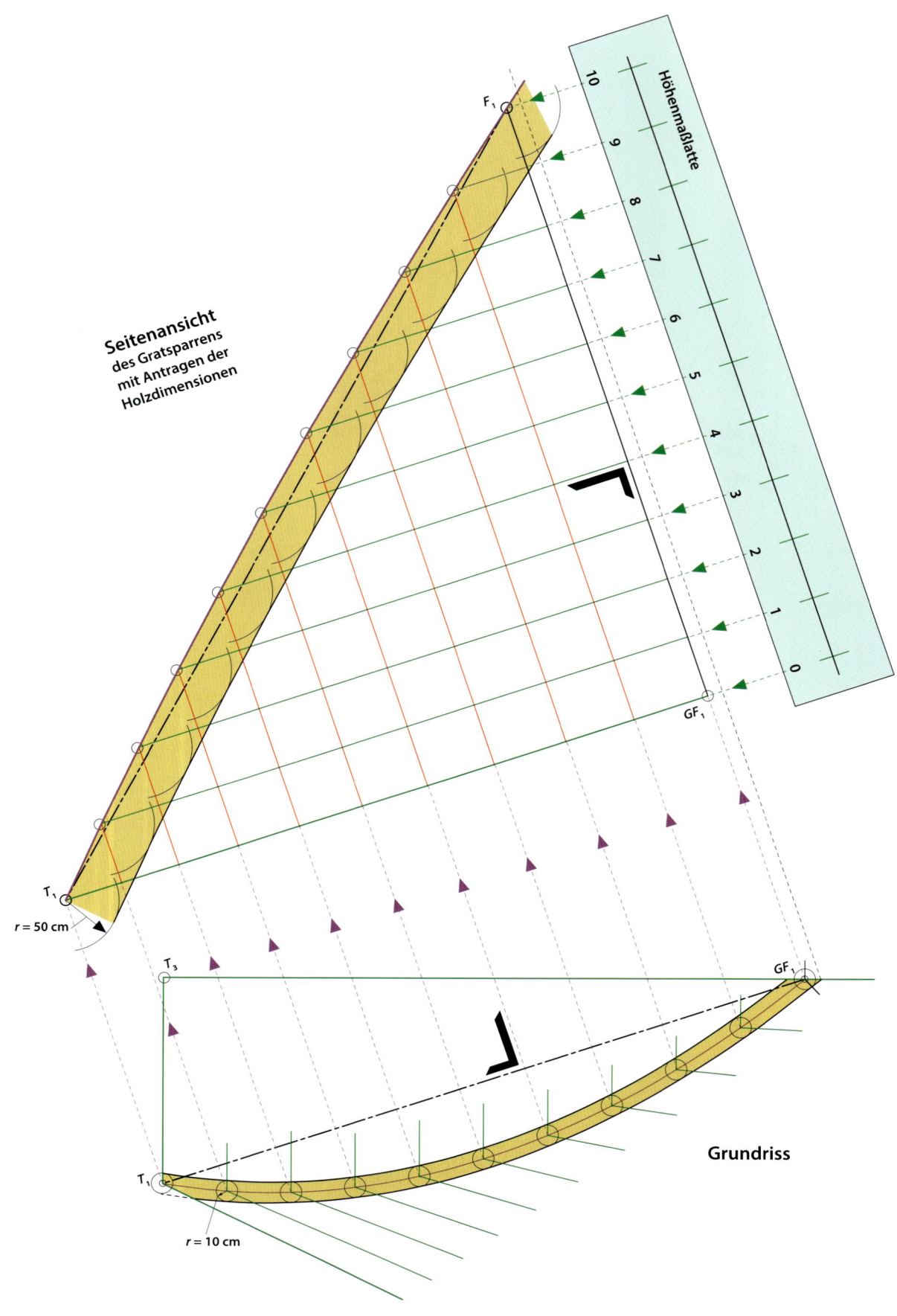

Seitenansicht
des Gratsparrens
mit Antragen der
Holzdimensionen

Höhenmaßlatte

10 9 8 7 6 5 4 3 2 1 0

F_1

GF_1

$r = 50$ cm

T_1

T_3

GF_1

Grundriss

T_1

$r = 10$ cm

Bild 6: *Antragen der Holzdimensionen: Breite **b**=20 cm von der Gratgrundlinie nach rechts und links, Höhe **h**=50 cm von der Gratlinie nach unten*

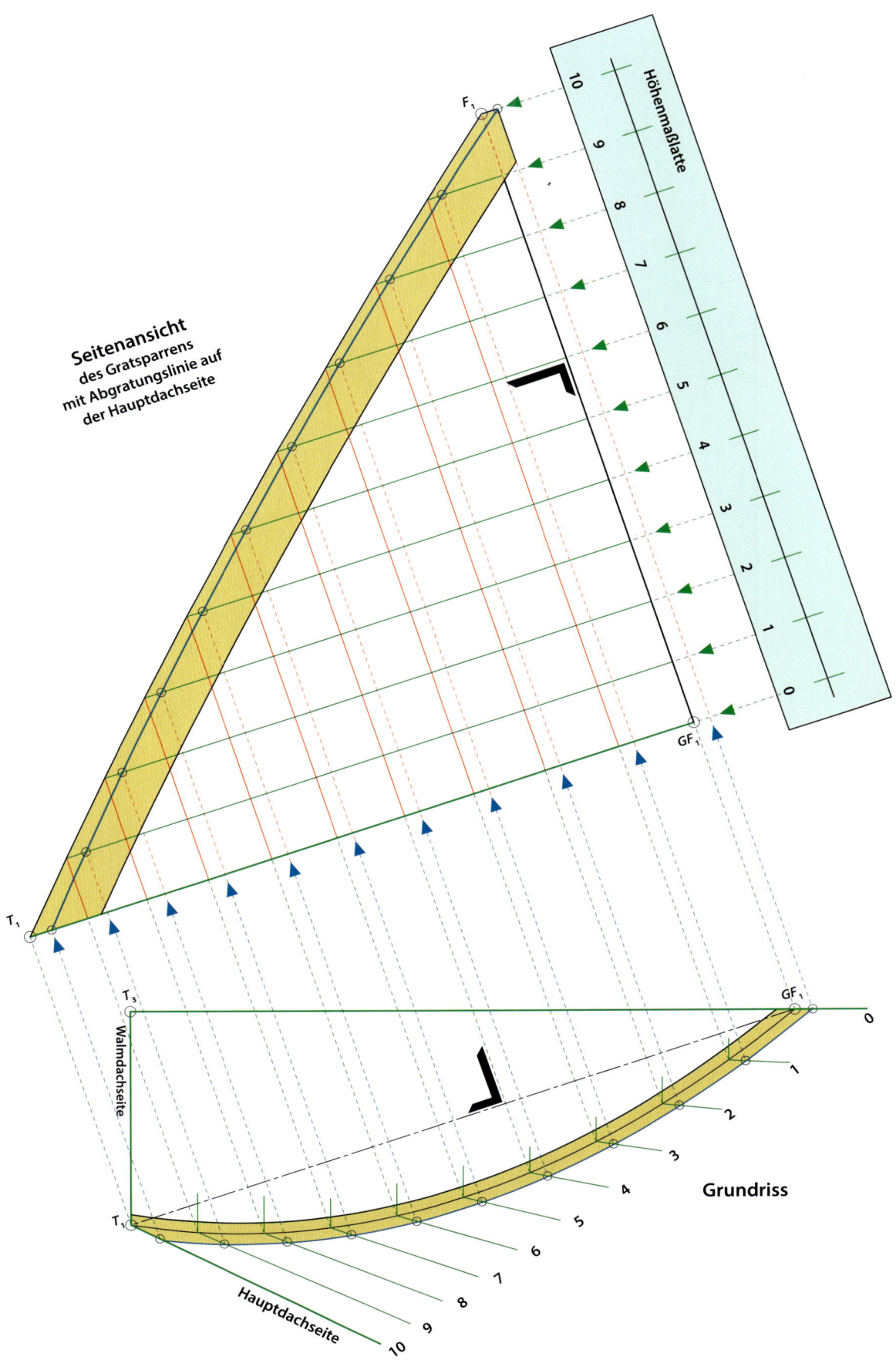

Bild 7: Ermittlung der Abgratungslinie auf der Seite der windschiefen Hauptdachfläche. Das Maß der Abgratung ist nicht gleichmäßig.

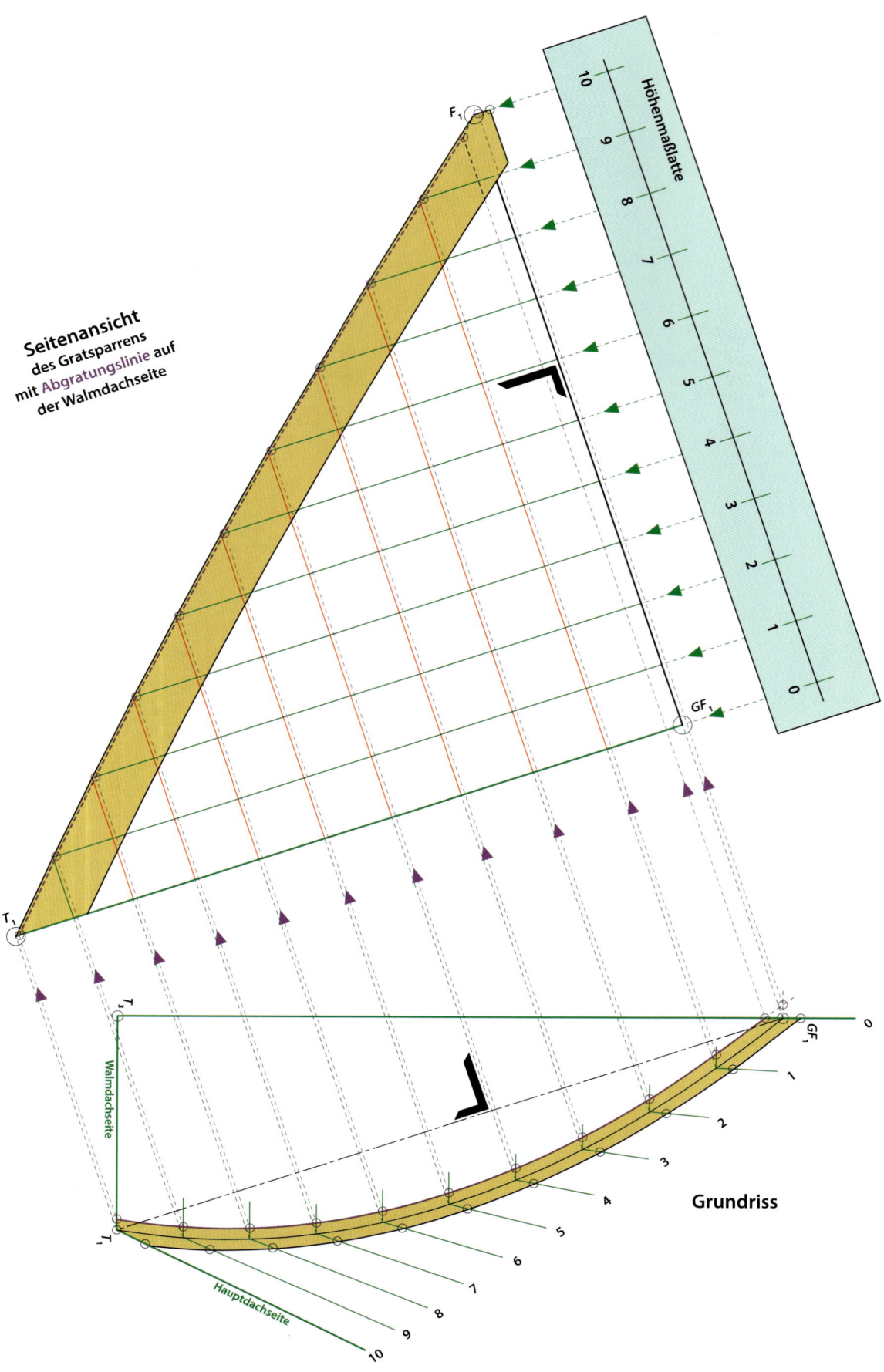

Seitenansicht
des Gratsparrens
mit Abgratungslinie auf
der Walmdachseite

Höhenmaßlatte

10 9 8 7 6 5 4 3 2 1 0

F_1

GF_1

T_1

T_1

GF_1

0

1

2

3

4

5

6

7

8

9

10

Walmdachseite

Hauptdachseite

Grundriss

Bild 8: Ermittlung der Abgratungslinie auf der Seite der ebenen Walmdachfläche. Die Abgratung fällt gleichmäßig aus.

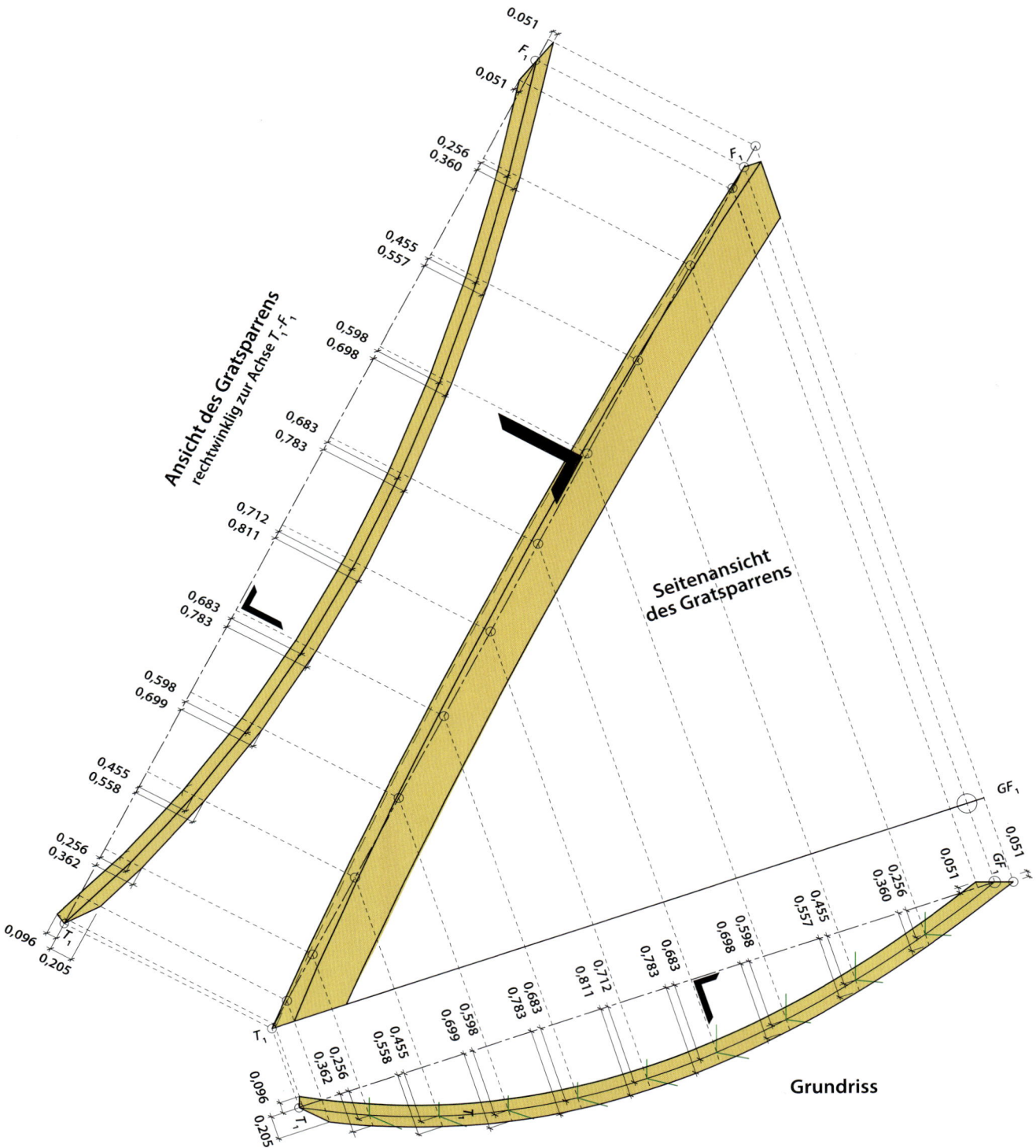

Bild 9: *Darstellung der oberen Kantenfläche des Gratsparrens bezogen auf die Seitenansicht. Diese Darstellung zeigt nicht die wahre Größe des Gratsparrens, weil die Krümmung über der Achse T_1-F_1 nicht berücksichtigt ist! Die Darstellung kann deshalb beispielsweise auch nicht als Schablone verwendet werden.*

Herstellung und Anreißen des Gratsparrenholzes

Die Herstellung eines zweifach gekrümmten Konstruktionsholzes ist stark abhängig von Querschnitt, Länge und Krümmungen. Kleinere Bauteile können aus entsprechend großen Vollholzteilen herausge- sägt werden, bei größeren müssen Schichtverleimung oder Blockver- leimung zum Ziel führen. Der Auf- wand ist sehr hoch, insbesondere, wenn das Holzbauteil nach dem Einbau sichtbar bleiben soll.

Für das Anreißen des Holzes muss die Vorgehensweise von Fall zu Fall geprüft und gewählt werden. Sie richtet sich nach den in der Planung zur Verfügung gestellten Maße. **Bild 9** zeigt beispielhaft die Austragung der Ansicht des Gratsparrens rechtwinklig zur Bezugsachse. In **Bild 10** auf **Seite 102** sind die damit gewonnenen Maße in einem CAD-Ausdruck als Bezugskoordinaten ausgegeben.

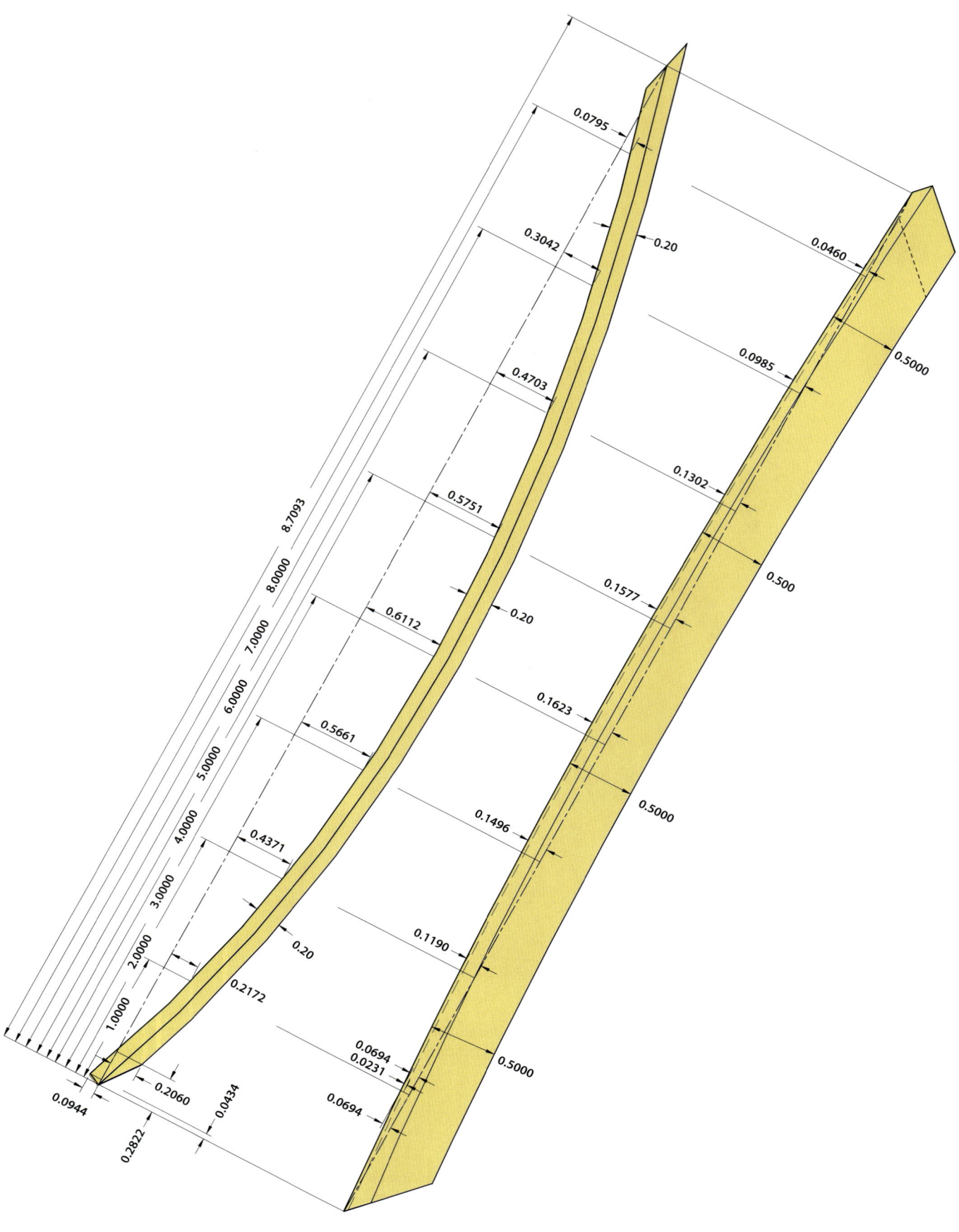

Bild 10: *Beispiel für eine CAD-Bemaßung des Gratsparrenholzes für die Herstellung der zweiseitigen Krümmung. Die Art der Bemaßung hängt von den Gegebenheiten im Herstellwerk ab. Beim Anreißen ist immer die Lage der Bezugsachsen zu beachten.*

Begriffs- und Zeichenerklärung

Der Punkt

Die kleinste geometrische „Einheit" ist der *Punkt*.

• *P*

Ein Punkt ist ein Gebilde ohne Ausdehnung, dessen Lage im Raum bestimmt ist.

Die Gerade

Eine *Gerade* ist eine Punktmenge, die eindimensional (in einer Ebene) auf einer ungekrümmten (geraden) Linie angeordnet und in ihren Enden nicht begrenzt (unendlich) ist.

Die Spur

Eine *Spur* (auch „Halbgerade" genannt) ist eine gerade Linie, die von einem Punkt aus in die Unendlichkeit verläuft.

Die Strecke

P_1 _____ P_2

Eine *Strecke* ist der von zwei Punkten begrenzte Teil einer Geraden.

Die ebene Kurve

Eine *ebene Kurve* stellt eine eindimensionale Punktmenge dar, die auf einer gekrümmten Linie angeordnet ist. Man unterscheidet zwischen Kurvengeometrien, die sich durch analytische (mathematische) Formeln exakt beschreiben lassen wie beispielsweise Kreis, Ellipse und Parabel und solchen, die sich nur durch Näherungsmethoden beschreiben lassen.
Viele der im Holzbau vorkommenden Kurven sind Kreisbögen, Ellipsenbögen oder Parabelbögen oder aus solchen zusammengesetzt.

Die räumliche Kurve

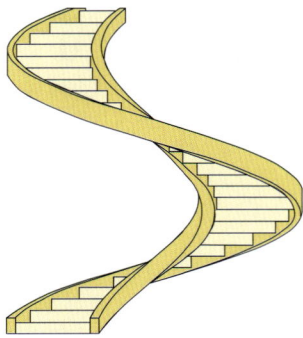

Eine *räumliche Kurve* ist eine Kurve, die nicht nur eine Krümmung, sondern auch eine Windung aufweist. Ein Beispiel für eine räumliche Kurve ist die Schraubenlinie wie beispielsweise die Lauflinie einer Spindeltreppe:

Symbole

Zeichen für „parallel"

90°-Winkel

Flächen

Längsholz-/Seitenflächen

Hirnholzflächen, Schnittflächen

senkrechte Fläche (allgemein)

waagerechte Fläche (allgemein)

geneigte Fläche (allgemein)

Maßlatte

Bearbeitung

① Bearbeitungsschritt (im Text erklärt)

Bauteilbeschreibung

L Bauteilseite links (in Firstrichtung betrachtet)

R Bauteilseite rechts (in Firstrichtung betrachtet)

OK Oberkante (auch „obere Kantenfläche")

UK Unterkante (auch „untere Kantenfläche")

❶ Bauteilnummer

⭢ Abtragungsrichtung für Maße

Linien

_____ Bauteilbegrenzung

_____ Schnittflächenbegrenzung

– – – – Verdeckte Linie

– – – – Übertragungslinie (unterschiedliche Farben möglich)

———— W_F Waagerechte, Waageriss, Grundverschneidungslinie (Bezeichnung nicht kursiv gestellt; hier beispielsweise Waageriss First)

———— Allgemein: Verschneidungslinie

———— Allgemein: geneigte Linie

Punkte

Punkte werden mit kursiven (schräggestellten) Großbuchstaben und, wenn nötig, mit zusätzlichen arabischen Kennziffern (Indizes) dargestellt.
Beispiele:

F_{Pr1} Firstpunkt **Pr**ofil **1** T_{Pr1} **T**raufpunkt **Pr**ofil **1**

Punkte können fallweise nach ihrer Lage am Bauteil mit Farbe gekennzeichnet werden:
rot = links, blau = rechts
Beispiele:

F_{li} **F**irstpunkt **li**nks T_{re} **T**raufpunkt **re**chts

◯ Umrandung für wichtigen Punkt

Stichwortverzeichnis